月面フォトアトラス
精細画像で読み解く月の地形と地質

Photographic Atlas
of the MOON by Telescope

白尾元理

誠文堂新光社

はじめに

　私が小さな望遠鏡で月を撮り始めたのは小学校5年の時だから、60年以上も月を撮っていることになる。望遠鏡やカメラが良くなるにしたがって、少しずつではあるが、今まで写らなかった地形が写るようになってきた。これは月を撮影する楽しみのひとつだ。

　私が最初に作った本は、口径21cmの望遠鏡で撮影した写真を使った『図説 月面ガイド』（1987、佐藤昌三氏との共著）。B5判152ページの本で、撮影機材は一眼レフとフィルムとの組み合わせ、当時としてはかなりの水準に達した内容だった。次に目標としたのは、地上からの最高レベルの月面写真帳『Consolidated Lunar Atlas』（1967）を超える本を作ることだ。そのために私は1987年に口径35cmの望遠鏡を用意した。20年前とくらべればカメラやフィルムの性能も向上したが、超えるような写真はなかなか撮れない。その最大の原因は日本のシーイングの悪さだ。月は毎日見えているが、大気の揺れの少ない、月面の細部が鮮明に見える時は稀にしか訪れない。そんな状況の中でなんとか出版したのが『月の地形ウォッチングガイド』（A5判、160ページ、2009年）である。

　一方、月探査も2005年頃から活発になってきた。その中でも月画像で大きなインパクトを与えたのは、2009年に打ち上げられたアメリカのルナー・リコネサンス・オービター（LRO）だ。撮像された画像は、世界中の研究者ばかりでなく一般にも公開され、煩雑な許可申請なく自由に使用することができる。その結果、現在までにLROの画像を使用した月写真集が6冊も出版されている。それらの写真集は分解能100mの広角カメラで撮影した画像を使用し、隅々までシャープで素晴らしい。

　しかし、しばらくすると物足りなさを感じるようになった。LROの軌道は月の南北を通る太陽同期軌道で、LROの画像による写真集は太陽高度が同じ写真を繋ぎ合わせた画像。私たちが地球から望遠鏡で眺める、欠け際で長く影を引く山脈や、満月でクレーターがまばゆく輝く月とは別物だ。

　2005年頃からは地上からの望遠鏡による月撮影法も進化し始めた。まず、フィルムから、CCDやCMOSセンサーを使ったデジタルカメラでの撮影が主流

となった。さらに、1分間で撮影された1,000枚以上のデジタル画像をパソコンで画像処理することによって、大気の揺れが多少あっても鮮明が画像を得るイメージスタッキング法が一般化してきたことだ。この方法で私の口径35cm望遠鏡が本来の能力を発揮できるようになったことが、本書を出版しようと決意した大きな動機となった。

　私たちの祖先は、数千年前から空にぽっかりと浮かぶ月を見て暦を作り、歌を詠んだ。その月を望遠鏡で眺めながら、地形のでき方を最初に考えたのはガリレオで、400年前のことだ。以来多くの科学者が月の謎解きに挑み、五十数年前のアポロ計画によって、私たちの月についての知識は飛躍的に増加した。本書に掲載された口径35cm望遠鏡による写真は、アポロ計画が進行中の1965年頃の大望遠鏡で撮影された写真や眼視観測とほぼ同等の分解能を持っている。逆にいえば、当時はこれだけの画像しかなかったのに、その5年後には人類を月に着陸させたアメリカの凄さをも感じさせる。

　アポロの成果やその後の研究によって、月の地形のでき方や月の40億年の歴史が解明されてきた。このような知識を持って本書の写真を眺めると、さらには地球では失われてしまった、40億年前の原始地球の様子を知る手がかりも月には秘められている。私は本書がそのヒントになるように解説したつもりである。なお、本書は『月刊星ナビ』(アストロアーツ)での連載「月ナビ」(撮影・解説：白尾元理、2019年2月～2021年1月、全20回)の記事内容の一部を引用した。

　50年前には口径20cmの望遠鏡は高価で羨望の的であったが、最近では安価で高性能な望遠鏡が入手しやすくなった。本書をきっかけとして、実際に望遠鏡で月を眺めるのもよいし、ウェブサイトから月探査機によって得られた画像を眺めるのもよいだろう。

　月の楽しみ方もさまざまである。本書がその手がかりとなれば幸いである。

2025年1月　白尾元理

目次

はじめに　02

地域別月面ガイド インデックスMAP　07
月の地名の読み方　07
月を見るための機材　08

［月齢別月面ガイド］

月齢3	14
月齢4	16
月齢5	18
月齢6	20
上弦	22
上弦（カラー）	24
月齢10	26
月齢11	28
月齢12	30
月齢13	32
満月	34
満月（カラー）	36
月齢16	38
月齢17	40
月齢18	42
月齢21	44
月齢22	46
下弦（カラー）	48
月齢23	50
月齢24	52
月齢25（カラー）	54
月齢26	56
月齢27	58

［地域別月面ガイド］

1. コペルニクス周辺　62

1-1 コペルニクスと二次クレーター　62
1-2 コペルニクスの光条　64
1-3 エラトステネス、熱の入江、フラ・マウロ丘陵　66
1-4 コペルニクス〜ケプラー、ミリキウスドーム群（満月後）　68
1-5 ミリキウスドーム群（満月前）　70
地名解説　【コペルニクス周辺】　72
Column 1　月のクレーター：火山説 vs 隕石説　73

2. 雨の海　74

2-1 雨の海とその周辺（満月後）　74
2-2 雨の海東部（満月後）　76
2-3 雨の海西部（満月後）　78
2-4 アペニン山脈（満月後）　80
2-5 アルプス谷、プラトー（満月後）　82
2-6 虹の入江（満月後）　84
2-7 虹の入江（満月前）　85
地名解説　【雨の海】　86
Column 2　月の時代区分　87

3. 静かの海　88

3-1 静かの海全体（満月後）　88
3-2 静かの海西部（満月前）　90
3-3 静かの海東部（満月後）コーシー崖、MH　92
3-4 静かの海（満月後）ラモント付近　94
地名解説　【静かの海】　96
Column 3　「かぐや」が発見した月の縦孔　97

4. 晴れの海　98

- 4-1　晴れの海全体（満月前）　98
- 4-2　晴れの海の夕暮れ（満月後）　100
- 4-3　死の湖〜夢の湖〜晴れの海（満月後）　102
- 地名解説　【晴れの海】　104
- Column 4　タウルス・リトロー谷：アポロ17号の着陸地　105

5. 神酒の海　106

- 5-1　神酒の海（満月後）　106
- 5-2　神酒の海（満月前）　108
- 5-3　神酒の海（満月後）　110
- 5-4　ピレネー山脈（満月後）　112
- 地名解説　【神酒の海】　114
- Column 5　高地に着陸した唯一のアポロ16号　115

6. 南部高地　116

- 6-1　南部高地の概観（満月前）　116
- 6-2　ティコ、クラビウス付近1（満月後）　118
- 6-3　ティコ、クラビウス付近2（満月後）　120
- 6-4　南極付近　122
- 地名解説　【南部高地】　124
- Column 6　ティコに注目!　125

7. 南東部高地　126

- 7-1　典型的な高地（満月前）　126
- 7-2　ジャンセン、レイタ谷（満月前）　128
- 7-3　南東部高地（満月後）　130
- 7-4　南部高地（満月前）　132
- 地名解説　【南東部高地】　134
- Column 7　クレーター年代学とは　135

8. 中央部　136

- 8-1　中央の入江付近（満月後）　136
- 8-2　蒸気の海、中央の入江、熱の入江（満月前）　138
- 8-3　知られた海、雲の海（満月前）　140
- 8-4　知られた海、雲の海（満月後）　142
- 地名解説　【中央部】　144
- Column 8　嵐の大洋はアメリカの無人・有人着陸地点　145

9. 嵐の大洋　146

- 9-1　嵐の大洋の概観（満月後）　146
- 9-2　嵐の大洋（満月後）　148
- 9-3　アリスタルコス台地、マリウス丘（満月前）　150
- 9-4　嵐の大洋北部（満月後）　152
- 地名解説　【嵐の大洋】　154
- Column 9　月にもあった大型火山　155

目次

10. 湿りの海　156
- 10-1 湿りの海の概観（満月前）　156
- 10-2 湿りの海の谷（満月後）　158
- 10-3 雲の海、湿りの海、シッカルト（満月後）　160
- 10-4 バイイ、シラー、シッカルト（満月後）　162
- 10-5 バイイ〜シルサリス谷（満月前）　164
- 10-6 湿りの海〜シッカルト（満月前）　164
- 地名解説　【湿りの海】　166
- Column 10　月の谷　167

11. 北部高地　168
- 11-1 虹の入江から北極まで（満月後）　168
- 11-2 北極とその周辺（満月後）　170
- 11-3 満月過ぎの北極　172
- 11-4 満月の北極　172
- 11-5 夢の湖、死の湖、フンボルト海（満月前）　174
- 11-6 フンボルト海、ガウス、メッサラ、夢の湖（満月後）　176
- 11-7 エンディミオン、メッサラ、クレオメデス（満月後）　178
- 地名解説　【北部高地】　180
- Column 11　クレーター年代学で若い年代を調べる　181

12. 東縁部　182
- 12-1 東縁部の概観（満月後）　182
- 12-2 危機の海　184
- 12-3 南の海とスミス海 1　186
- 12-4 南の海とスミス海 2　186
- 12-5 豊かの海、ラングレヌス、ペタヴィウス　188
- 地名解説　【東縁部】　190
- Column 12　オニール橋の謎　191

13. 雲の海とその東部　192
- 13-1 Great Peninsula（満月後）　192
- 13-2 中央クレーター列（満月後）　194
- 13-3 中央クレーター列（満月前）　196
- 13-4 雲の海（満月前）　198
- 13-5 雲の海（満月後）　200
- 地名解説　【雲の海とその東部】　202
- Column 13　月の表面を形作った衝突と火山活動　203

14. 西縁部　204
- 14-1 オリエンタレベイスン　204
- 14-2 グリマルディ、へベリウス　206
- 14-3 シルサリス谷　206
- 14-4 嵐の大洋西縁部（満月前）　208
- 14-5 嵐の大洋西縁部（満月後）　208
- 地名解説　【西縁部】　210
- Column 14　オリエンタレベイスン発見記　211

[さらに月を知りたい人のために]
- 月はどのように見えるか？ —欠け際と傾き—　214
- 月を撮影するための機材　218
- LROで月を見る　226
- 月探査機の一覧表　230
- 写真データ　232
- 参考文献／ウェブサイト　234
- 地名索引　236

■ 地域別月面ガイド インデックスMAP

地域別の月面ガイドで取り上げた大まかなエリア。
数字は章番号を示す。

■ 月の地名の読み方

クレーターは名前だけで呼ばれるが、それ以外の海、山、谷などの地形は、地形を表すラテン語との組み合わせで表す。例えば、雨の海は「Mare Imbirum」（マレインブリウム）、ヒギヌス谷は「Rima Hyginus」（リマヒギヌス）と呼ぶ。右表の14単語を覚えておけば、外国の月面図も問題なく使える。

月の地形や地質でよく出てくる名称にベイスン（Basin）がある。英語ではボウルよりも底の平らな洗面器などを示す語として使われる。月でベイスンとは直径300km以上の巨大クレーターのこと。雨の海（Mare Imbrium）はImbrium Baisnの低地に溶岩が堆積した平原である。同じように危機の海（Mare Crisium）とCrisium Basin、神酒の海（Mare Nectaris）とNectaris Basinの関係がある。日本では「Basin」を「盆地」と訳すことが多いが、「危機の盆地」や「神酒の盆地」と訳すのは違和感があるので、本書では「クリッシウムベイスン」、「ネクタリスベイスン」のように表記した。

なお、クレーターの直径は、主にアメリカ地質調査所の「Gazetteer of Planetary Nomenclature」の下記のサイトを参照した。

https://planetarynames.wr.usgs.gov/Page/MOON/target

月の地形の名称

正式名（カッコ内は複数形）	英語	日本語
Catena (catenae)	Chain of craters	谷（クレーター列）
Crater (cratera)	Crater	クレーター
Basin	Basin	ベイスン
Dorsum (dorsa)	Ridge	リッジ（尾根）
Lacus (lacus)	Lake	湖
Mare (maria)	Sea	海
Mons (montes)	Mountain	山、山脈
Oceanus (oceani)	Ocean	大洋
Palus (paludes)	Swamp	沼
Promontorium (promontoria)	Peninsula	岬
Rima (rimae)	Fissure	谷
Rupes (rupes)	Scarp	崖
Sinus (sinus)	Bay	入江
Vallis (valles)	Sinuous valley（または linear depression）	蛇行谷、谷

月を見るための機材

肉眼で月を見る

　月を本格的に見るためには望遠鏡が必要だが、まずは自分の肉眼で月をじっくりと見てみよう。

　地球の間近に月があったのは、私たちにとって幸運なことだった。人気のある火星は、地球に最接近した時に100倍の望遠鏡で見ても、肉眼で見た月よりも小さくしか見えない。月は肉眼でも、明るい高地と、ウサギの形に例えられる暗い海があることもわかる。ウサギの耳が神酒の海と豊かの海、顔が静かの海、胴が晴れの海と雨の海、下半身が嵐の大洋と雲の海だ。

　17世紀初頭に望遠鏡が発明されるまで、私たちの先祖は満ち欠けする月を肉眼で眺めながら、時を計り、詩を詠み、生活してきたことを思うと、月を肉眼でゆっくりと眺めるのは豊かな時間の過ごし方といえる。

双眼鏡で月を見る

　観劇やバードウォッチング用に双眼鏡を持っている人は少なくない。身近に双眼鏡がある人は手に取って、双眼鏡に刻まれている数字に注目しよう。6×20、8×42のように刻まれている数字のうち、最初の6や8は双眼鏡の倍率、20や42は双眼鏡の対物レンズの口径だ。

　1609年、ガリレオが初めて月を観察した望遠鏡は、双眼鏡のように記せば14×26、口径26mm・14倍の仕様だった。当時は誕生したばかりの望遠鏡なので視野も狭く、見え味は今の双眼鏡より劣るものだった。それでもガリレオは、高地にはクレーターが多く、海は平らで、海の縁には高い山脈があることを書き残している。

　月を見るのに適した特別な双眼鏡というものはないが、自然観察に適した口径3～4cm、倍率8～10倍のものが薦められる。このクラスの双眼鏡でも、ガリレオが見ていた以上の月面が楽しめる。明るく輝くティコやコペルニクス、満ち欠けとともに移り変わる月面などを眺めよう。手ぶれが気になる場合には、ひじを固定したり、椅子の背もたれに寄りかかったりすれば、高く昇った月を安定した姿勢で見ることができる。また、手ぶれ防止のスタビライザー付きの双眼鏡はやや高価になるが、その価値は十分ある。

　写真1は私が現在使っている双眼鏡だ。双眼鏡はパソコンのように5年や10年で圧倒的に進歩する製品ではない。③は35年前に購入したもの、④は数年前に購入した口径42mmのほぼ同じスペックの双眼鏡だ。使用するプリズムの形式が③はポロ式、④はダハ式のために形状が異なるが、大きな違いといえば、④ではのぞいた時の視界が広く、端までくっきりしていることだ。しかし③の双眼鏡も現役で活躍している。

　口径3～4cmクラスの双眼鏡は、1万円以下のものから50万円以上のものまでさまざまだが、私は2～5万円クラスの双眼鏡を見くらべて購入することを薦める。これよりも高価格帯の双眼鏡は、手に取ってその価値のわかる人が購入するのがよいだろう。双眼鏡の良いところは、望遠鏡と違って置き場所に困らないことだ。気の向いた時にさっと取り出して月を見るのに適している。

写真1　月を見るのに適した双眼鏡。左から①8×20、②6×21、③10×42、④8×42、⑤15×50（スタビライザー付）。

望遠鏡で月を見る

■ 望遠鏡の性能

本格的に月を見るならやはり望遠鏡……と思っている人は多い。実際に、月齢別ページに掲載されている程度ならば口径10〜15cmクラスの望遠鏡で見ることができる。しかし地域別ページで掲載した程度となると、口径30cmクラスの望遠鏡で、条件が恵まれた時に初めて見ることができる世界だ。

望遠鏡の性能は、加工精度の良し悪しもあるが、基本的には口径で決まる。使用できる最高倍率はセンチで表した口径の20倍程度だ。つまり口径6cmでは120倍程度、口径20cmでは400倍程度となる。使用する接眼レンズの視野の広さにもよるが、月全体を見るには50〜100倍、拡大して月の一部分を見るには100倍以上が適している。地域別月面ガイドに掲載した写真は、およそ300倍で見た感じである。

■ シーイング

地上から月を望遠鏡で眺める時に大きな妨げになるのは、大気の揺れだ。これは、私たちが大気の底から月を眺めていることが原因になっている。数十倍の望遠鏡で月を眺めると、大気の密度差のためにゆらゆらと揺れていることが普通だ。この揺れの度合いをシーイングと呼び、揺れの少ない時は「シーイングが良い」、揺れの大きい時は「シーイングが悪い」という。

シーイングを悪くする原因はさまざまで、冬に日本の上空を通過するジェット気流のような大規模なものから、夏場のエアコンから発生する排気熱のようなローカルなものまである。観測室に望遠鏡が設置されている場合には、夏の日没後には日中に熱せられた観測室や望遠鏡自体の熱によって、それが冷やされるまでの数時間はシーイングが悪いこともある。

シーイングは月の高度の影響も大きい。月の高度が低いほど、大気を横切る長さが大きくなる。このため、低高度にある細い月の撮影は難しい。上弦は春分の頃、下弦は秋分の頃に南中高度が高い。日没直後は地表面からの排熱の影響も大きい。上記のことを参考に観察や撮影の好機を見つけてほしいが、実際に望遠鏡を向けたら予想外にシーイングが良いこともあるので、なるべく頻繁に月に望遠鏡を向けて経験を積むことも重要だ。

シーイングの悪さは望遠鏡による月観測の大敵で、大口径の望遠鏡ほどその影響を受ける。東京にある私の観測地では、その口径に見合った分解能が得られるのは、口径10cmでは年20日程度、口径20cmでは年5日程度、口径35cmでは数年に1度程度しかない。

現在は、月を周回する探査機から月を観測する時代になった。しかし1960年代まではシーイングの良い場所を求めて、例えばコロラド高原のローウェル天文台（米国）やピレネー山脈のピクディミディ天文台（フランス）等に口径50cm以上の望遠鏡を設置して、最前線の月面観測が行われていた。

■ 対物レンズ・主鏡などの光学系

本格的に月の地形を楽しみたいのならば、天体望遠鏡が適している。口径10cm以上の望遠鏡があれば、さまざまな地形が楽しめる。

望遠鏡は光学系で分類すると、屈折望遠鏡、反射望遠鏡、反射屈折望遠鏡がある（図1）。反射屈折望遠鏡は反射望遠鏡の開口部に補正板を配置した望遠鏡で、望遠鏡の全長を短くできる長所がある。月面観測や撮影では、セレストロン社のシュミットカセグレン形式の反射屈折望遠鏡が多く使われている。

屈折望遠鏡は口径が大きくなると高価で重く大きくなるので、口径10cmまでが一般的だ。口径15cm以上を望むならば、反射望遠鏡かシュミットカセグレン望遠鏡が選択肢となる。

屈折望遠鏡

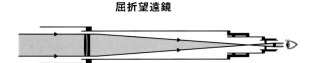

反射望遠鏡（ニュートン式）

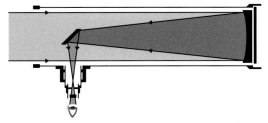

反射屈折望遠鏡（シュミットカセグレン式）

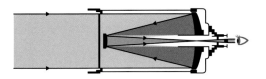

図1　天体望遠鏡の種類

■ 接眼レンズ

　望遠鏡で月を見るためには接眼レンズが必要だ。接眼レンズは、直径31.75mm（5/4inch：アメリカンサイズと呼ばれる）の差し込み式が標準で、どのメーカーの望遠鏡にも取り付けることができる。接眼レンズは、月全体が収まる接眼レンズとクローズアップ用の接眼レンズの最低2つは欲しい。望遠鏡の倍率は以下の式によって求められる。

　倍率＝対物レンズの焦点距離÷接眼レンズの焦点距離

対物レンズの焦点距離が800mm、接眼レンズの焦点距離が20mmなら、倍率は40倍となる。接眼レンズを選ぶ時に重要なのは、焦点距離とともに視野の広さである。ここでは、見かけの視野（視界）の広さが40°〜50°を標準、50°〜75°を広角、75°以上を超広角と呼ぶことにしよう。

　まず、月全体を見るための接眼レンズを考える。月の視直径は約0.5°なので、見かけ視界45°の標準視界の接眼レンズを使うと、倍率70倍で月全体が視野に一杯に見えることになる。広角の接眼レンズではもっと高倍率でも月全体が入る。私は口径35cm望遠鏡（f：2100mm）に見かけ視界82°の広角接眼レンズ・テレビュー社のナグラー16mmを組み合わせ、130倍で月全体を見ている。シーイングが良くない時に高倍率はかけられないので、これ1本で間に合う。

　次に、クローズアップのための接眼レンズだ。私はシーイングがやや良い時にはナグラー9mm（倍率230倍）を使用している。また、さらに良シーイングの時のためにナグラー5mmを用意している。倍率は420倍となり、年に数回程度の良シーイングに恵まれないと本領は発揮できないのが残念だ。私が接眼レンズをナグラーで揃えているのは、超広視野で高性能のわりにコンパクトであること、焦点位置が同一で、接眼レンズを交換してもピント合わせをやり直さなくて済むためである。

　超広角接眼レンズは高価ではあるが、目の前一杯に広がる月を見ていると、価格分の価値はあると納得してしまう。私が中倍率でときどき使用しているのが、ニコンの超広角接眼レンズNAV-12.5HV（焦点距離12.5mm）。これに付属のコンバーターを使用し、焦点距離10mmとして使っている。見かけ視界は102°で、眼をグルグル回して視野の端までシャープな像を捉えることができ、別次元の世界が楽しめる。しかし、眼の位置が適正でないと視野の一部が影ってしまうこと、**写真2**でわかるようにサイズが大きく重いので、望遠鏡全体のバランスを崩しやすい。このため、ナグラーにくらべると使用頻度は少ない。

写真2　手前の3つは見かけ視界約45°の標準、後列右の2つは見かけ視界65°の広角、後列左の3つは見かけ視界82°の超広角（ナグラー）、右端は見かけ視界102°の超広角接眼レンズ（ニコンNAV-12.5HV）。

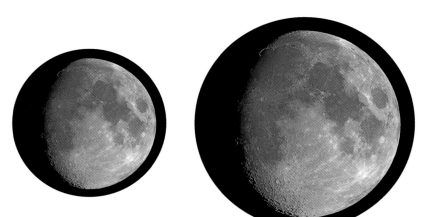

写真3　接眼レンズの見かけ視界による見え方の違い。同じ望遠鏡を使用し、左は見かけ視界45°の接眼レンズで倍率70倍、右は見かけ視界70°の接眼レンズで倍率100倍。

■ 架台

　月を追尾するために望遠鏡を載せる架台には、経緯台と赤道儀がある。経緯台は上下・左右に動かして月を追う形式、赤道儀は地球の自転に合わせて1軸のみを動かすことによって月を追尾できる形式で、モーターで月を追尾できるものが多い。望遠鏡は倍率が高いので、肉眼で見るのにくらべて倍率の分だけ月の動きは速くなる。月はその直径分だけ動くのに2分かかるが、倍率が高いとすぐに視野から外れてしまうので、月を追うための微動装置が付いている架台が欲しい。

　また、架台にはモーターの回転で追尾する電動式のものと手動式のものがある。赤道儀は電動式のものがほとんどで、最近では経緯台でも月を電動追尾できる製品もある。

■ 月の地形を楽しむための望遠鏡

　私が月の地形を楽しむ人に薦めるのは、口径15cmの反射望遠鏡だ。このクラスの望遠鏡ならば、年に10日程度は口径の能力を活かせる良シーイングに出会うことができるだろう。写真を撮るのでなければ、架台は微動付きの経緯台でよい。最近は軽くて強度のある微動付経緯台が比較的安価で手に入りやすくなった。この架台と口径15cmの反射望遠鏡の組み合わせが**写真4**左で、重量は8kgだ。

　望遠鏡は、格納場所から屋外に出さなければならない。最初は意気込んでも、望遠鏡が重ければしだいに出し入れがおっくうになる。もし口径20cmの反射望遠鏡で組み合わせると、重量は20kg以上になる。そうなると架台と望遠鏡を分解して運ばなければならない。これを繰り返していると、望遠鏡で月を見るのが面倒くさくなる。自分の体力や格納場所などをよく考え、自分に合った望遠鏡を購入してほしい。

　また、月面を本格的に撮影しようとするならば、赤道儀式の架台が必要になる。それ以外にもカメラ、パソコン、電源などいろいろな機材が必要となる。これについては「月を撮影するための機材」(p.218)で述べる。

　なお2020年以降、スマート望遠鏡が天文ファンの脚光を浴びている。目的の天体を選択すると自動でその天体に望遠鏡が向いて数秒間の露出で撮影し、その画像を楽しむという望遠鏡だ。しかし、残念ながらスマート望遠鏡は月には向いていない。月は望遠鏡を向ける最も簡単な天体で、明るいので1秒以下の露出で済む。スマート望遠鏡は口径50mm前後のものが多いが、望遠鏡の分解能は口径によって決まるので、月面を楽しむためには力不足だ。月をモニター画面で楽しみたいのならば、従来の望遠鏡+デジタル接眼レンズの組み合わせがよい（p.223参照）。

写真4　口径15cm反射望遠鏡（焦点距離750mm、経緯台）（左）と口径7.6cm屈折望遠鏡（焦点距離500mm、赤道儀）（右）。同じ口径では屈折望遠鏡の方が性能は高いが、高価で大きく重いのが欠点となる。左の反射望遠鏡は右の屈折望遠鏡の2倍の口径があるが、鏡筒の価格は半分以下。

月齢別月面ガイド

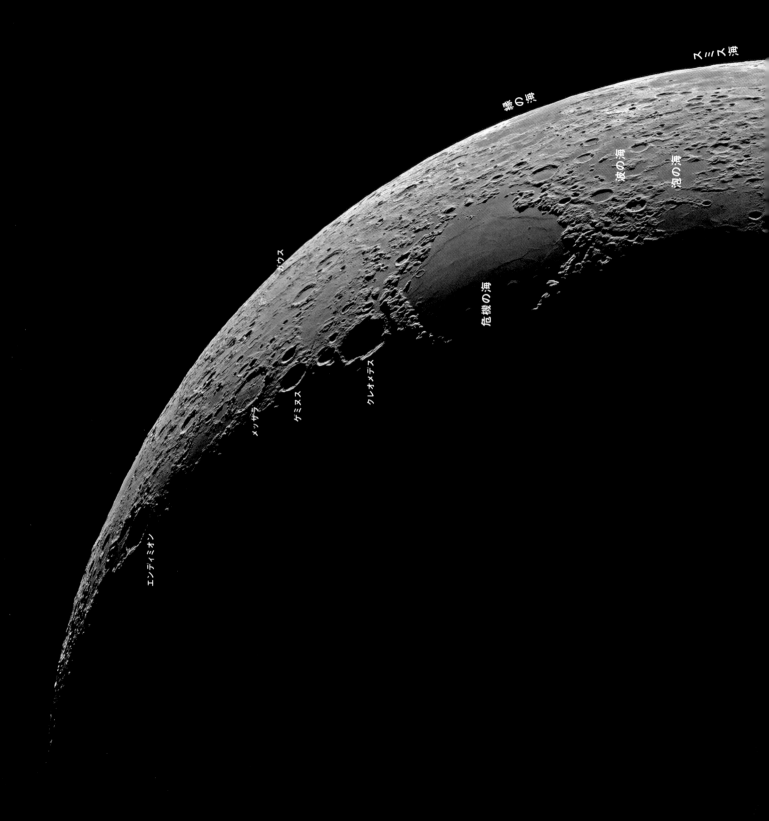

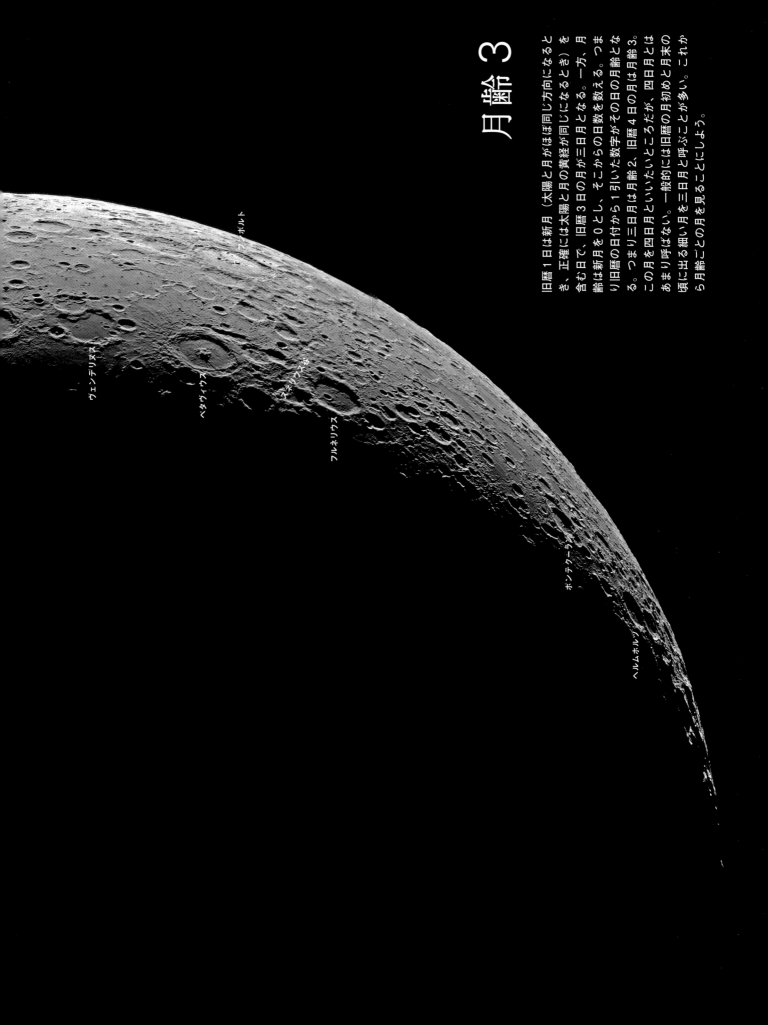

月齢 3

旧暦1日は新月（太陽と月がほぼ同じ方向になるとき、正確には太陽と月の黄経が同じになるとき）を含む日で、旧暦3日の月が三日月となる。一方、月齢は新月を0とし、そこからの日数を数える。つまり旧暦の日付から1引いた数字がその日の月齢となる。つまり三日月は月齢2、旧暦4日の月は月齢3。この月を四日月といいたいところだが、四日月は旧暦の月初めと月末のあまり呼ばない。一般的には旧暦の月初めと月末の頃に出る細い月を三日月と呼ぶことが多い。これから月齢ごとの月を見ることにしよう。

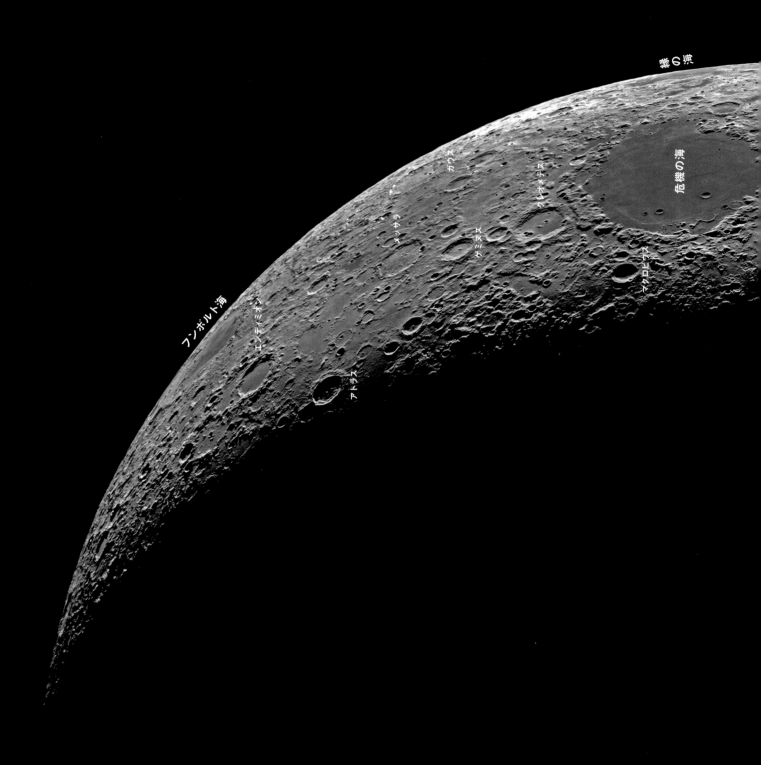

月齢 4

この頃になると日没後もしばらく西空にあるので、ゆっくりと眺めることができる。鋭眼の人なら望遠鏡なしでも危機の海の存在はわかるだろう。望遠鏡では、巨大なクレーターのような危機の海は、外形のはっきりしない豊かの海と対照的だ。輪郭がはっきりした危機の海は、内部が暗い溶岩で埋められて目立つので、月の秤動がどのようになっているのが知る良い目安となる。月齢 5（p.18）の豊かの海の形とくらべてほしい。豊かの海西側のピレネー山脈が夜明けとなっている。

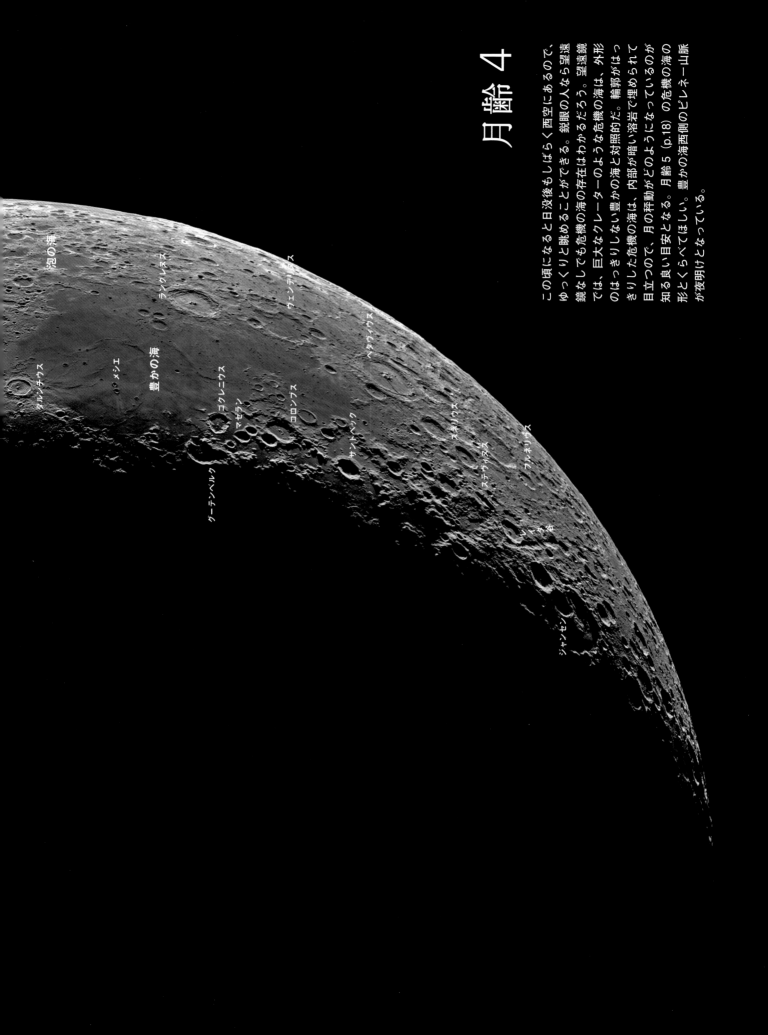

16 / 17

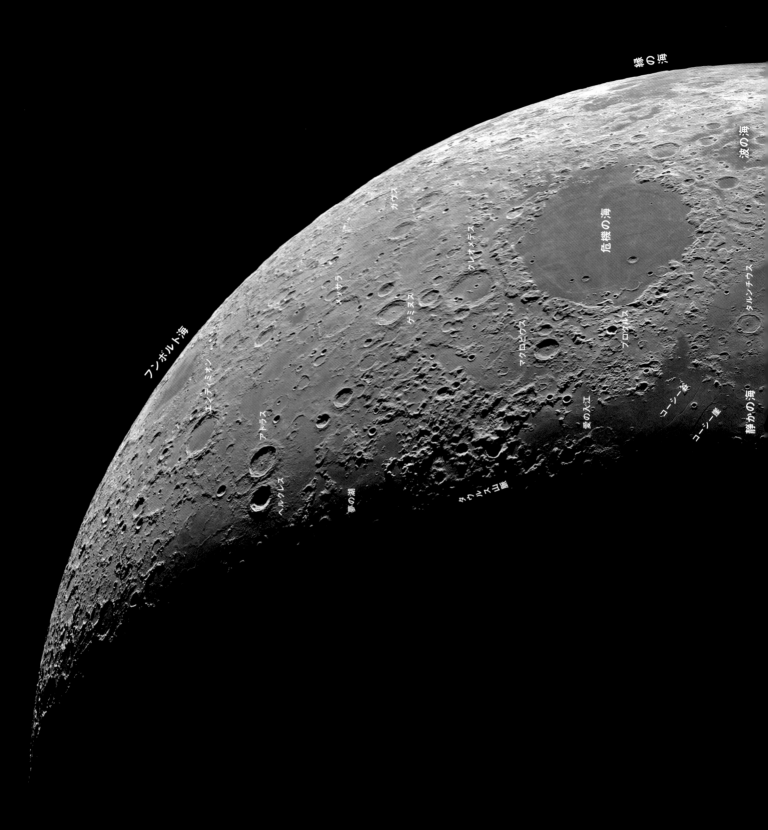

月齢 5

神酒の海と静かの海が夜明けを迎える。欠け際にあるジャンセンは輪郭のはっきりしない古いクレーター。その北側にあるレイタ谷は神酒の海から放射状に伸びている。夢の湖と静かの海の間にあるのがタウルス山脈。特定の海の縁ではなく、全体が大きな地塊のようだ。秤動の関係でこの写真では輪郭のはっきりしたランゲレヌス、ペタヴィウスはっきりしたランゲレヌス、ペタヴィウスは輪郭を持つ大クレーター。月の縁にあるフンボルト海、ガウス、縁の海、スミス海がよく見えている。

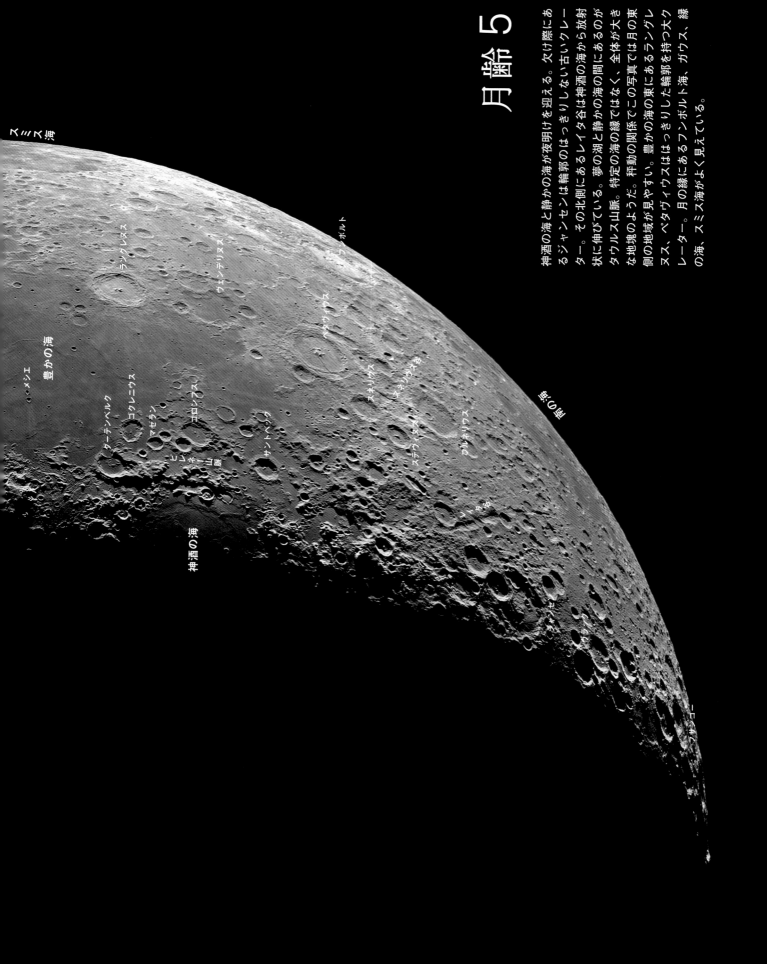

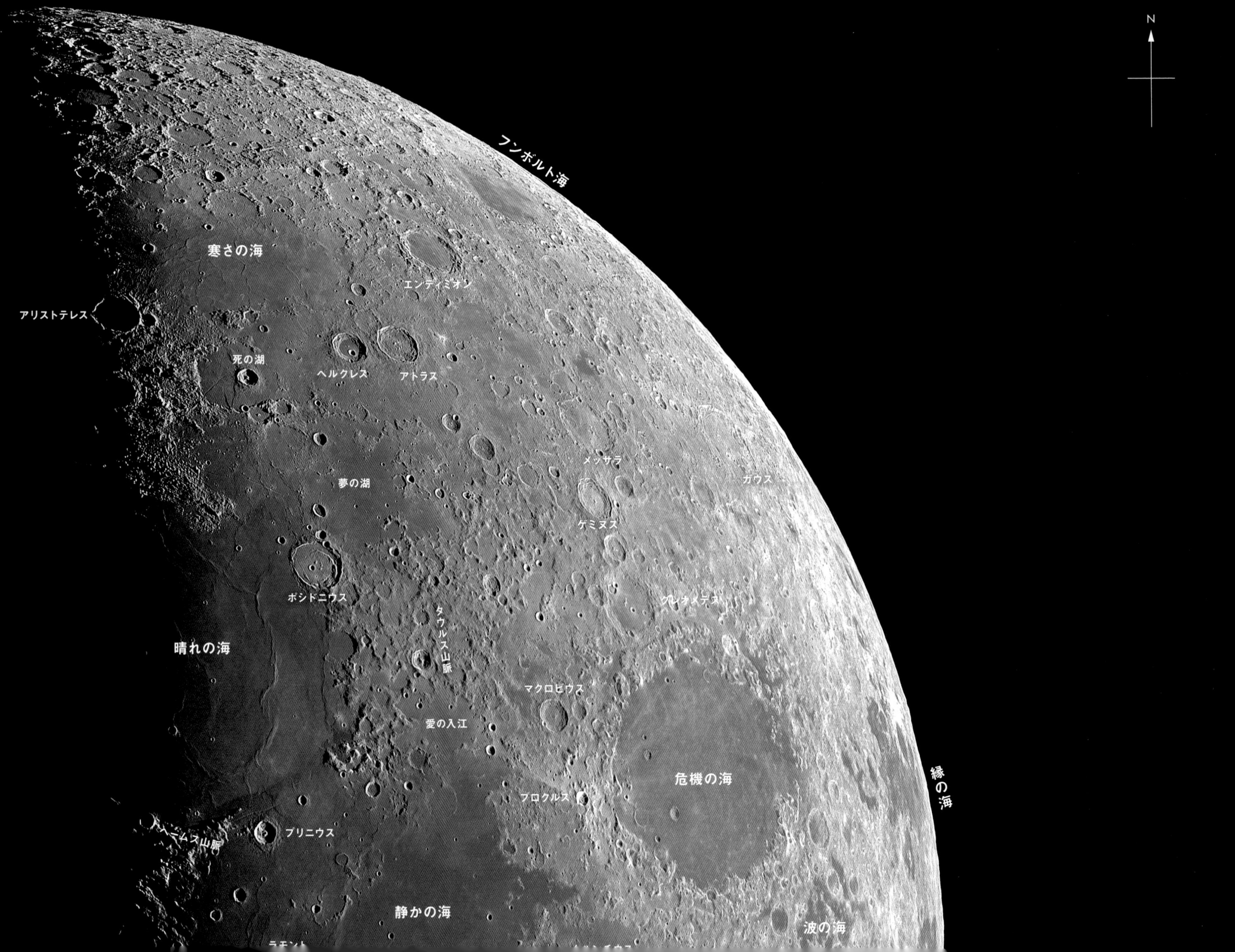

N

縁の海
波の海
危機の海
フンボルト海
カウス
クレオメデス
メツサラ
ゲミヌス
マクロビウス
プロクルス
エンディミオン
アトラス
ヘルクレス
タウルス山脈
夢の湖
愛の入江
静かの海
ポシドニウス
死の湖
寒さの海
プリニウス
ハエムス山脈
晴れの海
アリストテレス

月齢 6

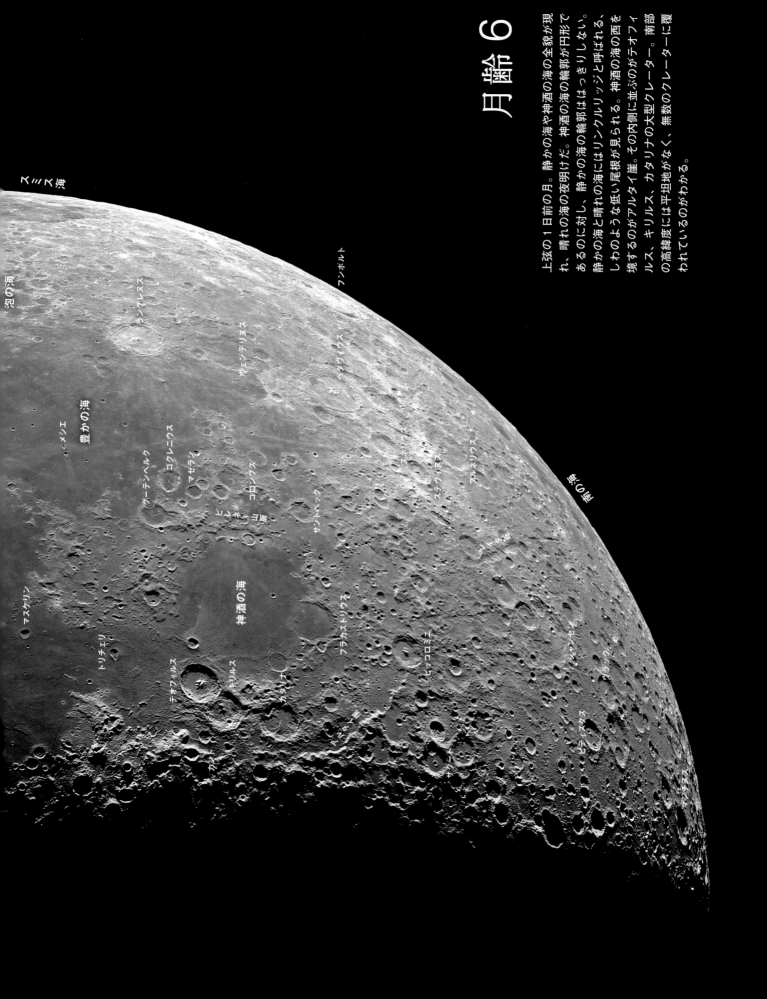

上弦の1日前の月。静かの海や神酒の海の全貌が現れ、晴れの海の夜明けだ。静かの海の輪郭が円形であるのに対し、神酒の海の輪郭ははっきりしない。静かの海と晴れの海にはリンクルリッジと呼ばれる、しわのような低い尾根が見られる。神酒の海の西を境するのがアルタイ崖。その内側に並ぶ大型クレーターがテオフィルス、キリルス、カタリナの大型クレーター。南部の高緯度には平坦地がなく、無数のクレーターに覆われているのがわかる。

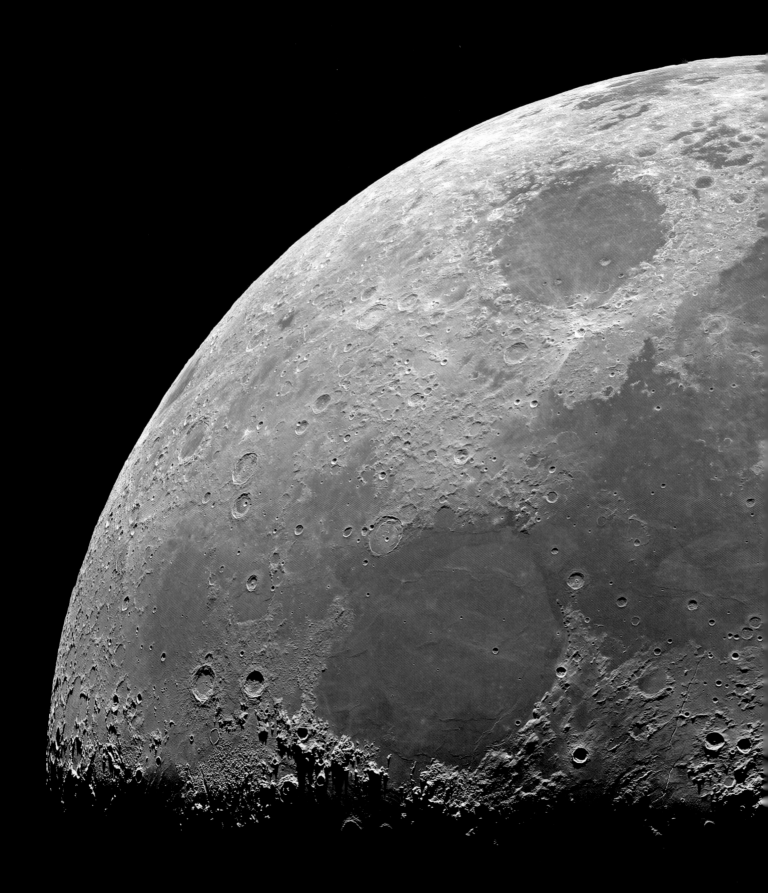

上弦

上弦の欠け際は太陽光が真横から当たるため、地形が陰影に富み、細かい地形が見やすい。欠け際のアリアデウス谷、ヒギヌス谷、アルプス谷は口径10cmの望遠鏡でも見ることができる（地名は前後のページ参照）。晴れの海の全体が見渡せるが、東側はタウルス山脈、西北側はコーカサス山脈、南西側はヘームス山脈とそれぞれ特徴のある山脈に囲まれ、全体的には五角形のような輪郭を持つ。この写真も秤動によって月の南東側はよく見える時期で、縁の海、スミス海、フンボルト、南の海がよく見えている。

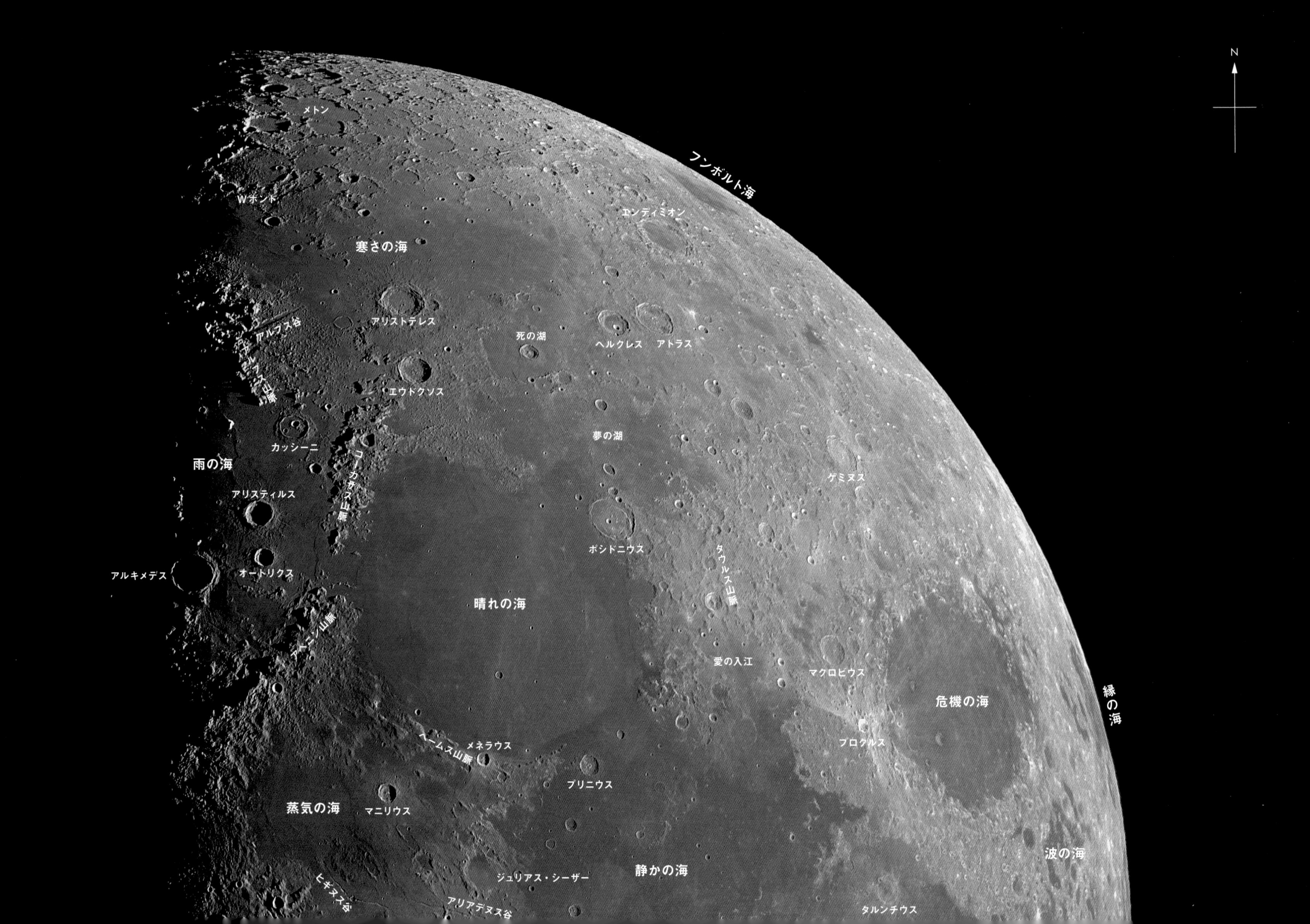
N
メトン
Wボンド
寒さの海
フンボルト海
エンディミオン
アリストテレス
アルプス谷
アルプス山脈
死の湖
ヘルクレス
アトラス
エウドクソス
夢の湖
カッシーニ
コーカサス山脈
雨の海
アリスティルス
ゲミヌス
ポシドニウス
タウルス山脈
アルキメデス
オートリクス
晴れの海
アペニン山脈
愛の入江
マクロビウス
危機の海
縁の海
ヘームス山脈
メネラウス
プロクルス
プリニウス
蒸気の海
マニリウス
波の海
静かの海
ジュリアス・シーザー
ヒギヌス谷
アリアデヌス谷
タルンチウス

上弦

この写真は、上弦をカラーで撮影したものだ。静かの海や新鮮な光条が青味を帯びていることがわかる。前ページの上弦とのおおきな違いは、秤動の関係で欠け際の様子が大きく違っていること。この写真ではプトレマイオス・アルフォンスス・アルザッチェルのクレーター列が欠け際にあるが、前ページの海の半分では見えていない。この写真では雨の海のアペニン山脈がいくぶん姿を現している。急峻なアルプス山脈、コーカサス山脈、アルプス山脈に囲まれたこの頃の雨の海は見応えがある。

24 / 25

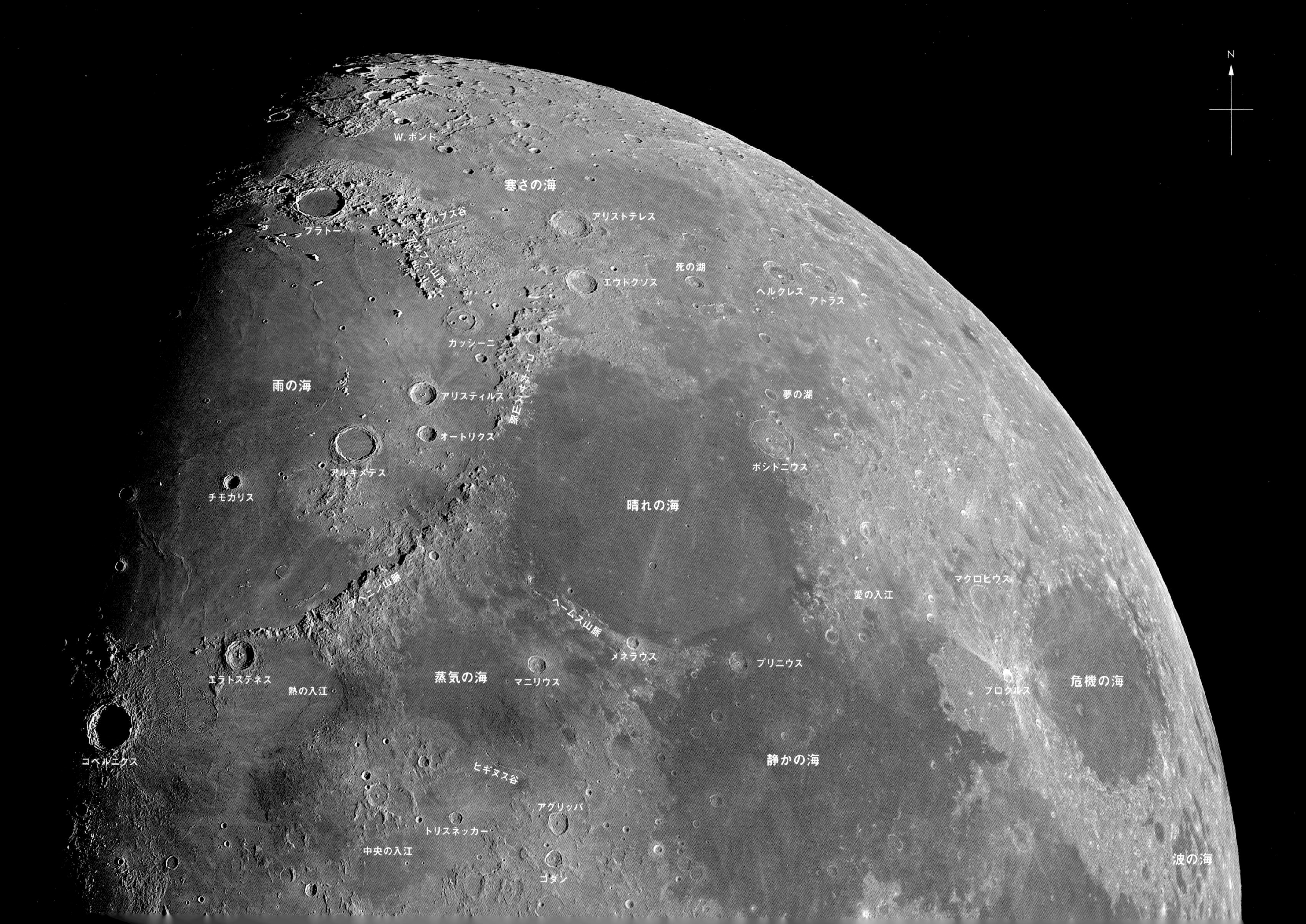

N

波の海
危機の海
マクロビウス
クレオメデス
愛の入江
夢の湖
ポシドニウス
アトラス
ヘルクレス
死の湖
エウドクソス
プリニウス
静かの海
アリストテレス
寒さの海
メネラウス
ハエムス山脈
カッシーニ
アルプス山脈
アルプス谷
アリスティルス
オートリクス
アポロニウス
マニリウス
蒸気の海
ヒギヌス谷
トリスネッカー
W.ボンド
プラトー
アルキメデス
中央の入江
コーカサス山脈
テネリフェ山脈
雨の海
チモカリス
アルキメデス
熱の入江
エラトステネス

コペルニクス

月齢 10

夕方、南東方向に見える月で、午後8時頃に南中する。この頃になると欠け際は海の占める割合が多くなる。目を引くのはコペルニクス。コペルニクスは8.1億年前の衝突でできた新しいクレーター。南部の高地には1.1億年の衝突でできたさらに新しいクレーター、ティコも現れる。月の大部分のクレーターは30億年以上前の衝突によってできた古いクレーターなので、コペルニクスとティコの新鮮な地形は目を見張るばかりだ。

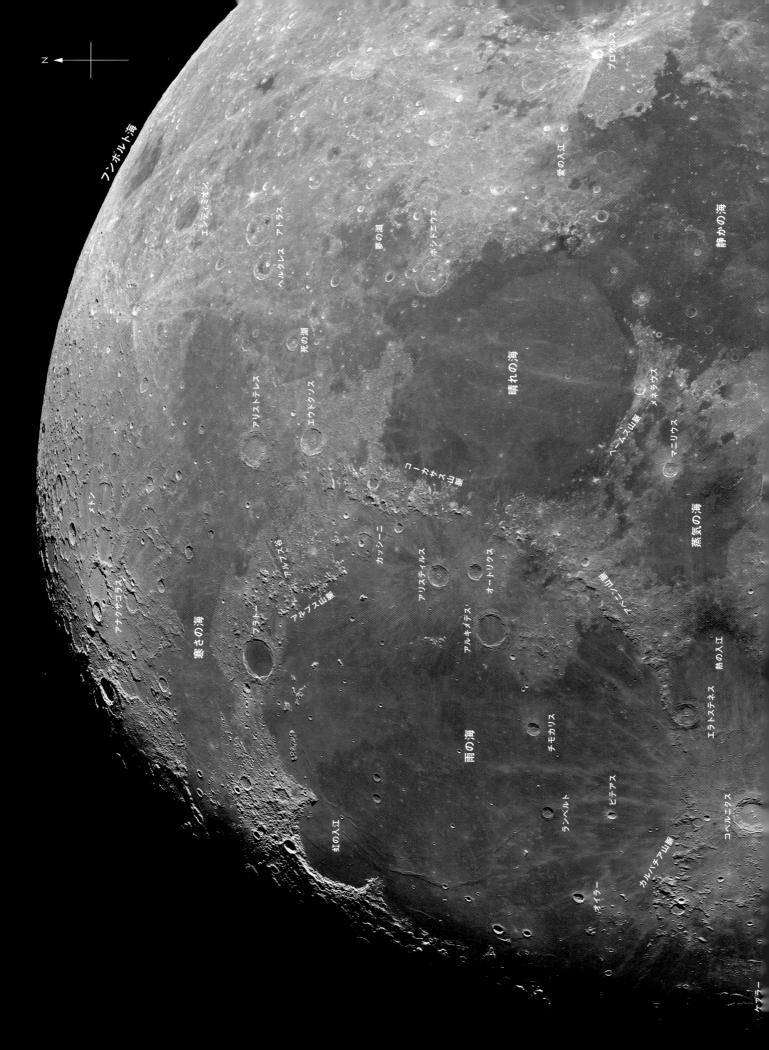

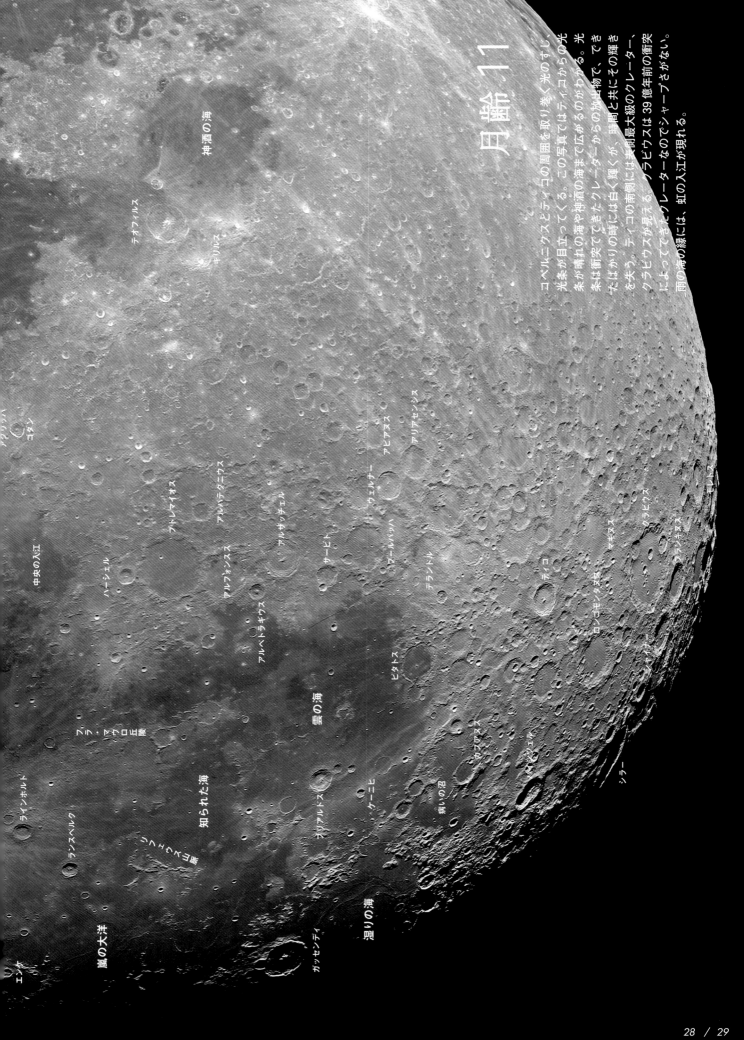

月齢 11

コペルニクスとティコの周囲を取り巻く光のすじ、光条が目立ってくる。この写真ではティコからの光条が晴れの海や神酒の海まで広がるのがわかる。光条は衝突でできたクレーターからの放出物で、できたばかりの時には白く輝くが、時間と共にその輝きを失う。ティコの南側には表側最大級のクレーター、クラビウスが見える。クラビウスは39億年前の衝突によってできたクレーターなのでシャープさがない。雨の海の縁には、虹の入江が現れる。

28 / 29

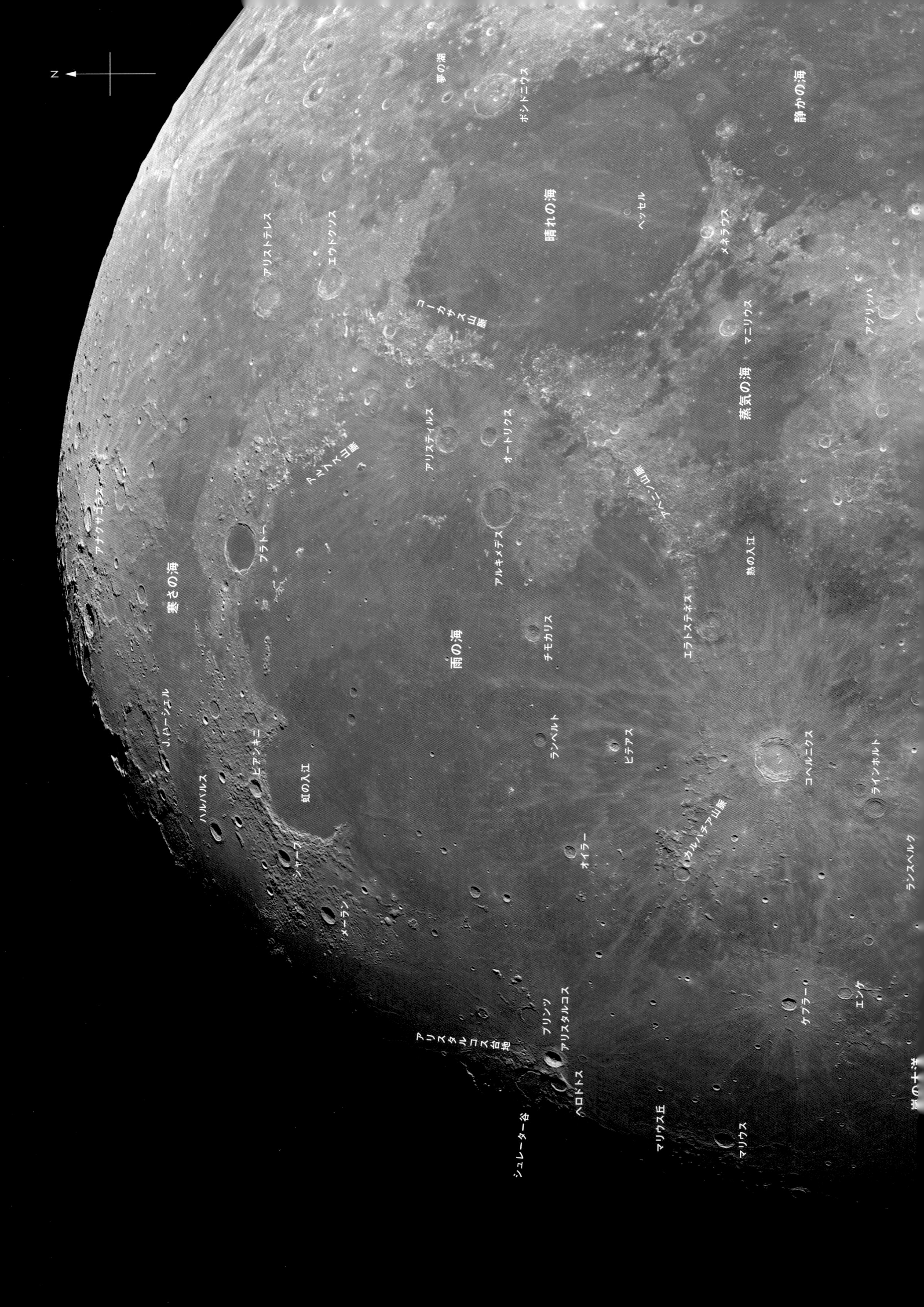

N ←

夢の湖
ポンドミウス
静かの海
アリストテレス
エウドクソス
晴れの海
コーカサス山脈
ヘッセル
メネラウス
アリスティルス
オートリクス
マニリウス
蒸気の海
アグリッパ
アルキメデス
ハイジニ溝
アナクサゴラス
チモカリス
アペニン山脈
寒さの海
熱の入江
プラトー
ランベルト
エラトステネス
雨の海
J.ハーシェル
ピアス
ビアズミニ
カルパチア山脈
虹の入江
シャープ
オイラー
コペルニクス
メーラン
ラインホルト
アリスタルコス
プリンツ
ケプラー
エンケ
マイラス丘
シュレーター谷
マリウス
ヘロドトス
ランスベルク
嵐の大洋

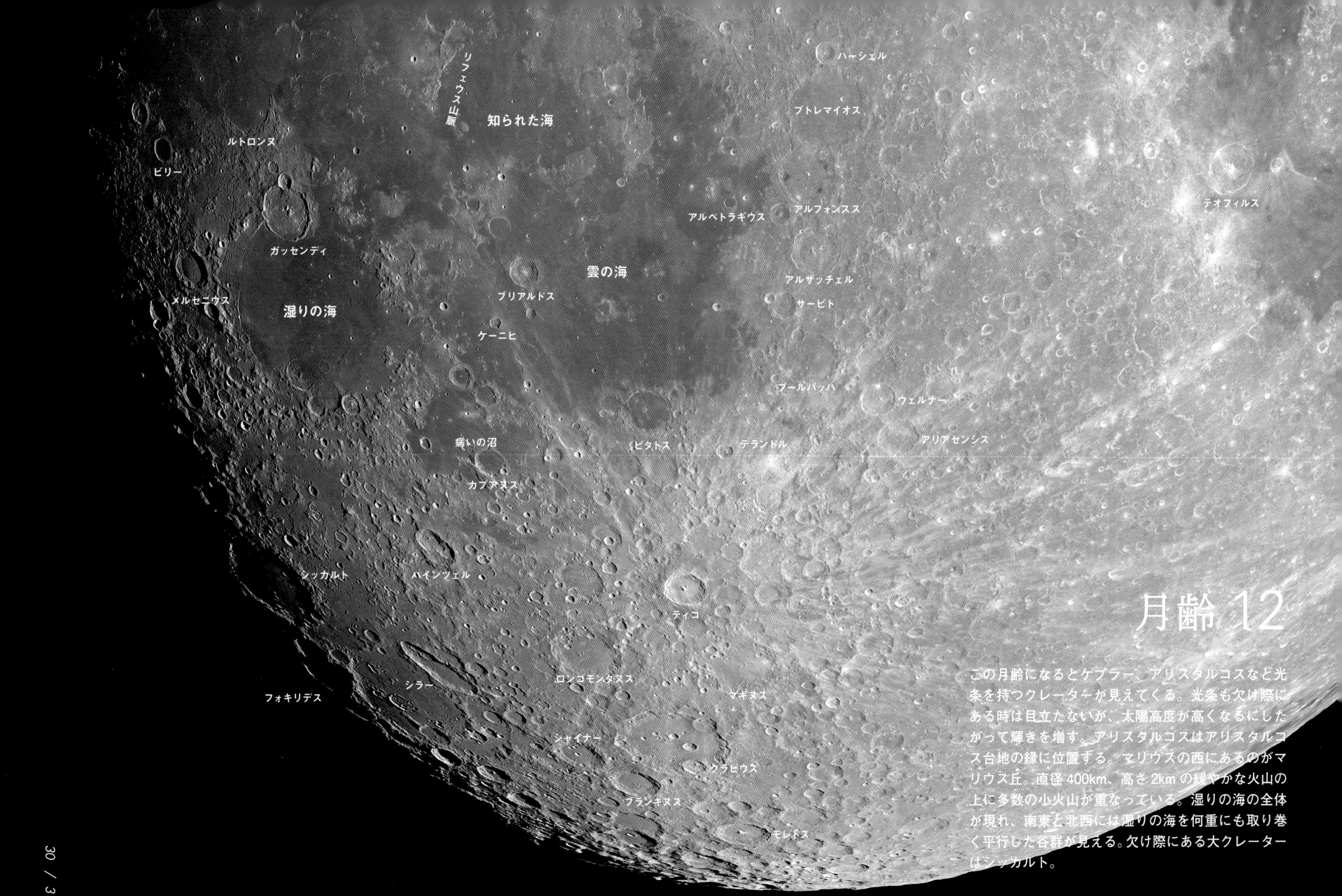

月齢 12

この月齢になるとケプラー、アリスタルコスなどに光条を持つクレーターが見えてくる。北条も欠け際にある時は目立たないが、太陽高度が高くなるにしたがって輝きを増す。アリスタルコスはアリスタルコス台地の縁に位置する。マリウスの西にあるのがマリウス丘。直径400km、高さ2kmの傾斜がなな火山の上に多数の小火山が重なっている。湿りの海の全体が現れ、南東と北西には湿りの海を何重にも取り巻く平行した谷群が見える。欠け際にも谷群にある大クレーターはシッカルト。

ハーシェル
プトレマイオス
アルペトラギウス
アルフォンスス
アルザッチェル
サービト
プールバッハ
レギオモンタヌス
ワルテル
アリアセンシス

テオフィルス

リフェウス山脈
知られた海

雲の海
ブリアルドス
ケーニヒ
ピタトゥス
ティコ
マキヌス
クラビウス
モレトゥス

憩いの沼
カプアヌス
ハインツェル
ショラー
ロンゴモンタヌス
ネイパー
ブランキヌス

ガッサンディ
湿りの海
メルセニウス
シッカルト
フォキリデス

ビリー
ルトロンヌス

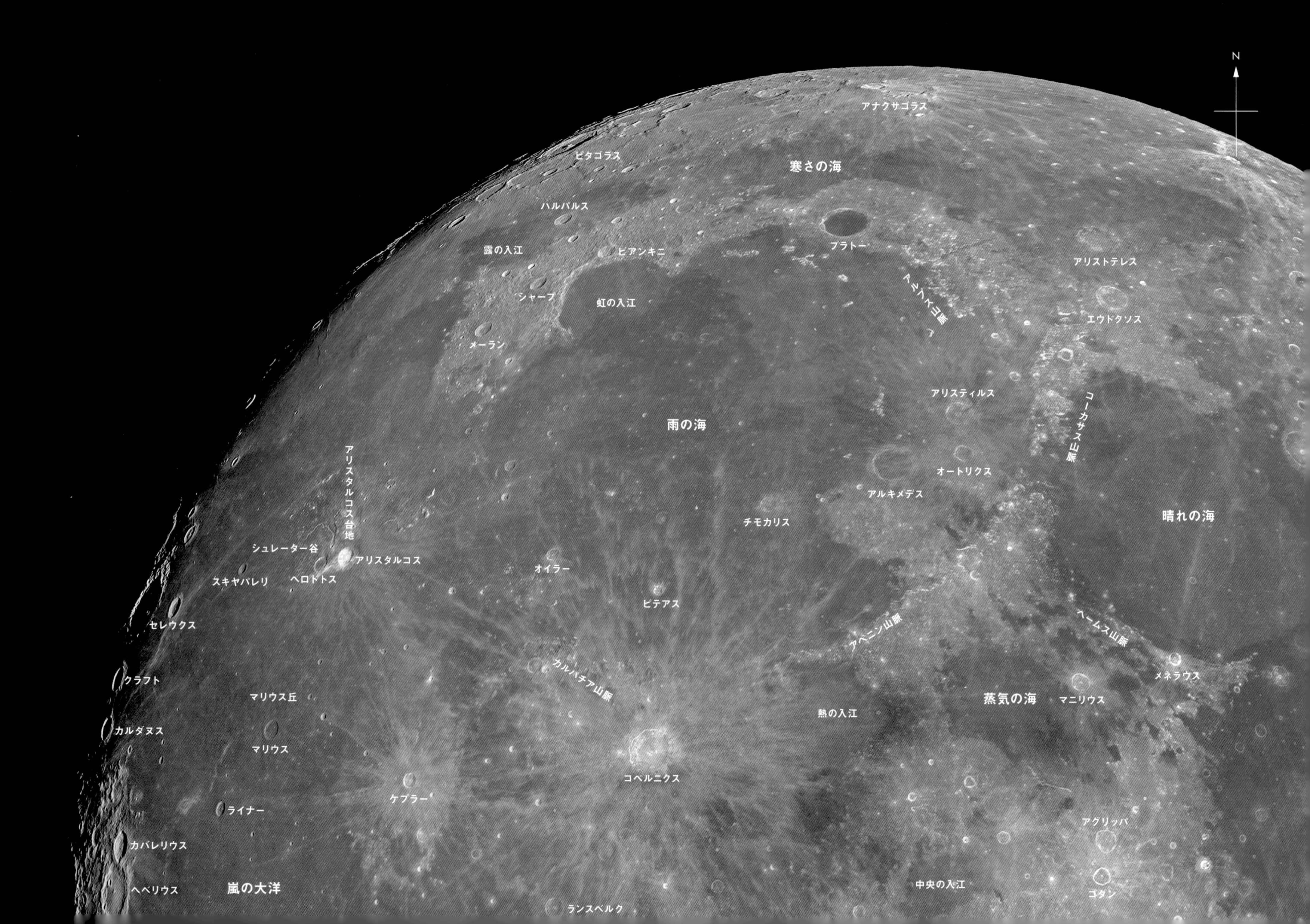

N

晴れの海
ハエムス山脈
メネラウス
マニリウス
アクリッパ
ゴダン
蒸気の海
中央の入江
アリストテレス
エウドクソス
コーカサス山脈
アリスティルス
オートリクス
アルキメデス
アペニン山脈
寒さの海
プラトー
ピタトウス
ピアッツイ・スミス
ティモカリス
ピテアス
熱の入江
虹の入江
シャープ
ラ・ヒール
オイラー
カルパチア山脈
コペルニクス
露の入江
バルハウス
メーラン
ケプラー
アナクサゴラス
アリスタルコス
ヘロドトス
マリウス丘
マリウス
シュレーター谷
スキヤパレルリ
ライナー
嵐の大洋
セレウクス
クラフト
カルダヌス
カベリウス
ヘベリウス

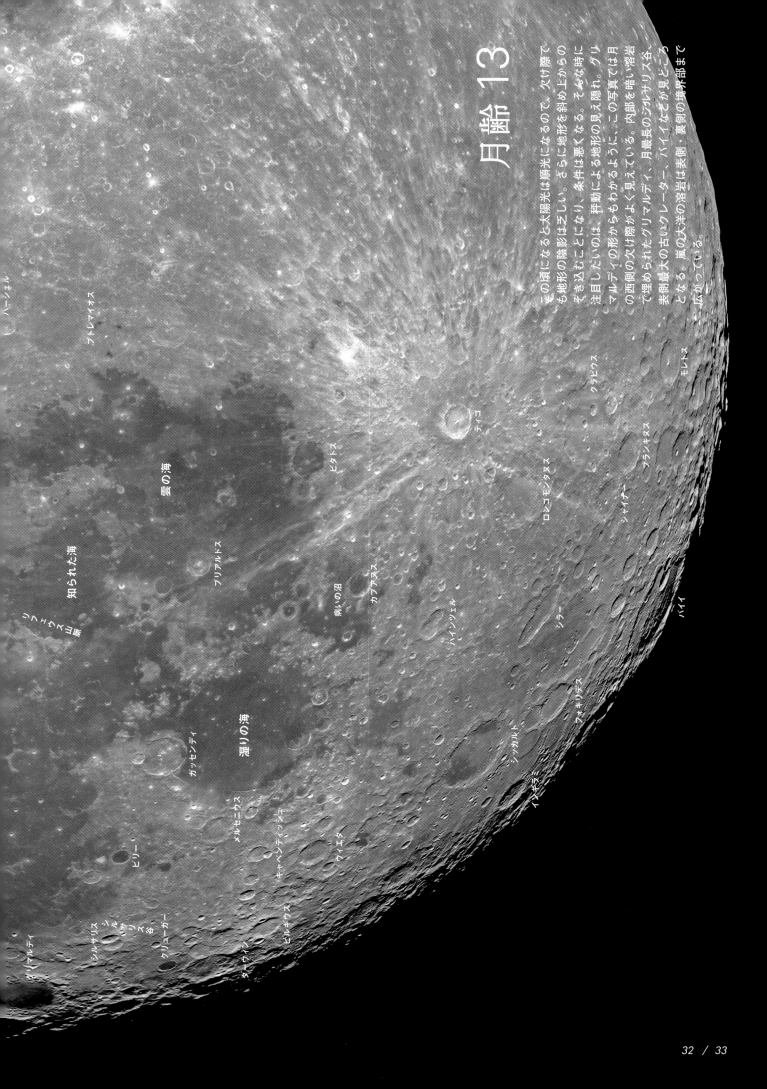

月齢13

この頃になると太陽光は順光になるので、欠け際で も地形の陰影は乏しい。さらに地形を斜めの上からの ぞき込むことになり、条件は悪くなる。そんな時に 注目したいのは、秤動による地形の見え隠れ。グリ マルディの形からもよくわかるように、この写真では月 の西側の欠け際がよく見えている。内部を暗い溶岩 で埋められたグリマルディ、月最長のクレーター バイイなど、裏側・表側の境界部が見どころ となる。嵐の大洋の古い溶岩から、最側最大の大古の溶岩は表側 へ広がっている。

ハーシェル
プトレマイオス
雲の海
知られた海
カルパチア山脈
ビュルグ
ティコ
ビトラス
ブリアルドス
ロンゴモンタヌス
クラビウス
シャイナー
南いの沼
カプアヌス
ハインツェル
シラー
ブランキヌス
モレトス
シッカルト
イナギラミ
フォキリデス
メルセニウス
ガッセンディ
湿りの海
キャベンディッシュ
ヴィエタ
ヒルキウス
ダーウィン
ヒルスハイム
クリュガー
シルサリス
バイイ
グリマルディ

32 / 33

z ←—|—

満月

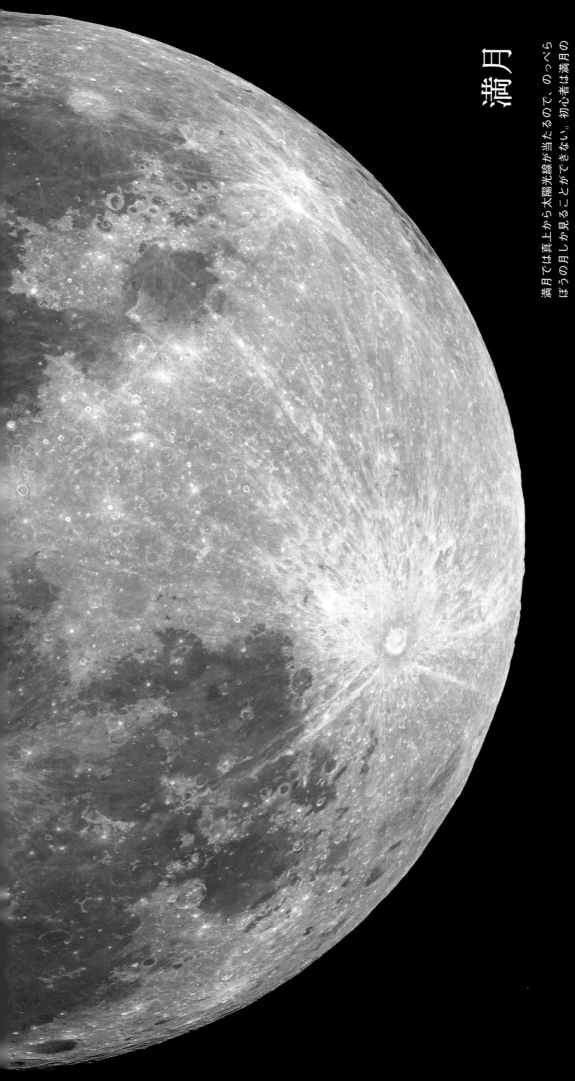

満月では真上から太陽光線が当たるので、のっぺらぼうの月しか見ることができない。初心者は満月の頃が一番よく見えると思い、望遠鏡を向けてがっかりすることが多い。しかし、今まで目立たなかった小さなクレーターでも周囲に光条が輝きだすものがあったりして、欠け際で見た印象とは全く違う光景を楽しむことができる。月・地球・太陽が一直線に並ぶと月食になるが、それ以外の満月は地球の影の北か南を通ることになり、北か南が欠けていることになる。この写真は半影月食の30分前に撮ったほぼ完璧な満月。地名を排した全貌をご覧いただきたい。

縁の海
波の海
危機の海
愛の入江
静かの海
フンボルト海
エンディミオン
アトラス
ヘルクレス
夢の湖
ポシドニウス
死の湖
晴れの海
蒸気の海
アリストテレス
アルプス山脈
アナクサゴラス
プラトー
寒さの海
アルキメデス
アペニン山脈
露の入江
虹の入江
雨の海
コペルニクス
アリスタルコス
ケプラー
嵐の大洋

N ←

満月

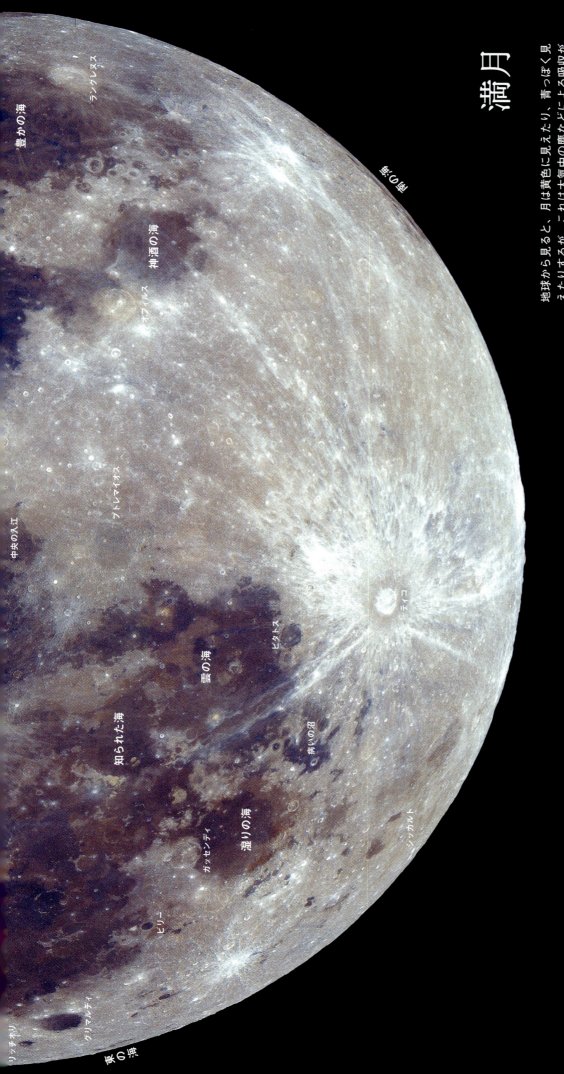

地球から見ると、月は黄色に見えたり、青っぽく見えたりするが、これは大気中の塵などによる吸収が原因で、月の色が正解らしい。しかし細かく見ると、表面物質の組成によって色づいてみえる。この写真はカラーカメラで撮影した溶岩の彩度を強調したものだ。チタンの多い溶岩からなる静かの海は青っぽく、チタンの少ない溶岩からなる晴れの海は赤っぽい。雨の海のようにチタン量の異なる溶岩が流れてまだら模様になっている海もある。口径30cmクラスの望遠鏡で見ると、目の良い人ならばこのような色の違いがわかる。

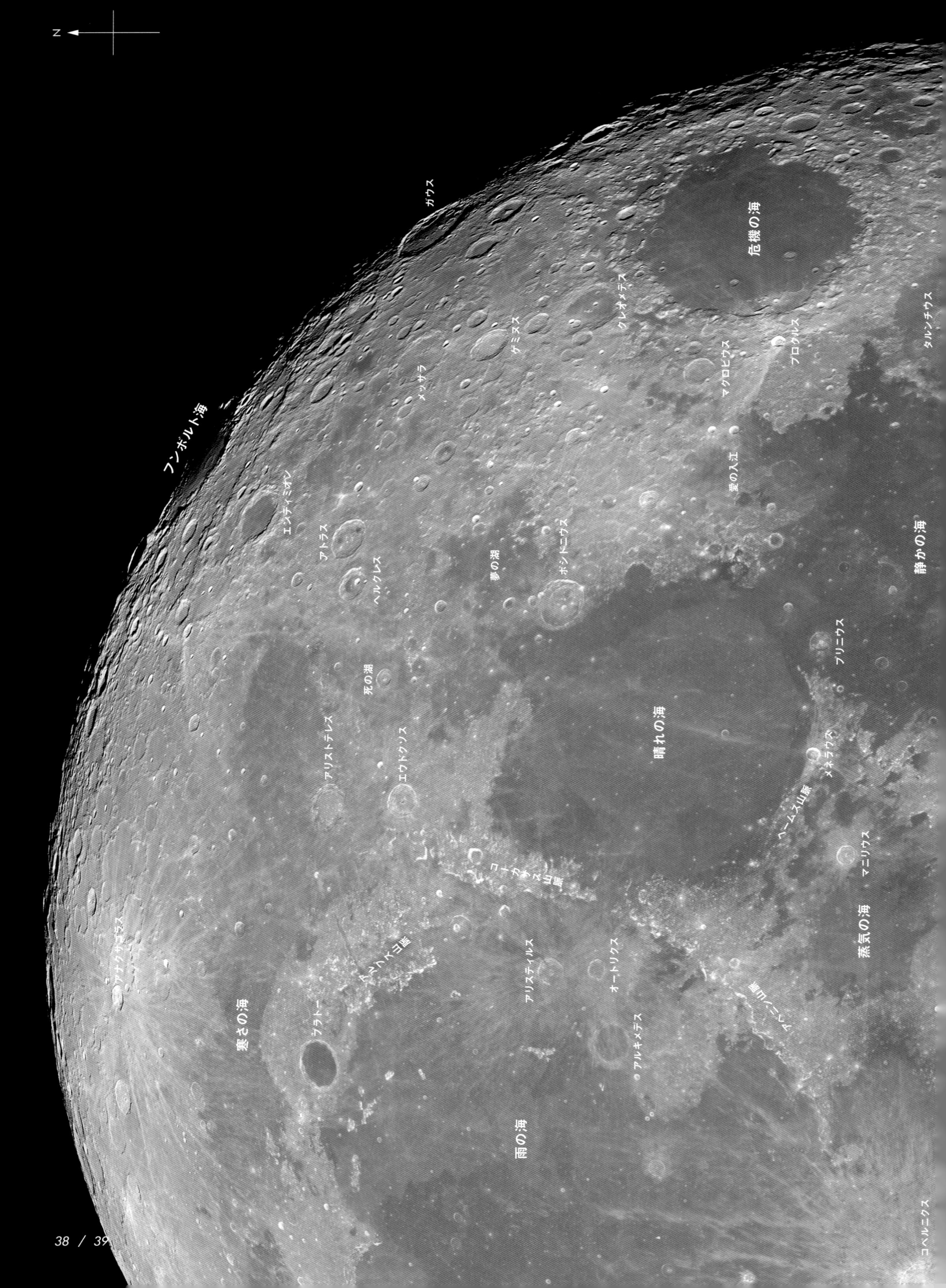

38 / 39

N

フンボルト海
ガウス
危機の海
エンディミオン
アトラス
メネラウス
ヘルクレス
クレオメデス
夢の湖
マクロビウス
愛の入江
プロクルス
タルンチウス
ポシドニウス
静かの海
死の湖
アリストテレス
エウドクサス
プリニウス
晴れの海
ハエムス山脈
メネラウス
アナクサゴラス
寒さの海
プラトー
アルプス山脈
アリスティルス
オートリクス
マニリウス
蒸気の海
アルキメデス
ヒギヌス
雨の海
コペルニクス

月齢 16

昔の人は、満月を過ぎて昇ってくる月に呼び名を付けている。旧暦16日の月はなかなか出てこないという意味の古語「いさよい」が変化して「いざよい月」と呼んでいた。満月前後の月間辺部は秤動によって見え隠れする。この写真では、月の北東部にあるフンボルト海の二重構造やガウスなどがよく見えている。p.33の写真とくらべると、光条の目立つティコやアナクラゴラスの位置が違って見える。

豊かの海
メシエ
ラングレヌス
ウェンデリヌス
クーテンベルク
マセラン
コロンブス
コクレニウス
サントペック
ステヴィヌス
フラカストリウス
フルネリウス
テオフィルス
ジャンセン
神酒の海
中央の入江
ハーシェル
ゴダン
アグリッパ
プトレマイオス
雲の海
霊の海

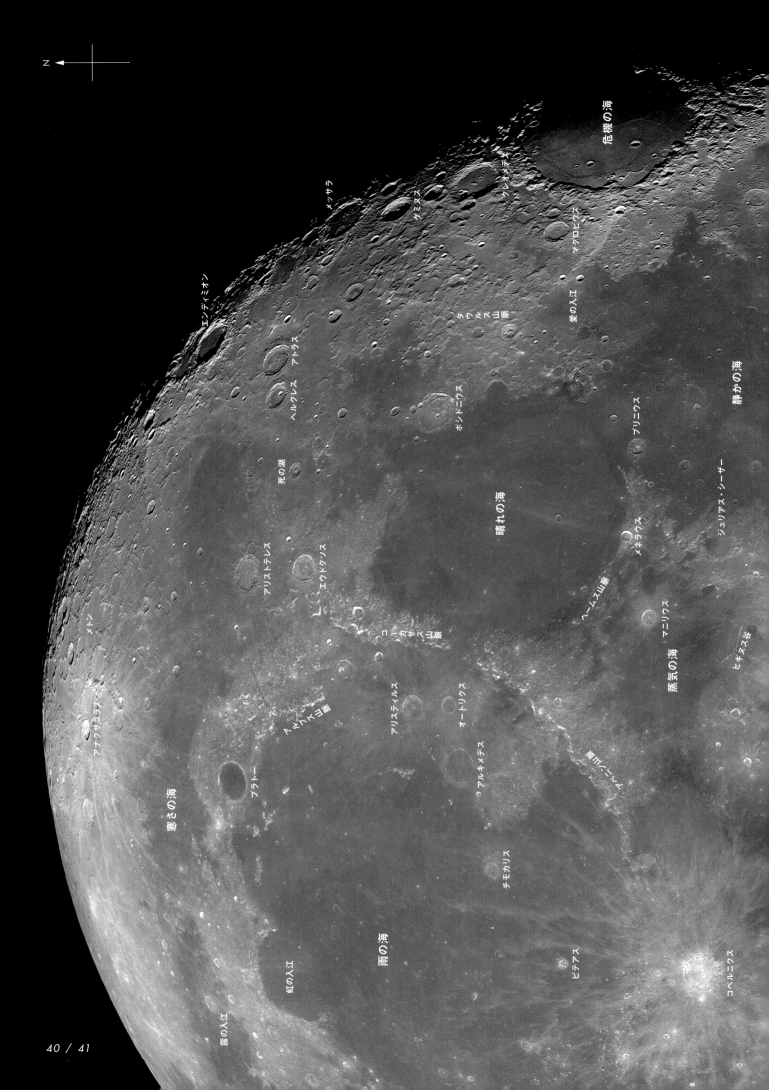

月齢 17

この頃にはペタヴィウス、ラングレヌス、ヴェンデリヌス、デモンなど直径100kmを超す大クレーターが欠け際に並んでいる。危難の海の内部を溶岩に埋められてはいるが、周囲の海に着く放射状の尾根や谷はこれらの大クレーターとよく似ている。予備知識のない人に望遠鏡をのぞかせたら、きっと危難の海を巨大なクレーターだと答えるだろう。この人が危難の海を巨大なクレーターだと答えるだろう。どの海からできているのか、楽しんでいる。

ラベル（上部〜下部）:
メシエ / 豊かの海 / ラングレヌス / クーテンベルク / コクレニウス / マゼラン / コロンブス / ビービー山脈 / サントベック / ペタヴィウス / フルネリウス / 神酒の海 / テオフィルス / カント / キリルス / カタリナ / フラカストリウス / アルタイ崖 / アブルフェダ / アボロニウス / ウェッブ / ビッコロミニ / フアブリシウス / ジャンセン / マウロリクス / ピタスクス / ステヴィヌス / アトレマイオス / アルフォンスス / アルザッケル / サービト / プールバッハ / ウェルナー / アピアヌス / キュリアセンクス / シュテフラー / リケウス / コダン / 知られた海 / 雲の海 / ビトムス / ティコ / 病いの沼 / モレトス

42 / 43

月齢 18

この月齢になると半月の頃、条件が悪かった地域の夕暮れを見ることができる。とはいっても南中するのは夜中の2～3時であるから、よほど夜更かしをするか、早起きをしなければならない。神酒の海、静かの海、晴れの海が見頃で、海を取り巻くピレネー山脈、タウルス山脈にも注目したい。この2つの山脈には多数の谷が走っている。中型のクレーターも同じようなクレーターが2つ並ぶとトラスとヘルクレス、ベアがある。欠け際にあるアトラスとエウドクソスがその西側のアリストテレスとエウドクソスがその例。

ピレネー山脈
神酒の海
テオフィルス
カント
キリルス
アトラス
アルマイオス
アルフラガニウス
アブルフェダ
カタリナ
ブラカストリウス
アルティオス
ピッコロミニ
ジャンセン
ピタスコス
ウラック
マウロリクス
シュテフラー
リケウス
マキナス
クラビウス
シャイナー
ロンゴモンタヌス
モレタス
ティコ
オロンチウス
ブランキヌス
テラントル
ウルスネ
アリアゼンス
アピアヌス
ウェルナー
マールディ
サービト
アルザッチェル
テラントル
アルフォンスス
プトレマイオス
雲の海
ブリアルドス
フリュレドス
病いの沼
カッセンディ
湿りの海
ルトロンス
知られた海

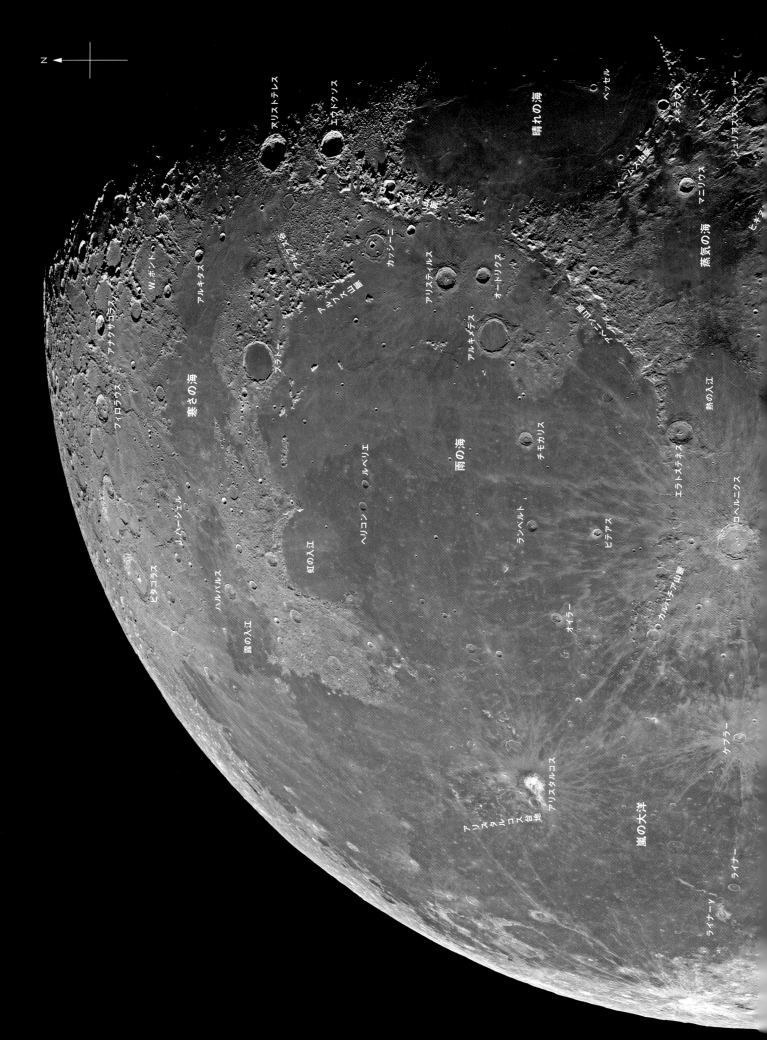

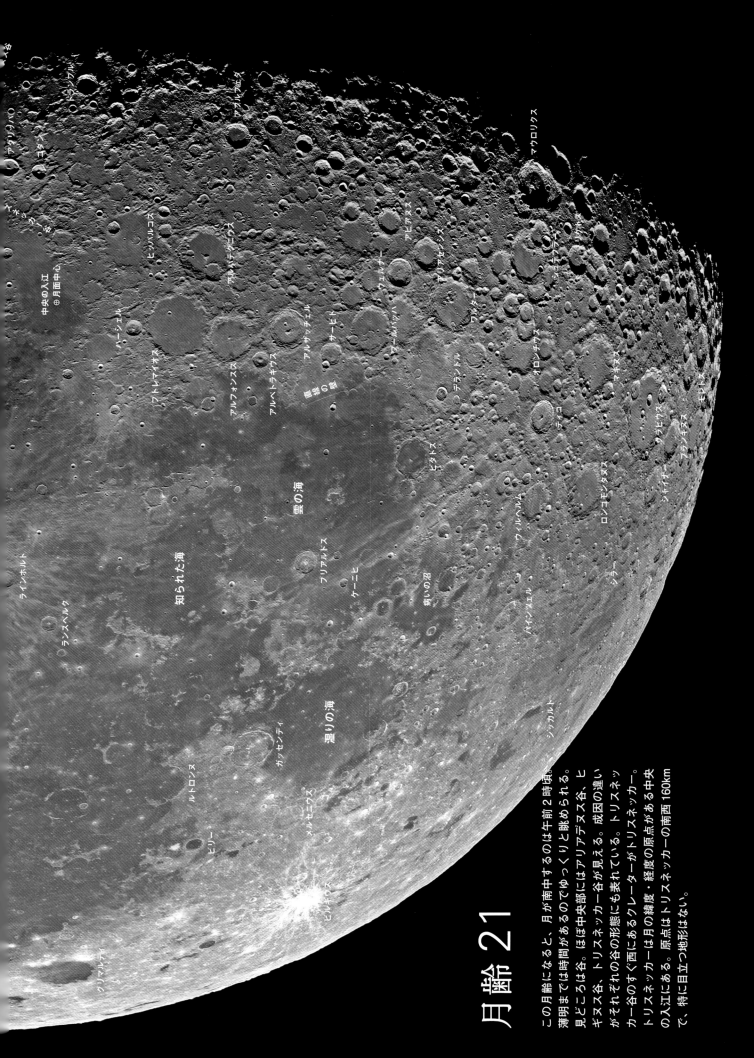

月齢 21

この月齢になると、月が南中するのは午前2時頃。薄明までは時間があるのでゆっくりと眺められる。見どころは全。ほぼ中央部にはアリアデウス谷、トリスネッカー谷が見える。成因の違いがそれぞれの谷の形態にも表れている。トリスネッカー谷のすぐ西にある谷にあるクレーターがトリスネッカー。トリスネッカーは月の緯度・経度の原点がある中央の入江にある。原点はトリスネッカーの南西160kmで、特に目立つ地形はない。

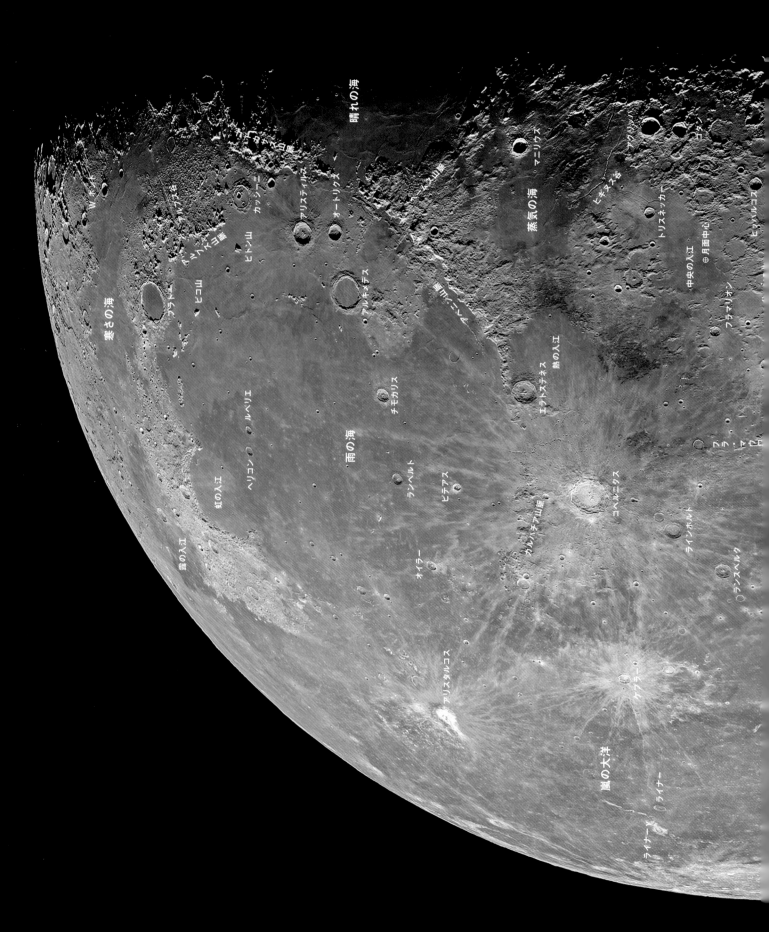

月齢 22

この頃になると月が昇ってくるのは午後10時過ぎ、南中するのは午前4時頃だから、早起きをして見るほかはない。この月齢の頃の月はシーイングの良い夏に高度が高いので、寝苦しい夏の月明け方、自分の望遠鏡ではこんなによく見えるのかとびっくりすることがある。プトレマイオス・アルフォンスス・アルザッチェルのクレーター列、雨の海を取り巻くアペニン山脈・アルプス山脈などをゆっくり眺めたいが、夢中で撮影しているとあっという間に薄明になってしまう。

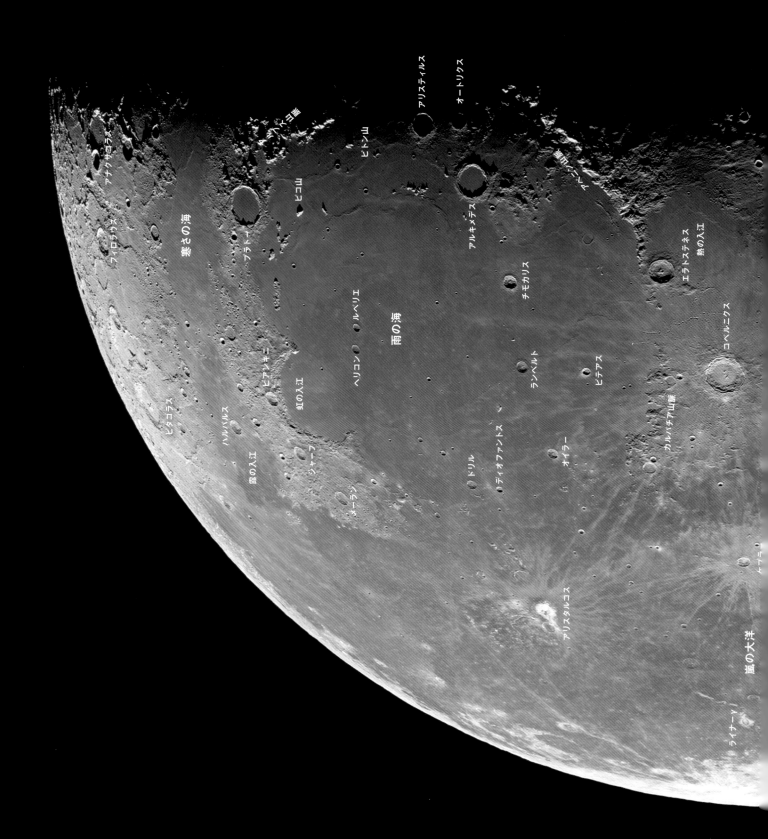

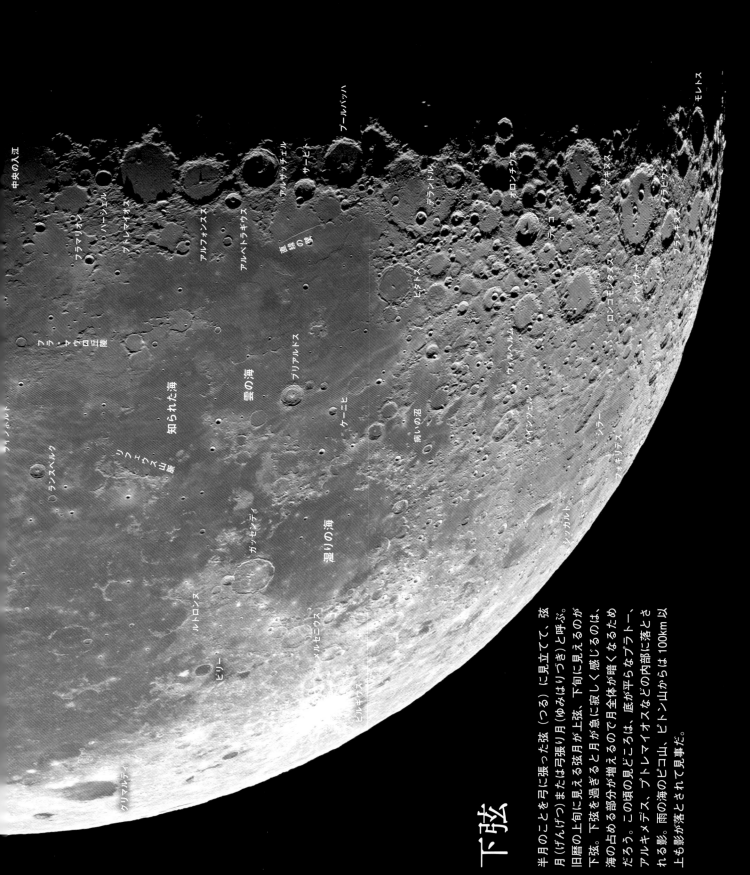

下弦

半月のことを弓に張った弦（つる）に見立てて、弦月（げんげつ）または弓張り月（ゆみはりづき）と呼ぶ。旧暦の上旬に見える弓張り月が上弦、下旬に見えるのが下弦。下弦を過ぎると月が急に寂しく感じるのは、海の占める部分が増えるので月全体が暗くなるためだろう。この頃の見どころは、底が平らなプラトー、アルキメデス、プトレマイオスなどの内部に落とされる影。雨の海のピコ山、ピトン山からは100km以上も影が落とされて見事だ。

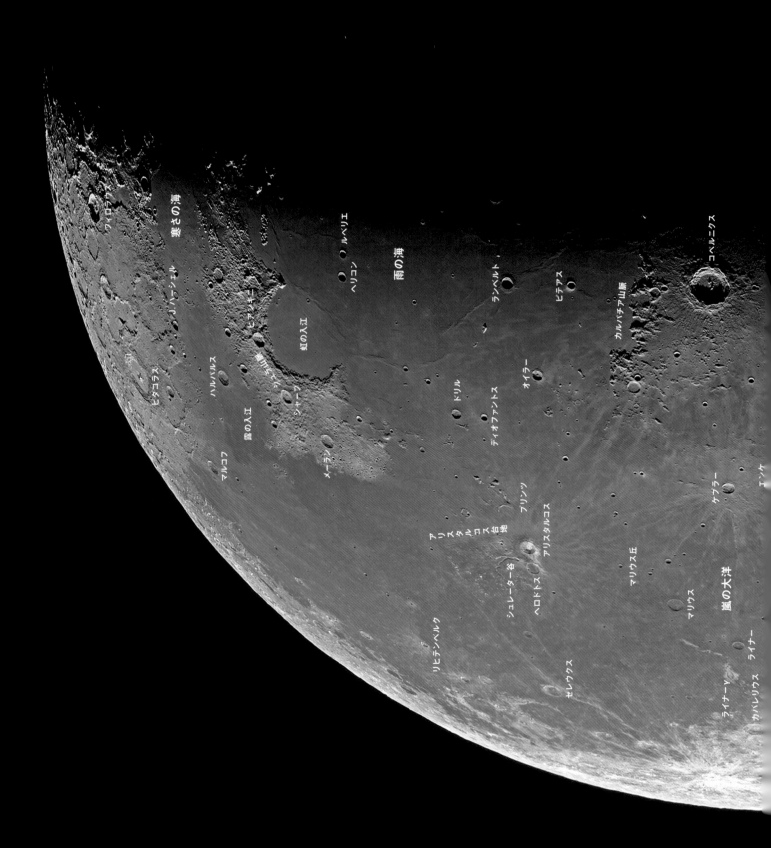

月齢 23

この写真では嵐の大洋の大洋のほぼ全体が写っている。月には約20の海があるが、大洋と呼ばれるのは「嵐の大洋」のみ。湿りの海と比らべても大洋と呼ばれる理由がわかるだろう。コペルニクス、ケプラー、アリスタルコス等の光条を持つクレーターが目立つが、ケプラーの光条が淡く全体に広がっているのに対し、アリスタルコスの光条は中央部が明るいなど、クレーターによって光条も特色がある。暗い海に取り残された明るく輝くコペルニクスは、一つ目小僧を見ているように不気味でもある。

N ←

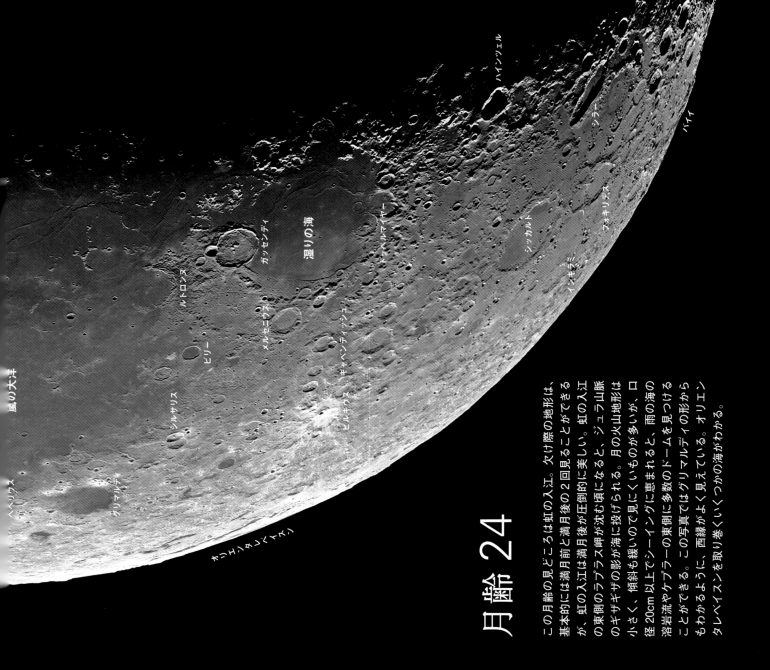

月齢 24

この月齢の見どころは虹の入江。欠け際の地形は、基本的には満月前と満月後の2回見ることができるが、虹の入江は満月後が圧倒的に美しい。虹の入江の東側のラプラス岬が沈む頃になると、ジュラ山脈のギザギザの影が海に投げられる。月の火山地形は小さく、傾斜も緩いのでシーイングに恵まれないが、口径20cm以上でシーイングに恵まれると、雨の海の溶岩流やケプラーの東側に多数のドームを見つけることができる。この写真ではグリマルディの形からもわかるように、西縁がよく見えている。オリエンタレベイスンを取り巻くいくつかの海がわかる。

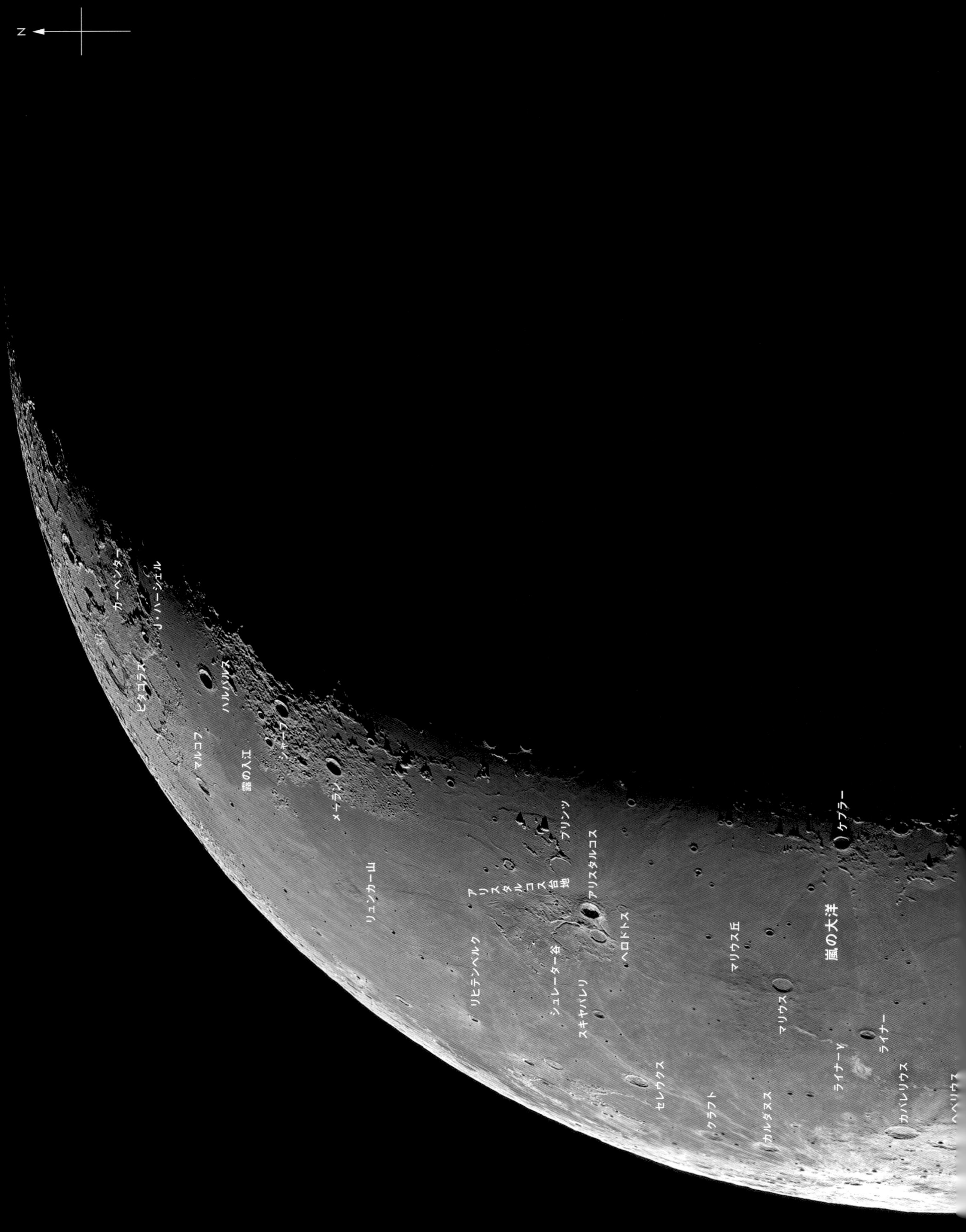

N ←

カーペンター
J・ハーシェル
ピタゴラス
バベジ
アナクシマンドル
虹の入江
プラト
メーラン
リュンカー山
リヒテンベルク
シュレーター谷
アリスタルコス台地
アリスタルコス
プリンツ
ヘロドトス
スキヤパレリ
セレウクス
マリウス丘
マリウス
嵐の大洋
ケプラー
クラフト
カルダヌス
ライナーγ
ライナー
カバレリウス
ヘベリウス

月齢 25

夏の夜半過ぎはシーイングが良いことが多いので、満月前よりも嵐の大洋西部や湿りの海付近の大海がシャープに見えることが多い。シーイングや湿りの海以外にも太陽光が順光ではなく半逆光になるため、地形が立体的に見えるためでもある。この写真はカラー写真で、色彩も口径30cmクラスで見た感じに処理してある。アリスタルコス台地が赤味を帯びていること、その西側の海の溶岩も周囲にくらべて赤味を帯びていることがわかる。この写真には、シュレーター谷、ドッペルマイヤー谷、シルサリス谷などの多くの谷も写っている。

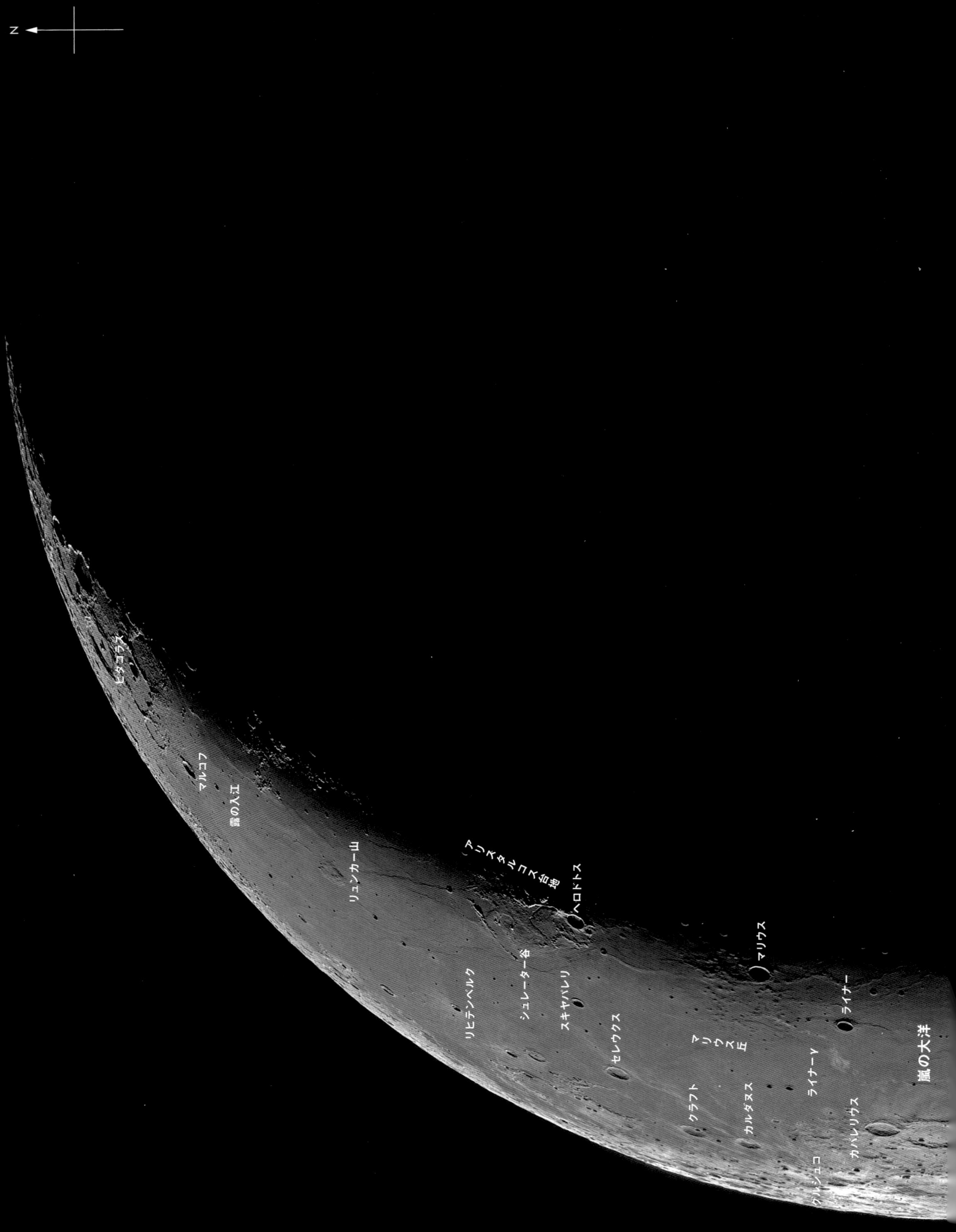

N ←

ピタゴラス

マコロフ
霧の入江
リュンカー山
リヒテンベルク
シュレーター谷
スキャパレリ
アリスタルコス台地
ヘロドトス
セレウクス
クラフト
マリウス丘
カルダヌス
マリウス
ライナーγ
グルジェフ
カベリウス
ライナー
嵐の大洋

月齢 26

南半球の欠け際にはシッカルト、フォキリデス、さらにその南側から見える最大のクレーター、バイイがある。バイイは古いために輪郭がはっきりせず、見にくい位置にあるため人気がない。嵐の大洋で目立つのはマリウス丘。アリスタルコス台地などの火山地形、その北側にはかさぶたのようなドームの集合体。リュンカー山が見える。マリウス丘の西側にある白いオタマジャクシのような模様はライナーγ。嵐の大洋にねじれた光条を放つのはグルシュコ (43km)。77°Wにあるため、クレーター自体を見るのは難しい。

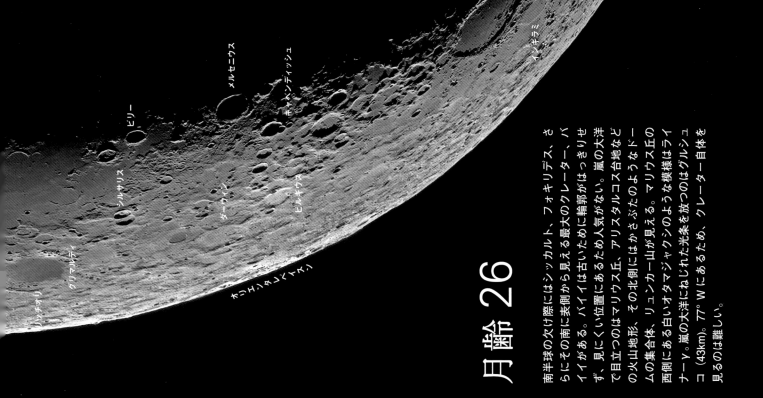

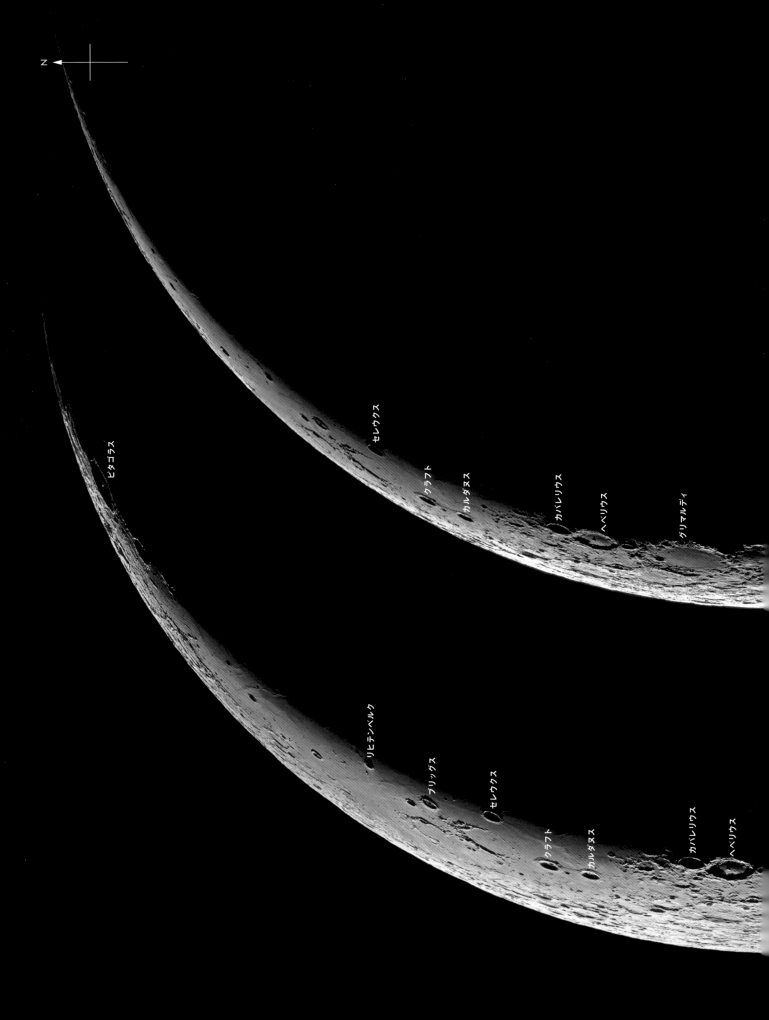

月齢27

このくらい月が細くなると見るだけでも大変で、薄明が始まった東空の地平線近くで探すことになる。あっという間に明るくなってしまうので、ゆっくり眺める時間はない。欠け際にあるのがグリマルディ、ヘベリウス、リッチオリ。いずれも17世紀のイタリア人で、グリマルディは月面図の制作者、ヘベリウスはアルプス山脈、アペニン山脈など現在でも使われている山脈や岬の命名者、リッチオリは月の海やクレーターの命名者で、現在でも250ほどが使用されている。その西側の月の縁にはオリエンタレベイスンが見える。

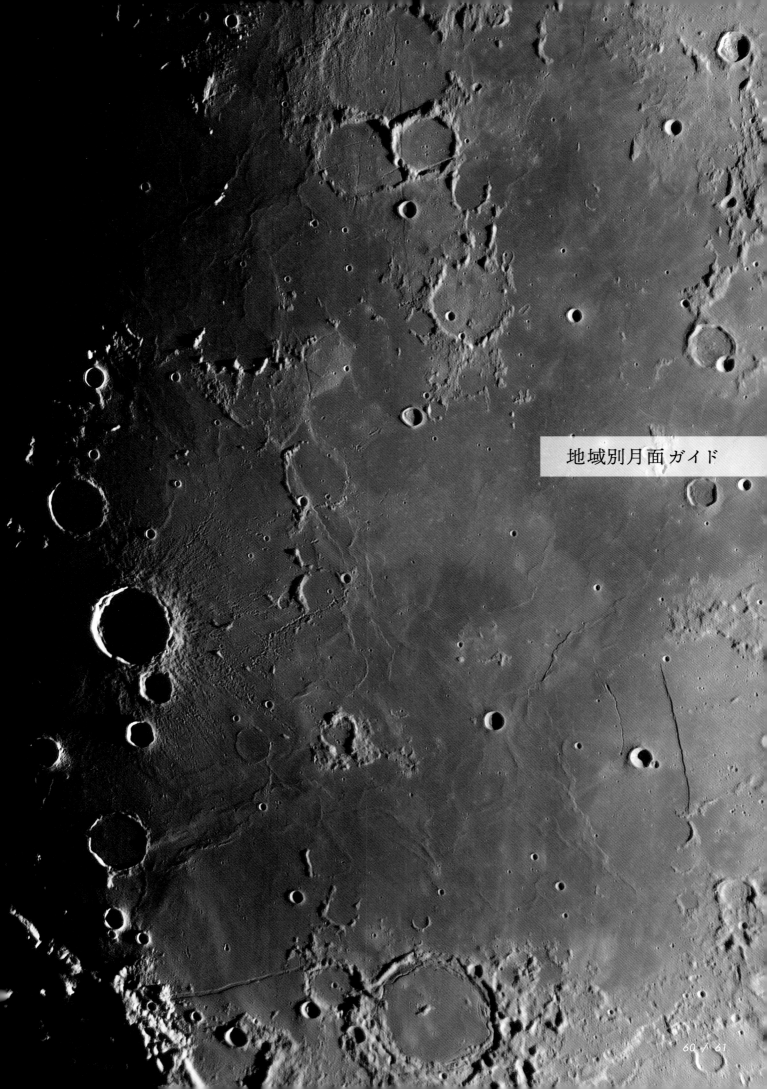

地域別月面ガイド

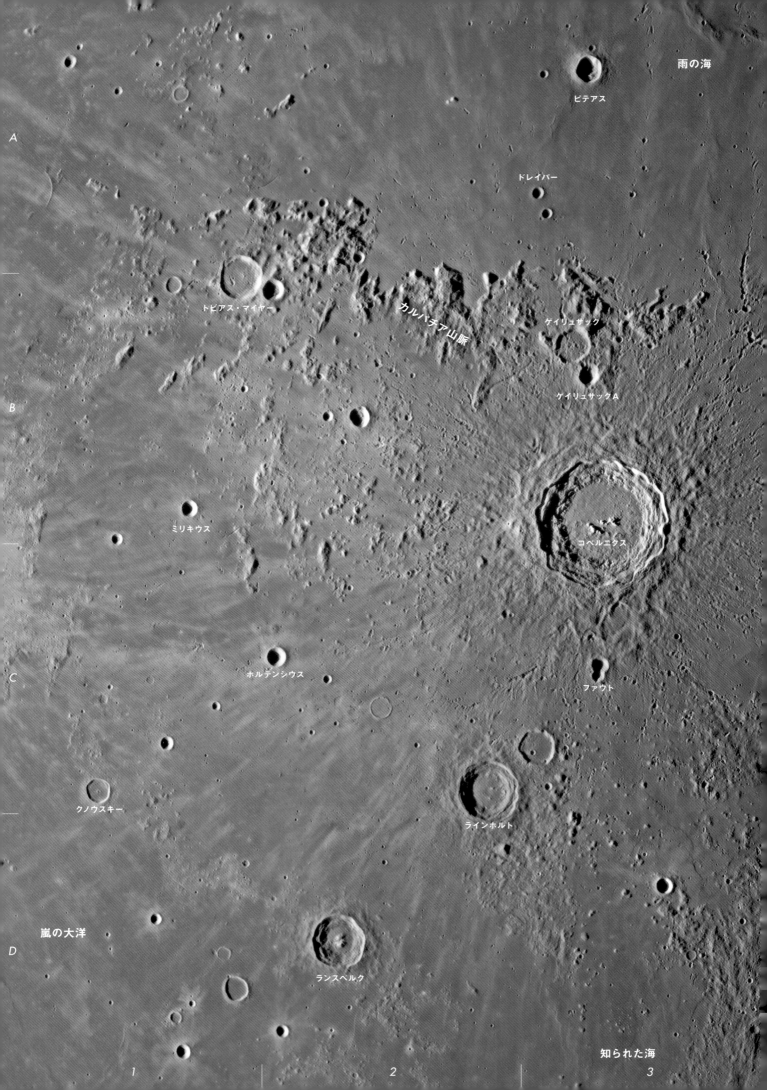

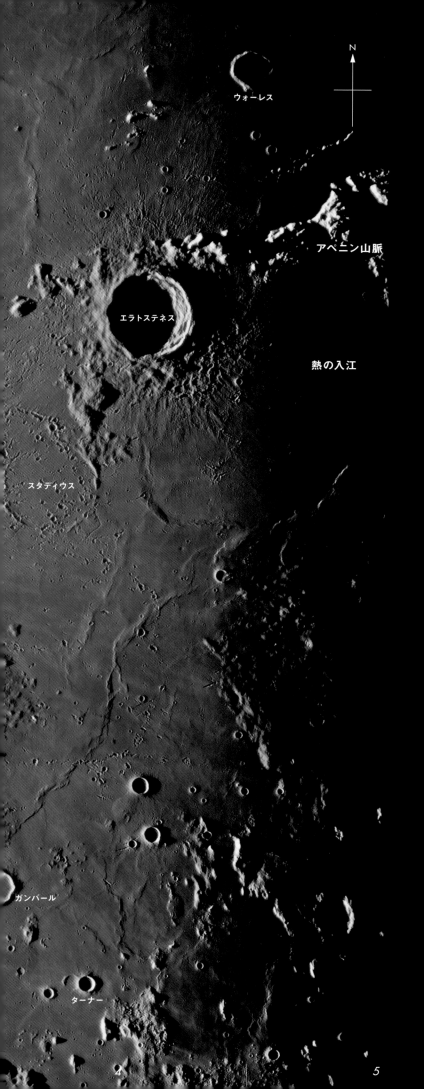
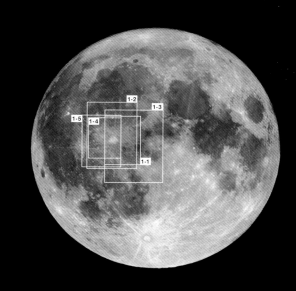

1. コペルニクス周辺

1-1 コペルニクスと二次クレーター

　コペルニクスは「クレーターの王者」と呼ばれるクレーターだ。月の表側の中央近くにあり、直径96kmもある大型クレーターなのでよく目立つ。コペルニクスが直径十数kmの天体の衝突でできたのは約8.1億年前。月の大クレーターの大部分が40～30億年前にできたのにくらべると、きわめて新しい。

　周囲は平らな海なので、衝突時にどのような放出物が飛び散ったかもわかりやすい。まず目立つのは鎖状の二次クレーター。二次クレーターとは、小天体の衝突でできた一次クレーターの放出物が再び月面に衝突してできたクレーターだ。二次クレーターはコペルニクスの北東側200～300km離れた場所に目立つ。クレーターのすぐ外側は、尾根と谷が連なる連続した放射状地形からなる。この地形はクレーターからの放出物が高速で地面に沿うように移動してできた地形だ。クレーターのリム（縁）は、周囲の海から1.6kmの高さがある。

　次にクレーターの内部を見てみよう。クレーターの深さはリム（縁）から3.6km、深さ/直径比はわずか1/27（＝3.6/96）しかない。リムから内部へは階段状の地形が続き、平らなクレーター底となる。階段状の地形は、衝突によってできた一時的な深い穴が重力的に不安定なためにごく短時間に崩壊してできたもの。クレーター内部の中央丘と呼ばれる起伏は、衝突による反動で地下深くの物質が持ち上げられたもの。クレーター底の平坦部分は、衝突時に打ち上げられた放出物がクレーター内部に再び堆積したもので、衝突時の高圧・高温で融けたインパクトメルトも含まれる。

　月の直径数kmの衝突クレーターは衝突から数時間、コペルニクスのような大型クレーターでも数日で形成される。

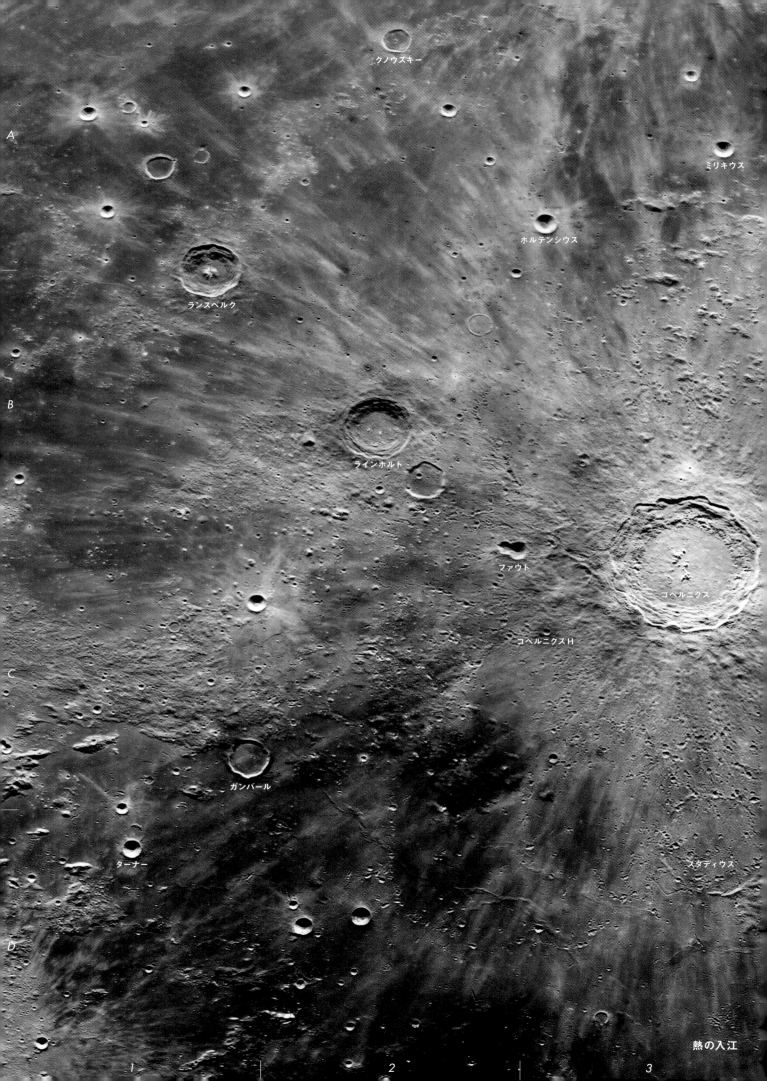

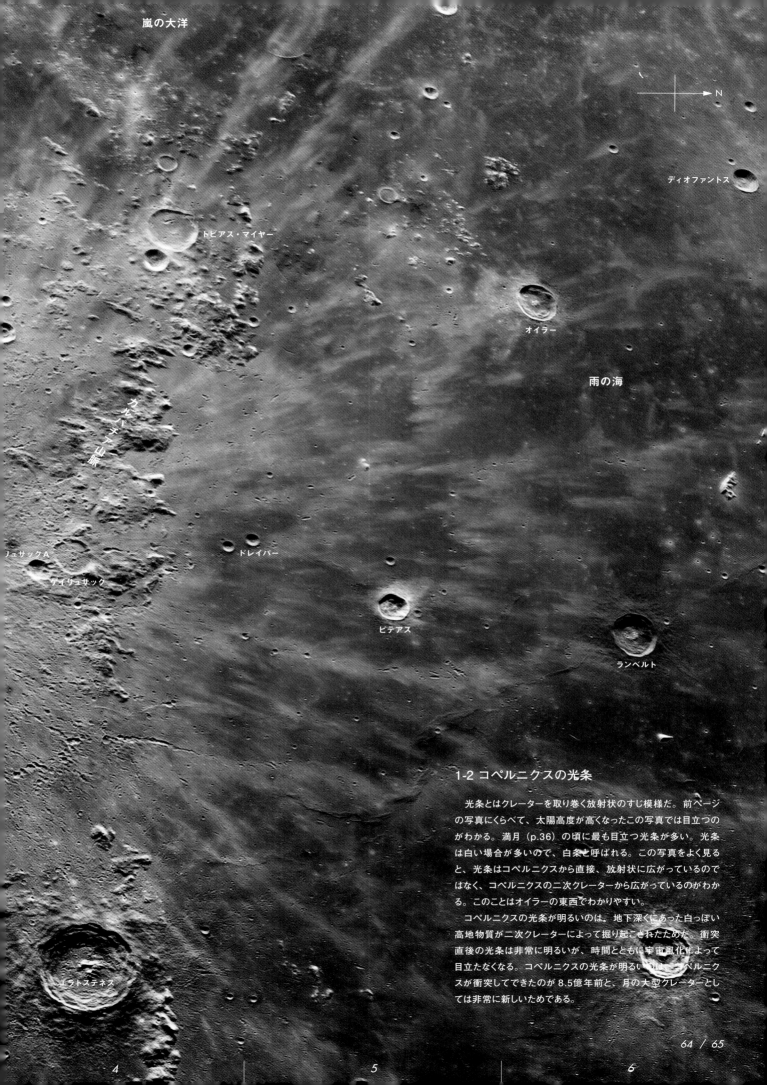

1-2 コペルニクスの光条

光条とはクレーターを取り巻く放射状のすじ模様だ。前ページの写真にくらべて、太陽高度が高くなったこの写真では目立つのがわかる。満月（p.36）の頃に最も目立つ光条が多い。光条は白い場合が多いので、白条と呼ばれる。この写真をよく見ると、光条はコペルニクスから直接、放射状に広がっているのではなく、コペルニクスの二次クレーターから広がっているのがわかる。このことはオイラーの東西でわかりやすい。

コペルニクスの光条が明るいのは、地下深くにあった白っぽい高地物質が二次クレーターによって掘り起こされたためだ。衝突直後の光条は非常に明るいが、時間とともに宇宙風化によって目立たなくなる。コペルニクスの光条が明るいのは、コペルニクスが衝突してできたのが 8.5 億年前と、月の大型クレーターとしては非常に新しいためである。

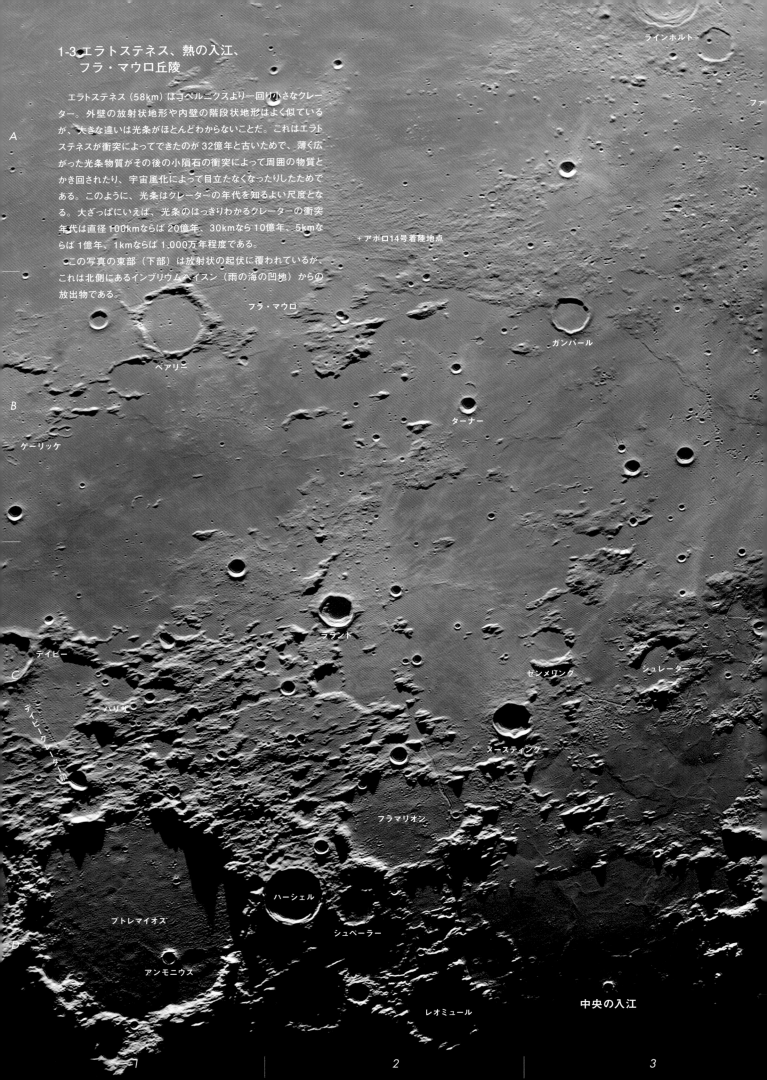

1-3 エラトステネス、熱の入江、フラ・マウロ丘陵

　エラトステネス（58km）はコペルニクスより一回り小さなクレーター。外壁の放射状地形や内壁の階段状地形はよく似ているが、大きな違いは光条がほとんどわからないことだ。これはエラトステネスが衝突によってできたのが32億年と古いためで、薄く広がった光条物質がその後の小隕石の衝突によって周囲の物質とかき回されたり、宇宙風化によって目立たなくなったりしたためである。このように、光条はクレーターの年代を知るよい尺度となる。大ざっぱにいえば、光条のはっきりわかるクレーターの衝突年代は直径100kmならば20億年、30kmなら10億年、5kmならば1億年、1kmならば1,000万年程度である。

　この写真の東部（下部）は放射状の起伏に覆われているが、これは北側にあるインブリウムベイスン（雨の海の凹地）からの放出物である。

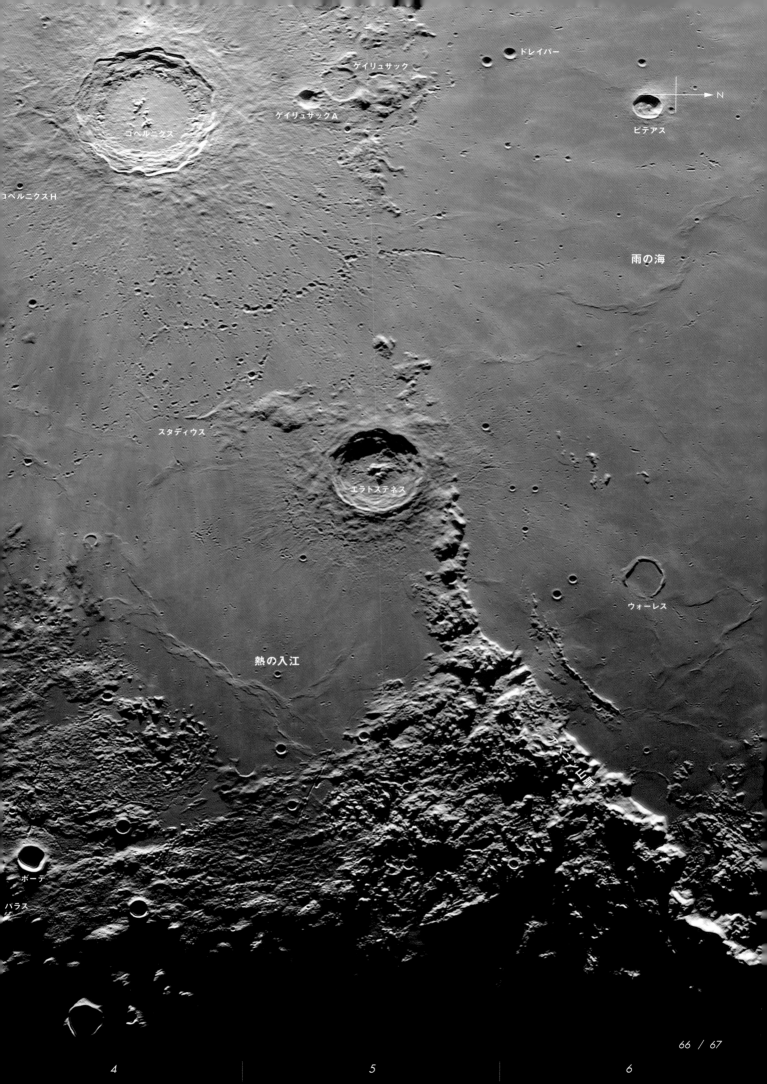

1-4 コペルニクス〜ケプラー、ミリキウスドーム群（満月後）

　下弦過ぎの日没時のコペルニクス。月には大気がないので欠け際ぎりぎりまで強烈な太陽光が照らし、わずかな傾斜も強調されて長い影を投じる。

　コペルニクス付近と写真上端とは25°の経度差があるので、太陽高度によるクレーターの見え方の違いがよくわかる。ケプラー（29km）、エンケ（28km）、トビアス・マイヤー（33km）はほぼ同じ大きさのクレーターだが、内部の様子が違うのは興味深い。雨の海の縁に相当するカルパチア山脈の放射状の尾根が目立つが、それに重なるようにコペルニクスの放射状地形が広がり、混沌とした地域をなす。その縁にあるホルテンシウス（14km）とミリキウス（12km）付近には、おまんじゅうを平たくしたようなドームと呼ばれる火山地形が点在する

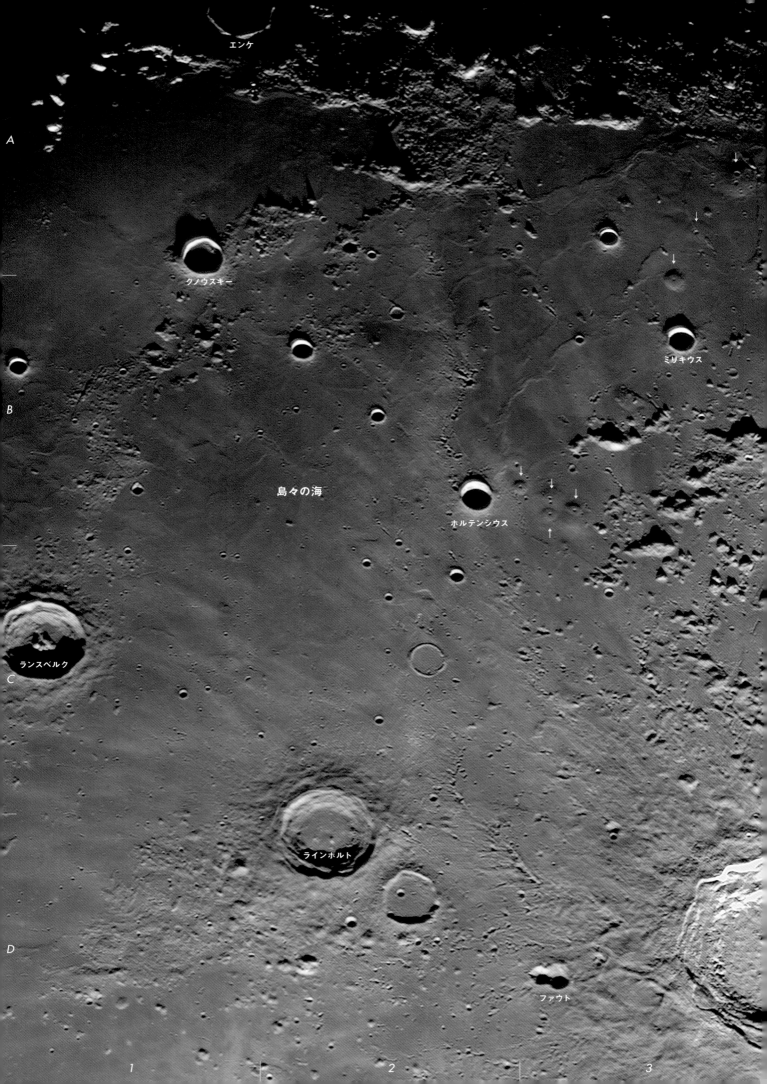

1-5 ミリキウスドーム群 (満月前)

　この写真は上弦過ぎのコペルニクス付近。太陽光の当たり方が前ページとは反対なので、ドームがどのくらい平らな地形かわかるだろう。前ページの写真を合わせると約20個のドーム（矢印）が認められ、山頂には小火口があることが多い。米国の月周回探査機 LROの計測によると直径8〜15km、高さ100〜300m、平均傾斜1°〜3°のドームが多い。伊豆大島は南北15km、東西9km、最高点が758mなので、月のドームの大きさは伊豆大島をずっと平べったくしたイメージといえばわかりやすいかもしれない。

　月のドームと似た火山地形は、ハワイやアイスランドにある小型楯状火山。粘り気の少ない溶岩を1つの火口から数ヵ月〜数年間も流し続け、緩やかなスロープの火山を作る。

地名解説【コペルニクス周辺】

コペルニクス 96km
p.62-B3, 64-C3

ティコに次いで大規模な光条を持つクレーター。海の中にあるので、光条の広がりがよくわかる。フラ・マウロ丘陵に着陸したアポロ14号で採取されたコペルニクスの光条物質から、コペルニクスは8.1億年前の衝突でできたことがわかった。クレーターの深さは3.6km、中央丘の高さはクレーター底から1.2km、クレーター縁は周囲の平原よりも1.6km高い。

ゲイリュサックA 15km
p.62-B3, 65-C4

コペルニクスからの最大の二次クレーター。二次クレーターは、天体の直接の衝突によってできたクレーターにくらべて、リムが不明瞭で浅いなどの特徴がある。最大の二次クレーターは、親クレーターのリムから直径分離れた場所にできることが多い。

ファウト 12km ファウトA 10km
p.64-B2, 70-D3

コペルニクスの南側にあるダルマ状のクレーターで、頭がファウトA、胴体がファウト。コペルニクスからの2番目に大きな二次クレーター。2つのクレーターの境界が不明瞭なので、ほぼ同時に大きな岩塊が衝突したことがわかる。ファウト（1867-1941）はドイツの月観測者で月面図の作者。

ランスベルク 39km ラインホルト 48km
p.62-D2・C2, 64-B2

よく似た中型のクレーター。ランスベルクは大きな中央丘があるが、ラインホルトにはない。ランスベルクはエラトステネス代、ラインホルトはインブリウム代のクレーター。

エラトステネス 58km
p.65-D4, 67-B5

アペニン山脈の南端にある、はっきりしたクレーター。階段状の内壁と中央丘を持つ。32億年前の形成。エラトステネス（BC275-194）はギリシャ人で、地球の大きさを初めて測定した。

スタディウス 68km
p.63-B4, 64-D3

海の溶岩にほとんど埋められたクレーターで、リムの部分だけが残る。そこにコペルニクスからの二次クレーターがひっかかり、おもしろい地形を作る。

ホルテンシウス 14km ミリキウス 12km
p.68-D3・B3, 70-B3

いずれもコペルニクスの西にある小クレーターだが、付近に多数のドームがあることで有名になっている。

熱の入江 320km
p.67-C5, 138-A3

アペニン山脈とエラトステネス南部にある、南西に開いた入江。1935年にIAUが承認。南東部のリンクルリッジが目立つ程度で、特に見どころはない。この入江は直径230km程度の古いクレーターを、32億年前に噴出した低チタン玄武岩が埋めてできたと推定される。

ホルテンシウス／ミリキウスドーム群

南東から見たコペルニクス

月のクレーター：火山説 vs 隕石説

column 1

　クレーターとは、ギリシャ語のコップ、あるいはボウルのような器に由来する凹地を示す言葉で、成因を問わない。そこで、火山噴火でできたクレーターは火山性クレーター、小天体の衝突でできたクレーターは衝突クレーターと区別して呼ばれる。

　現在では、月のクレーターの大部分が衝突クレーターであることがわかっているが、1960年代前半までは火山説と衝突説が激しく議論されていた。

　月のクレーターは、地球の火山性クレーター（火口やカルデラ）によく似ていたからだ。火山活動でできた直径2km以下の凹地は火口、それ以上の凹地はカルデラと呼ばれる。地球上には10m以下の火口から直径20km以上のカルデラまで、数え切れないほどの火山性クレーターがある。しかし、当時は地球上に小天体の衝突でできたことが証明されているクレーターは数えるほどしかなかった。

　月のクレーターの火山説を最初に説いたのは1787年、天王星の発見者として有名なイギリスの天文学者ウィリアム・ハーシェル（1738-1822）だ。ナスミス（1808-1890）は1874年にカーペンターとともに『月』を出版し、その中で月のクレーターは中央の火口から噴出した堆積物が最も高く積もった所がリムだとした。月のクレーターが大きいのは、月の重力が小さいため噴出物が遠くまで飛ばされるためだと説明した。

　隕石説は火山説よりも40年ほど遅れて、1824年にドイツの天文学者グルイトイゼンが初めて提唱した。登場が遅れたのは、18世紀まで隕石は地上の石が何らかの原因で舞い上がり、再び地上に落ちたものと考えられていたためだ。しかし1803年4月26日、フランス北部の町レーグル郊外に数千もの隕石の落下が目撃されたことから、隕石が宇宙空間からやってきた物質であることが証明された。

　1960年代になると、地球上にも衝突クレーターが続々と発見された（現在では約190個）。また、アポロなどによって採取された月サンプル、衝突実験やシミュレーションなどによって、月のクレーターの大部分は小天体の衝突によってできたことがわかってきた。地球に衝突クレーターが少ないのは、雨風による侵食や土砂の堆積などによって消滅したためだった。

■ クレーター形成のメカニズム

　小天体が月面に衝突してクレーターができるのは、ボールを地面に投げつけて穴ができるメカニズムとは異なる。月面に衝突する速度は毎秒12〜71km。この超高速によって、衝突時には爆発に近い現象が起こる。できるクレーターの大きさは衝突天体の密度や速度による。大ざっぱにいうと、できるクレーターの直径は衝突天体の直径の約20倍、つまり直径10mの小天体が衝突すると直径200mのクレーターが、直径1kmの小天体が衝突すると直径20kmのクレーターができる。

　できるクレーターの形状も大きさによって変化する。クレーターの直径が10km以下の時はシンプルなボウル状で深さは直径の1/5程度、つまり直径1kmならば深さ200m、直径10kmならば深さ2km程度となる。しかし、直径15km以上になると重力的に不安定になって、内壁が崩れ落ちて平底状となる。直径30km以上のクレーターでは衝突時の反動によって中央丘を持つことが多い。そのため、あまり深くなることはできず、直径20kmなら深さ2.6km、40kmなら3.2km、100kmなら4.2km程度となる。明暗界線近くのコペルニクスはずいぶん深く見えるが、実際の深さ/直径比は1/27しかない。

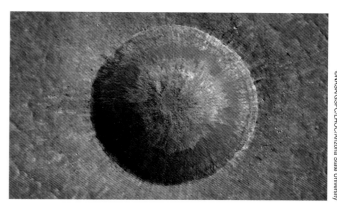

リンネ（2.2km）

ジョルダーノ・ブルーノ（21km）

ティコ（85km）

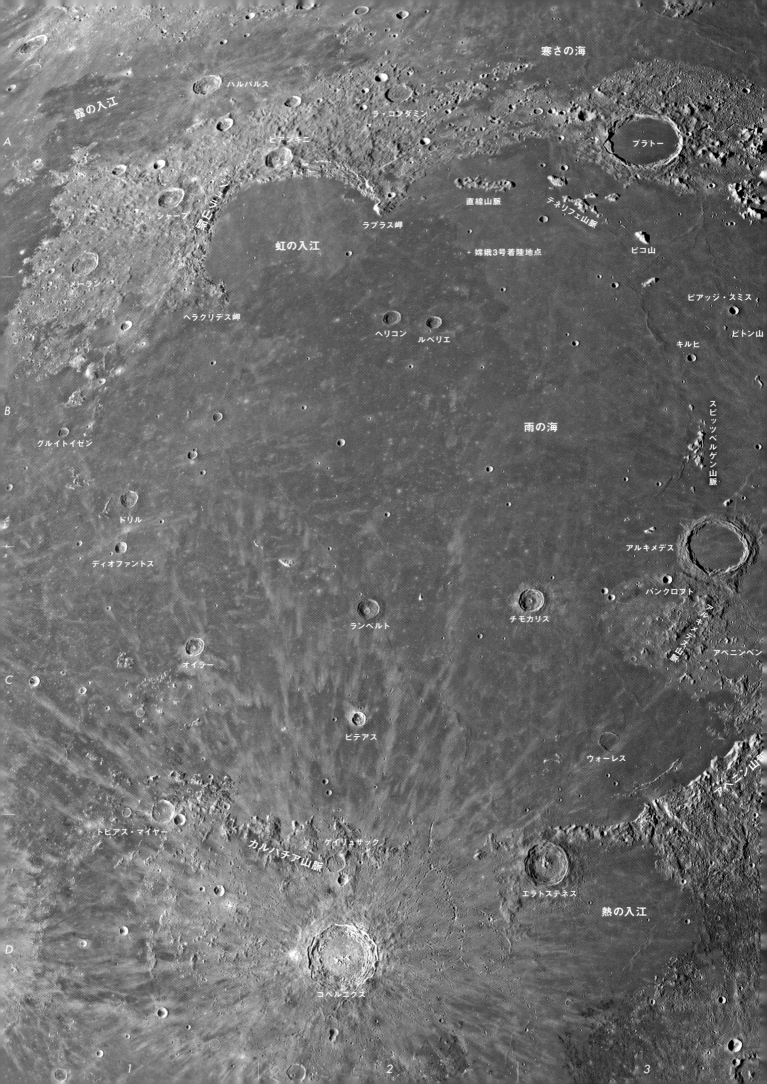

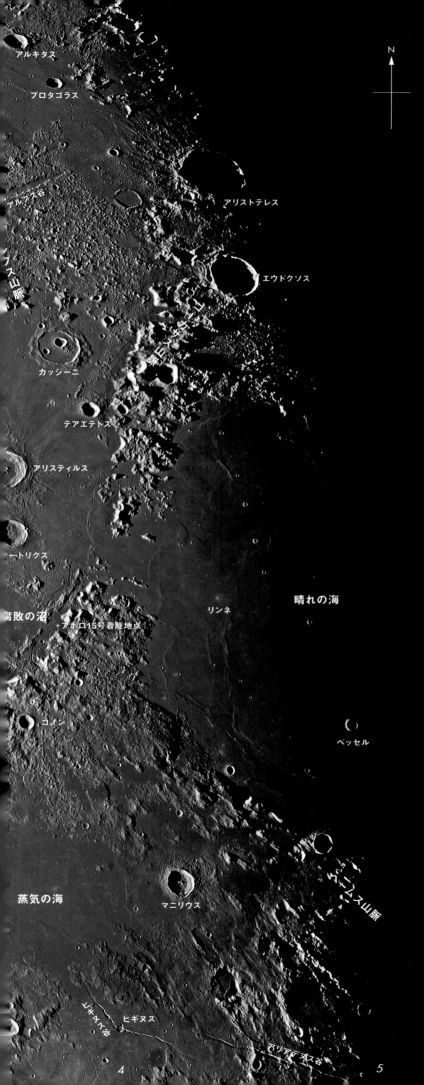
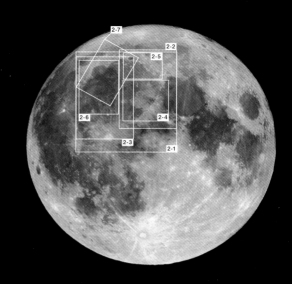

2. 雨の海

2-1 雨の海とその周辺（満月後）

　雨の海は、月の表側にある最も目立つ円形の海である。雨の海（マレ・インブリウム）は、直径1,160kmのインブリウムベイスン（ベイスンとは直径300km以上の巨大クレーター）の内部に溶岩が堆積した平原だ。

　雨の海を取り巻くのは、アペニン山脈、アルプス山脈、カルパチア山脈などの山脈。これらの山脈はインブリウムベイスンの縁に当たる。晴れの海を取り巻くヘームス山脈は、晴れの海の巨大クレーター（セレニタティスベイスン）の縁で、アペニン山脈の放出物によって乱されている。したがって、できた順はセレニタティスベイスン→インブリウムベイスンとなる。

　次に、雨の海の内部を見てみよう。雨の海は溶岩で埋められた平原だが単純化するため、溶岩は短期間で流れたものとする。アルキメデスやプラトーは雨の海の溶岩に半分埋められているので、できた順はアルキメデス・プラトー→雨の海の溶岩となる。一方、コペルニクスやエラトステネスは雨の海の溶岩の上にあるので、できた順は雨の海の溶岩→コペルニクス・エラトステネス。エラトステネスはコペルニクスからの光条に覆われているので、できた順はエラトステネス→コペルニクスとなる。順番に並べると、セレニタティスベイスン→インブリウムベイスン→アルキメデス・プラトー→雨の海の溶岩の噴出→エラトステネス→コペルニクスとなる。

　1962年、米国地質調査所のシューメーカーとハックマンはこのような地層累重の法則を適用することによって、月の地質学研究の第一歩が踏み出された。当時、研究に使用された写真は、本書に掲載されている程度の分解能だ。地形（地層）の重なり方に注意しながら望遠鏡をのぞくと、月面観測の楽しみが増えてくる。

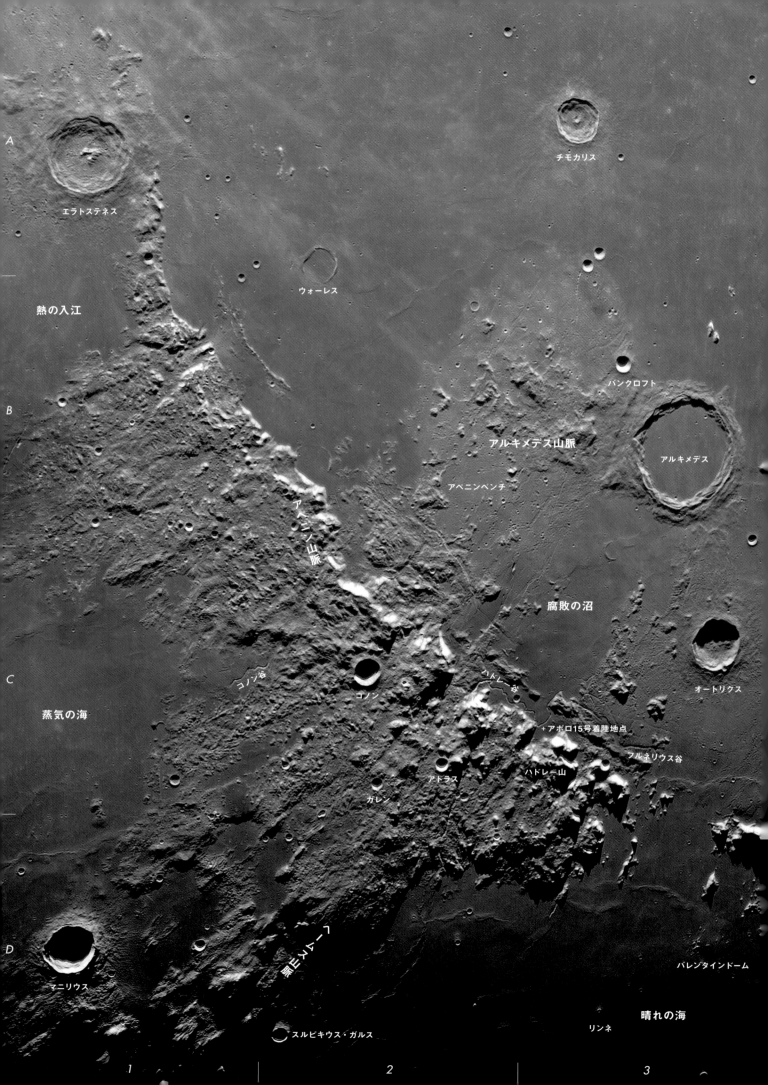

2-2 雨の海東部（満月後）

　雨の海東部は、雨の海の輪郭がよくわかる地域だ。南東部はアペニン山脈、東部はコーカサス山脈、北東部はアルプス山脈が取り囲む。この中で、インブリウムベイスンの縁であることが一番わかりやすいのはアペニン山脈。全長600km、雨の海からは高さ5kmの急崖をなす。

　それにくらべると、月のアルプス山脈は貧弱だ。全長334kmで雨の海の縁の高さは1.8km〜3.5kmだが、離れるとブロック状の小さな丘が分布するようになり、放射状の放出物が広がるアペニン山脈とは様子が異なる。

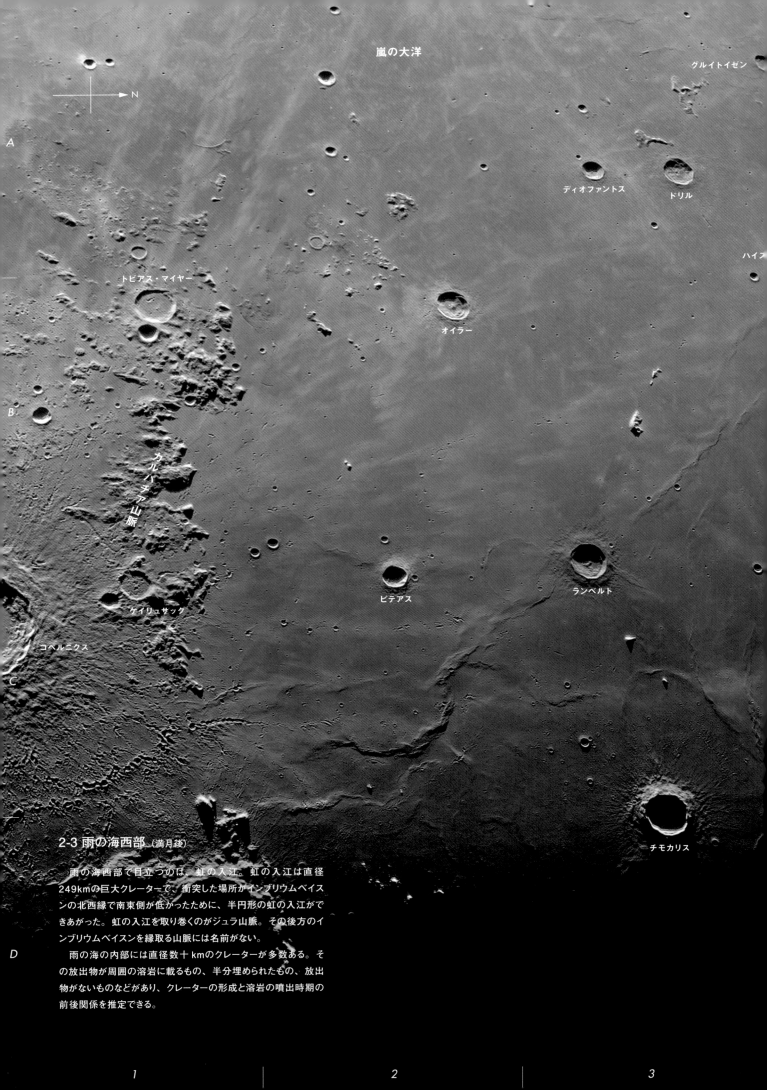

2-3 雨の海西部（満月後）

雨の海西部で目立つのは、虹の入江。虹の入江は直径249kmの巨大クレーターで、衝突した場所がインブリウムベイスンの北西縁で南東側が低かったために、半円形の虹の入江ができあがった。虹の入江を取り巻くのがジュラ山脈。その後方のインブリウムベイスンを縁取る山脈には名前がない。

雨の海の内部には直径数十kmのクレーターが多数ある。その放出物が周囲の溶岩に載るもの、半分埋められたもの、放出物がないものなどがあり、クレーターの形成と溶岩の噴出時期の前後関係を推定できる。

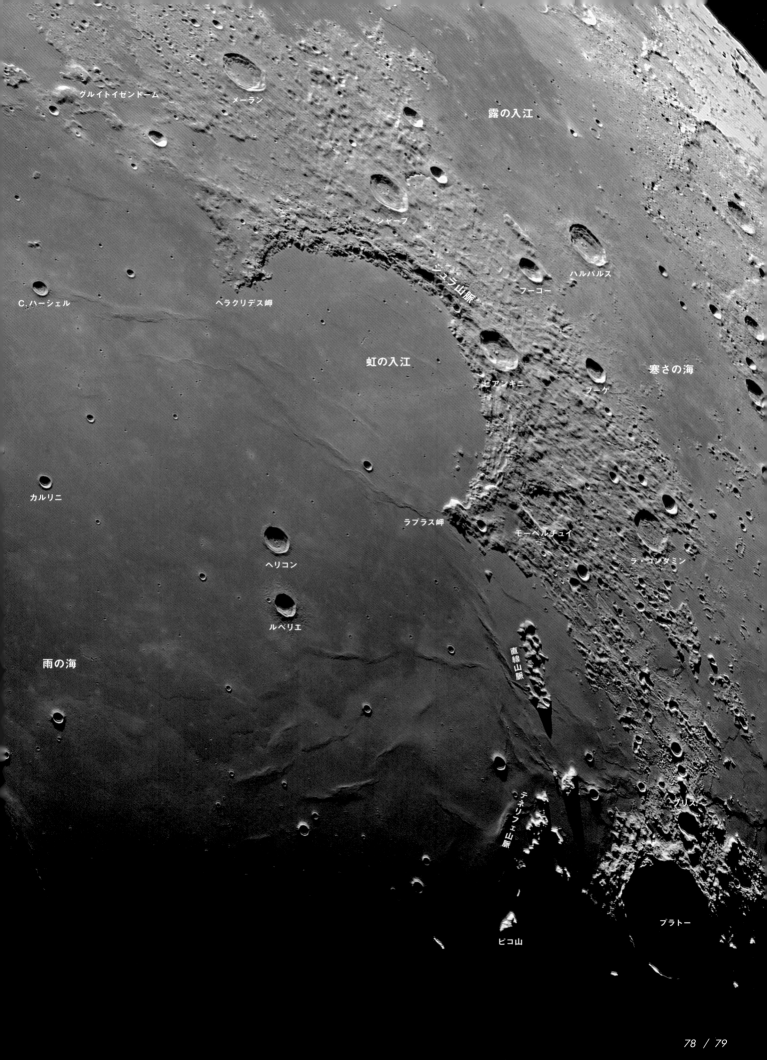

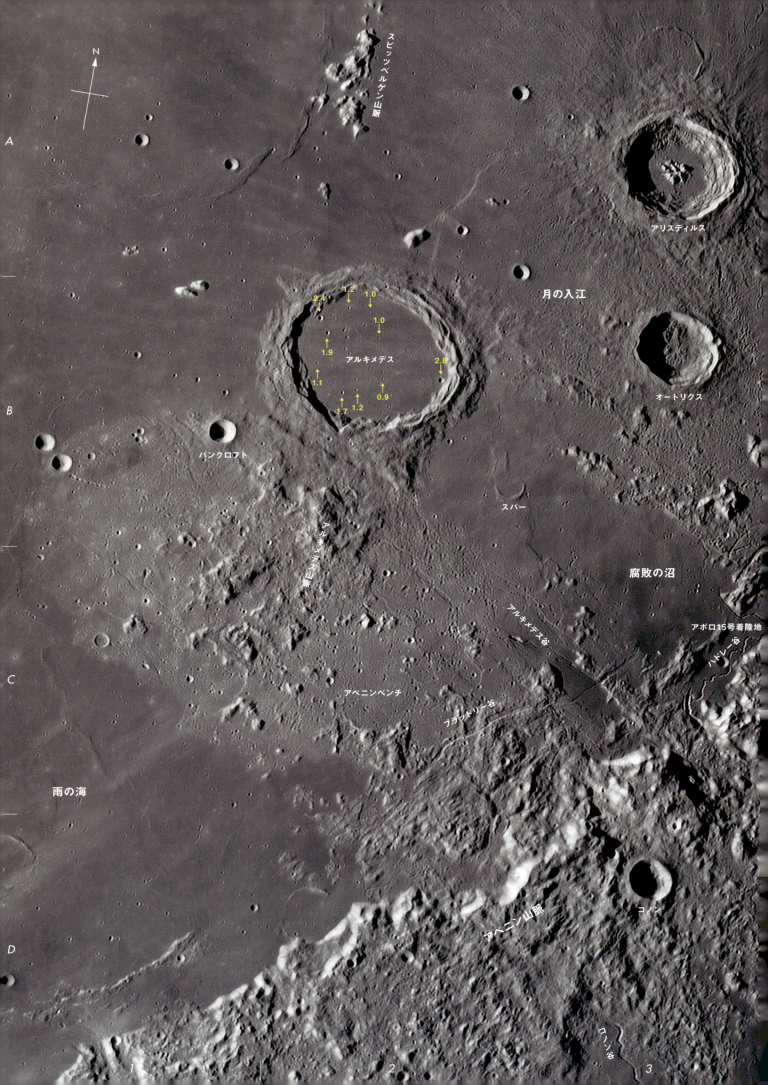

2-4 アペニン山脈（満月後）

望遠鏡で小クレーターに挑戦

　この写真と次ページの写真では、口径35cmの望遠鏡でどのくらい細かい地形が写っているか、つまり分解能の限界がわかる大きさまで拡大した。分解能は望遠鏡の口径によって決まり、ドーズの分解能（＝11.6″／口径）がよく使われる。口径10cmでは1.16″となり、地球に向いた月赤道部の月面では2.16kmとなる。分解能は、2点の離れた点を2つの点として見分ける能力で、クレーターをクレーターとして認識するためには、この2倍程度の分解能が必要だ。

　実際の月面でどのくらい細かい地形まで見えているかは、アルキメデスやプラトーなどの溶岩で埋められたクレーター内部の小クレーターを数えるのがわかりやすい。写真では、アルキメデス内部の小クレーターの直径を数字で示した。眼視では良シーイングでも、口径10cmではアルキメデス内に小クレーターは認めがたく、口径20cmでは4個、口径35cmでは十数個が認められる。これはクレーターの直径にすると口径10cmで4km、口径20cmで2km、口径35cmで1kmになる。

アポロ15号の着陸地点

　アペニン山脈は38.5億年前の衝突でできたインブリウムベイスンの南東の縁に相当し、全長600kmの大山脈だ。1971年7月30日、アポロ15号は、アペニン山脈が迫るハドレー谷から1.5kmの至近距離に着陸した。アポロ15号で初めて月にローバーを持ち込み、20km以上を走破し、ハドレー谷をのぞき込み、アペニン山脈の麓まで行くなど広範囲の月面を調査し、船外活動時間は合計18時間33分に及んだ。

　ハドレーデルタ山の高さは麓から3,500m、斜面の傾き30°がある。スコットとアーウィン宇宙飛行士は、この麓をローバーで90m以上も駆け上がった。ハドレー谷は全長115km、幅1km、深さ200mの蛇行谷と呼ばれる溶岩流によって作られた谷だが、崖縁が緩やかだったために斜面を数mも下りてしまった。管制室ではこの様子をヒヤヒヤしながら見守るしかなかった。アポロの月探査は、綿密に計画されてその通りに実行されたように思われがちだが、着陸して初めてわかったことも多く、特に15号は「冒険」と呼ぶべきミッションとなった。

ハドレー谷の縁に立つスコット船長とローバー。

2-5 アルプス谷、プラトー（満月後）

この写真ではいくつかの谷が見られる。もっとも目立つのは、アルプス山脈を横切るアルプス谷。全長180km、最大幅20kmの地溝で、内部には蛇行谷がある。この蛇行谷は口径20cm以上の望遠鏡で、好条件に恵まれると見ることができる。蛇行谷は地球にはなく、月だけに見られる特徴的な谷で、溶岩の浸食によってできたと考えられる。この写真ではプラトーの東側に3つ、西側に1つの蛇行谷が見られる。蛇行谷の頭部には不定形の凹地があることが多く、溶岩の噴出口だと考えられている。

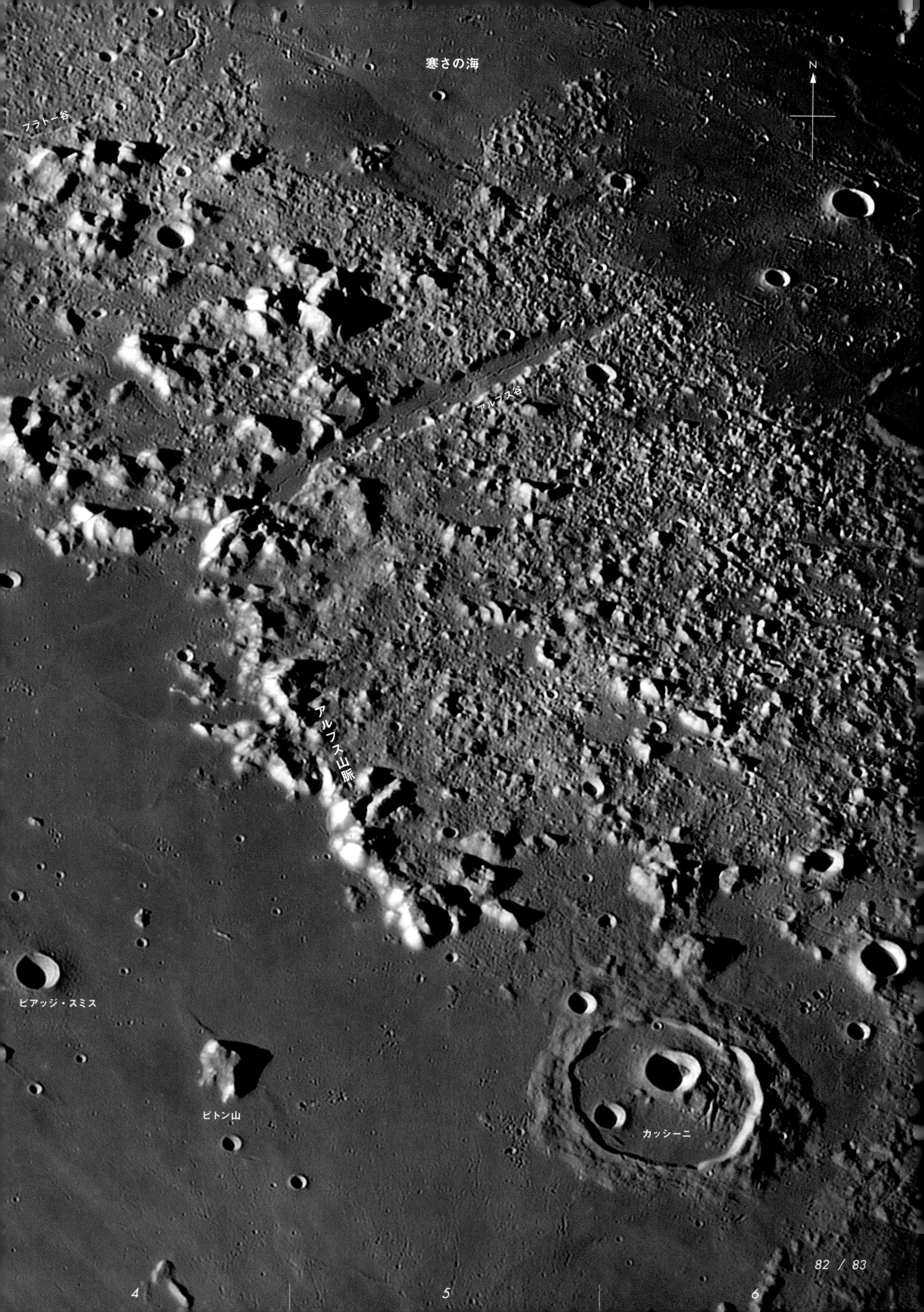
寒さの海
N
プラトー谷
アルプス谷
アルプス山脈
ピアッジ・スミス
ピトン山
カッシーニ
4
5
6

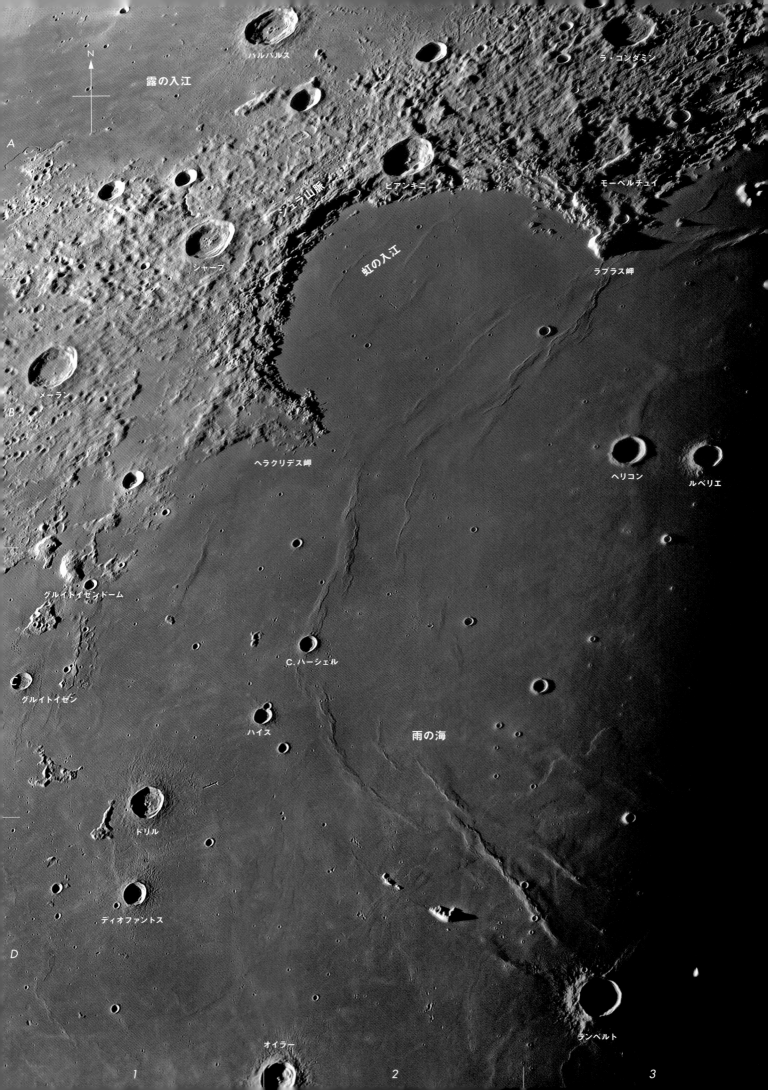

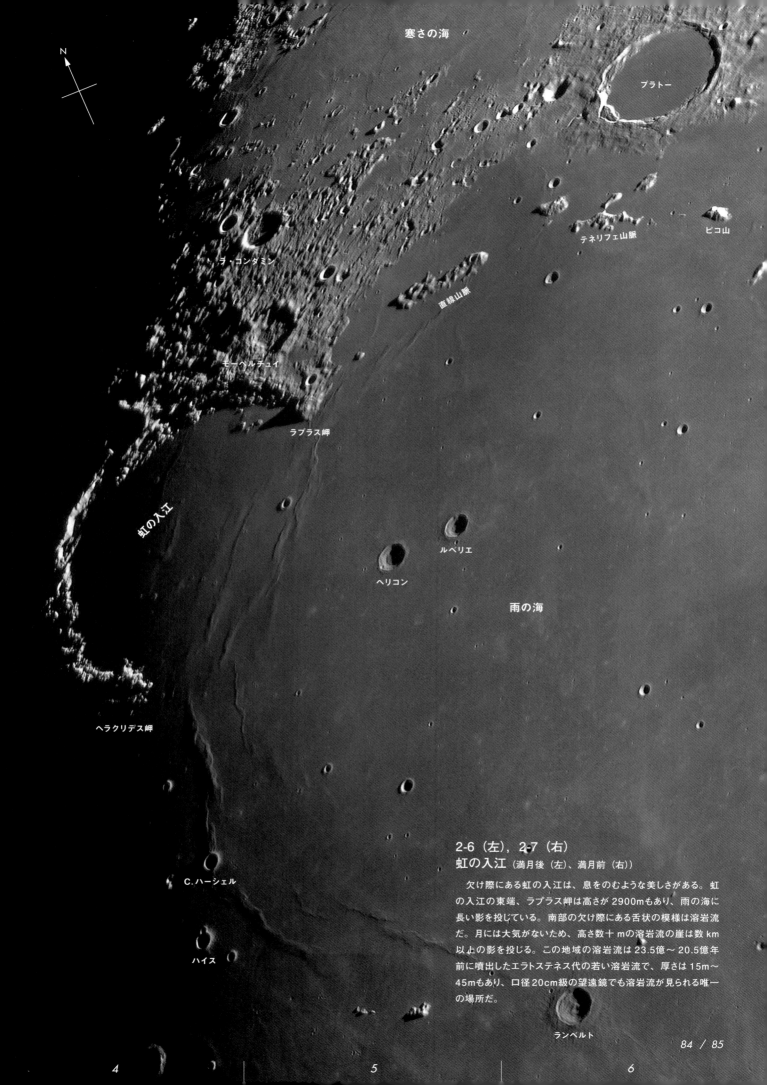

2-6（左），2-7（右）
虹の入江（満月後（左）、満月前（右））

欠け際にある虹の入江は、息をのむような美しさがある。虹の入江の東端、ラプラス岬は高さが2900mもあり、雨の海に長い影を投じている。南部の欠け際にある舌状の模様は溶岩流だ。月には大気がないため、高さ数十mの溶岩流の崖は数km以上の影を投じる。この地域の溶岩流は23.5億〜20.5億年前に噴出したエラトステネス代の若い溶岩流で、厚さは15m〜45mもあり、口径20cm級の望遠鏡でも溶岩流が見られる唯一の場所だ。

地名解説【雨の海】

プラトー 101km
p.77-B6, 82-A2

内部は暗い溶岩に覆われた美しいクレーター。このため17世紀、ポーランドの月観測者ヘベリウスは「大黒湖」と名付けた。西側の内壁がずり落ちている。古代ギリシャの哲学者、プラトン（BC427-347）にちなむ。

アルキメデス 81km
p.76-B3, 80-B2

プラトーによく似た大クレーター。かつてはコペルニクスのようなクレーターだったが、内部と外部はインブリウム代の溶岩に埋められている。

カッシーニ 56km
p.77-C4, 83-D6

雨の海北東端にある中型クレーター。内部と外部は溶岩に覆われているので、古いクレーターであることがわかる。内部には大きめのクレーター、カッシーニA（15km）とカッシーニB（9km）があって、カッシーニを特徴付けている。土星の輪の「カッシーニの空隙」を発見したイタリアの天文学者カッシーニ（1625-1712）にちなむ。

オートリクス 39km　アリスティルス 55km
p.76-C3・77-C4, 80-B3・A3

アルキメデスとカッシーニの間にある、南北に並んだクレーター。いずれも典型的な衝突クレーターで、直径によってしだいに形状が変わっていくことがわかる。オートリクスは階段状の内壁を持ち、底には岩塊が散らばる。一回り大きなアリスティルスには、目立つ中央丘がある。20cmクラスの望遠鏡では、クレーターの外側斜面に放射状の尾根が発達し、さらに離れると多数の二次クレーターが見える。オートリクスは13億年前、アリスティルスは9.4億年前の衝突でできた新しいクレーター。

チモカリス 33km　オイラー 27km
ランベルト 30km　ピテアス 20km
p.74-C1・C2, 78-B2・C3

いずれも雨の海西南部にあるクレーターで、よく似ている。チモカリス、オイラー、ランベルトは周囲の放出物が海の溶岩に覆われていることから20数億年前にできたと推定される。ピテアスは放出物を海の溶岩の上にまき散らしており、より新しいクレーターであることがわかる。

ヘリコン 24km　ルベリエ 21km
p.74-B2, 79-C5

雨の海北部にある中型クレーター。内部はよく似ているが、ルベリエは外側の放出物があるのにヘリコンはない。このことからヘリコンは溶岩堆積前の衝突で、ルベリエは溶岩堆積後の衝突でできたクレーターであることがわかる。

ピトン山
p.77-C5, 82-D4

周囲の海からの高さは2,300m。インブリウムベイスンは三重のリング構造を持つ。その一番内側の山塊で、海の溶岩に埋められなかったのがピトン山の山塊。ピコ山、直線山脈、テネリフェ山脈、ラ・ハイヤ山、アルキメデス山脈も同様な起源を持つ。

アルプス山脈 334km
p.77-C5, 83-C5

地球上ではアルプス山脈の方がアペニン山脈（イタリアの脊梁山脈）より立派だが、月ではその逆で、最高点は3.5kmしかない。山脈の中ほどにアルプス谷が横断する。

アルプス谷 180km
p.76-C5, 83-B5

アルプス山脈の中にある地溝で、長さ180km、最大幅20km。38.5億年前のインブリウムベイスン（雨の海の凹地）を形成した衝突によってできた。

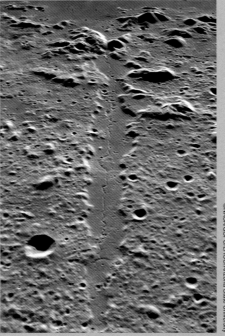

アペニン山脈 600km
p.76-C2, 80-D3

インブリウムベイスンの南東壁に相当する山脈。月面で最も目立つ山脈で、雨の海からの高さは5kmもある。1647年、ドイツのヘベリウスの考案で、月の山脈にはヨーロッパ周辺の山脈名を付けることになった。アルプス山脈、アペニン山脈はヘベリウスの命名。

カルパチア山脈 360km
p.74-D2, 78-B1

インブリウムベイスンの南側のリムに相当する。アペニン山脈ほど険しくはない。名前はチェコからルーマニアに連なるカルパチア山脈にちなむ。

コーカサス山脈 445km
p.75-B4, 77-D4

雨の海と晴れの海を境する山脈。インブリウムベイスンの北東にあるが、インブリウムベイスンを縁取るのではなく北北東－南南西に連なり、成因ははっきりしない。インブリウムベイスンの衝突前の地形、衝突天体の侵入方向などによって、さまざまな形の山脈が作られた。

ジュラ山脈 422km
p.79-B5, 84-A2

虹の入江を作る高まり。ジュラ山脈はスイス北西部にある山脈で、地質年代のジュラ紀の語源にもなっている。

アペニンベンチ 280×350km
p.76-B3, 80-C2

アルキメデスとアペニン山脈の間にある高まり。海の溶岩よりは明るく、高地よりは暗い。また表面の小クレーター数は海よりも多いので、古いことがわかる。アポロ15号の持ち帰ったサンプルによって、アペニンベンチはインブリウムベイスン形成直後の38.4億年前の火山活動でできたことがわかった。岩石はカリウム（K）、希土類元素（REE）、リン（P）に富むので、KREEP玄武岩と呼ばれるようになった。

腐敗の沼 161km
p.76-C3, 80-C3

アルキメデス、アペニン山脈、アペニンベンチに囲まれた溶岩平原。海や湖と呼ぶには小さすぎるので、1651年、イタリアのリッチオリが「腐敗の沼」と命名した。

©NASA/GSFC/LROC/Arizona State University

月の時代区分

地球には古生代・中生代・新生代のような時代区分がある。同じように月にも時代区分を作ろうと考えたのは、アメリカ地質調査所のジーン・シューメーカーだ。

彼は1957年、アリゾナのメテオールクレーターがクレーター周辺のみで地層が花びら状に逆転していることを発見し、さらに緻密な地質調査によって博士号を取得した。また1970年、共同研究者E.チャオと、高速衝突でしか形成されない高圧鉱物スティショバイトの発見によって、メテオールクレーターが小天体の衝突でできたことを確実なものとした。さらに月のコペルニクスもメテオールクレーターと同じように衝突でできたことを明らかにし、どのようなメカニズムでできるかも説明した。コペルニクスは500km以上も二次クレーターや光条物質をまき散らしている。まき散らしている物質に覆われているかいないかで、コペルニクスとの新旧関係がわかる。

すぐ近くにある雨の海の容器となった巨大クレーター、インブリウムベイスン形成の衝突は、月の表面を形作る一大事件だった。形成時の放出物によって、周囲1,000km以上のクレーターは大打撃を受けた。高速の放出物は、既存のクレーター壁を削り、その内部や周囲はベイスンからの放出物によって埋められた。そのため、インブリウムベイスン衝突の前と後のクレーターは明瞭に区別できる。例えば、インブリウムベイスン衝突前にできたプトレマイオスやアルフォンススと、衝突後にできたアルザッチェルをくらべると一目瞭然だ（p.195）。同様に、神酒の海（マレ・ネクタリス）の凹地を作ったベイスン、ネクタリスベイスンの衝突の前と後でできたクレーターも区別することができる。

代表的なベイスンの前後関係を手がかりとして、アメリカ地質調査所の研究者は月の時代を下表のように区分した。ネクタリスベイスン衝突前を先ネクタリス代、ネクタリスベイスン衝突後〜インブリウムベイスン衝突前をネクタリス代とした。その後、エラトステネス形成前までをインブリウム代、コペルニクス形成前までをエラトステネス代、そして現在までがコペルニクス代となる。インブリウム代は、オリエンタレベイスンの形成によってさらに前期・後期に細分される。

このようにして、できた順番を決めることはできた。具体的な年代値は、アポロなどが持ち帰った試料の放射性元素を利用した年代測定によって入れられた。完成した表を見ると、興味深いことに気づくだろう。地球の時代区分では、地球誕生以来46億年の中で古生代が始まったのは5億4,000万年前、新しい時代になるほど区切りが短くなる。新生代が始まったのはわずか2,300万年前だ。これは地球の時代区分が生物の進化によって区切られているためである。

一方、月では古い時代の方が区分は密で、多数のベイスンができたネクタリス代はわずか7,000万年間しかない。先ネクタリス代にはさらに激しい衝突があったはずだが、証拠が残らないほど凄まじいものだった。地球も同時期には激しい衝突を経験しているはずだ。月面を眺めながら、そんな地球の遠い過去に思いを馳せるのは楽しい。

月の時代区分

ベイスン・クレーター名	形成年代	関連する山脈	時代
	現在		
			コペルニクス代
コペルニクス（96km）	8.1億年前		
			エラトステネス代
エラトステネス（58km）	31.6億年前		
オリエンタレベイスン（930km→東の海）	38億年前	コルディレラ山脈	後期 インブリウム代
インブリウムベイスン（1,200km→雨の海）	38.5億年前	アペニン山脈・カルパチア山脈	前期
セラニタティスベイスン（740km→晴れの海）		コーカサス山脈・ヘームス山脈	ネクタリス代
クリッシウムベイスン（1,060km?→危機の海）			
ヒュモラムベイスン（820km?→湿りの海）			
フンボルトベイスン（600km→フンボルト海）			
ネクタリスベイスン（860km→神酒の海）	39.2億年前	ピレネー山脈・アルタイ崖	
スミスベイスン（840km→スミス海）			先ネクタリス代
ヌビウムベイスン（690km→雲の海）			
オーストラレベイスン（880km→南の海）			
フェクンディタティスベイスン（990km→豊かの海）			
南極-エイトケンベイスン（2,500km）	?		
プロセラルムベイスン？（3,200km→嵐の大洋）			
	45億年前（月の形成）		

Wilhelms（1987）による

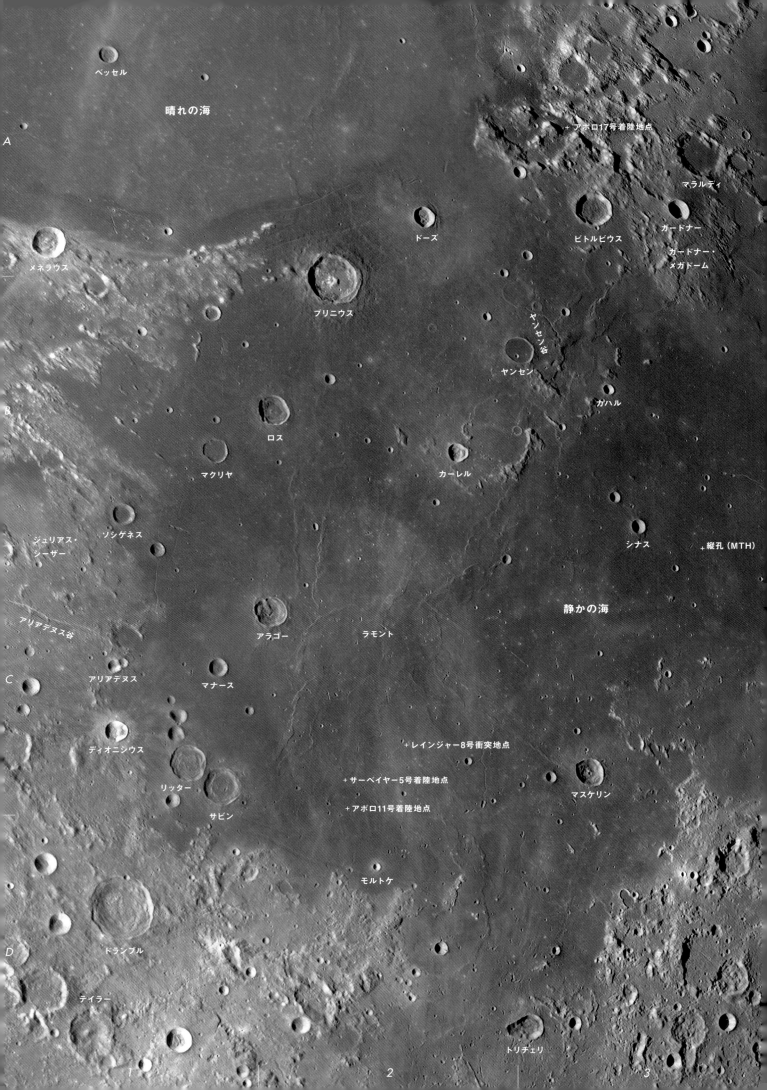

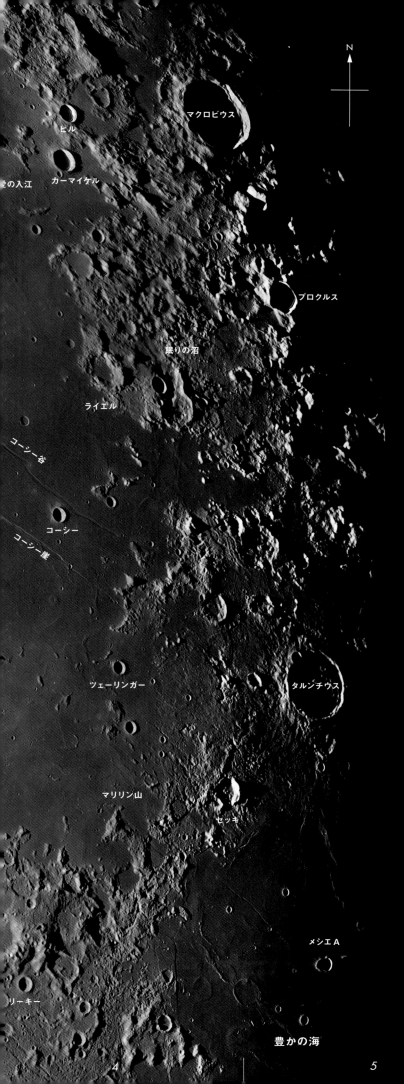

3. 静かの海

3-1 静かの海全体（満月後）

　静かの海は、東西・南北ともそれぞれ約900kmの広がりがある。しかし、雨の海や晴れの海のように丸くない。また、多くの海では溶岩がほぼ水平に広がっているのに、静かの海では北東部は南西部よりも1,700mも高く、コーシー（12km）付近がもっとも高い地域となっている。これらのことから、静かの海は1回の衝突でできた単純なベイスンに溶岩が堆積したのではないと考える研究者が多い。

　西部で注目したいのは、リンクルリッジと呼ばれるしわの分布だ。通常は海の内側に同心円状に分布するが、ここではゴーストクレーターのようなラモント（75km）から放射状に広がっている（写真3-2）。谷も、幅広のヒュパティア谷と細いソシゲネス谷、マクリヤ谷などが静かの海の西岸には分布し（写真3-4）、東岸に谷はない。これらのことから、静かの海西部には直径350km程度の古いベイスンがあり、これが溶岩で埋められたのが現在の静かの海西部と考えられている。

　静かの海の東部が高いのは、直径400km、高さ1,700mのきわめて緩やかな高まりとなっているためだ。この高まりは2007年〜2009年に月周回衛星となった「かぐや」のレーザー高度計によって発見された。高まりは、粘り気の少ない溶岩が繰り返し噴出してできた巨大な楯状火山らしい。

　静かの海は1969年7月20日、アポロ11号が人類史上初めて月面着陸した場所として知られている。すぐ近くには衝突型の無人探査機レインジャー8号（1965年2月20日）、無人着陸機サーベイヤー5号（1967年9月11日）の着陸地点がある。上空からは、この地域をルナ・オービター1、2、3号（1966年8月〜1967年10月）が10〜20m分解能で集中的に撮影している。着陸の準備は着々と進められていたのだ。

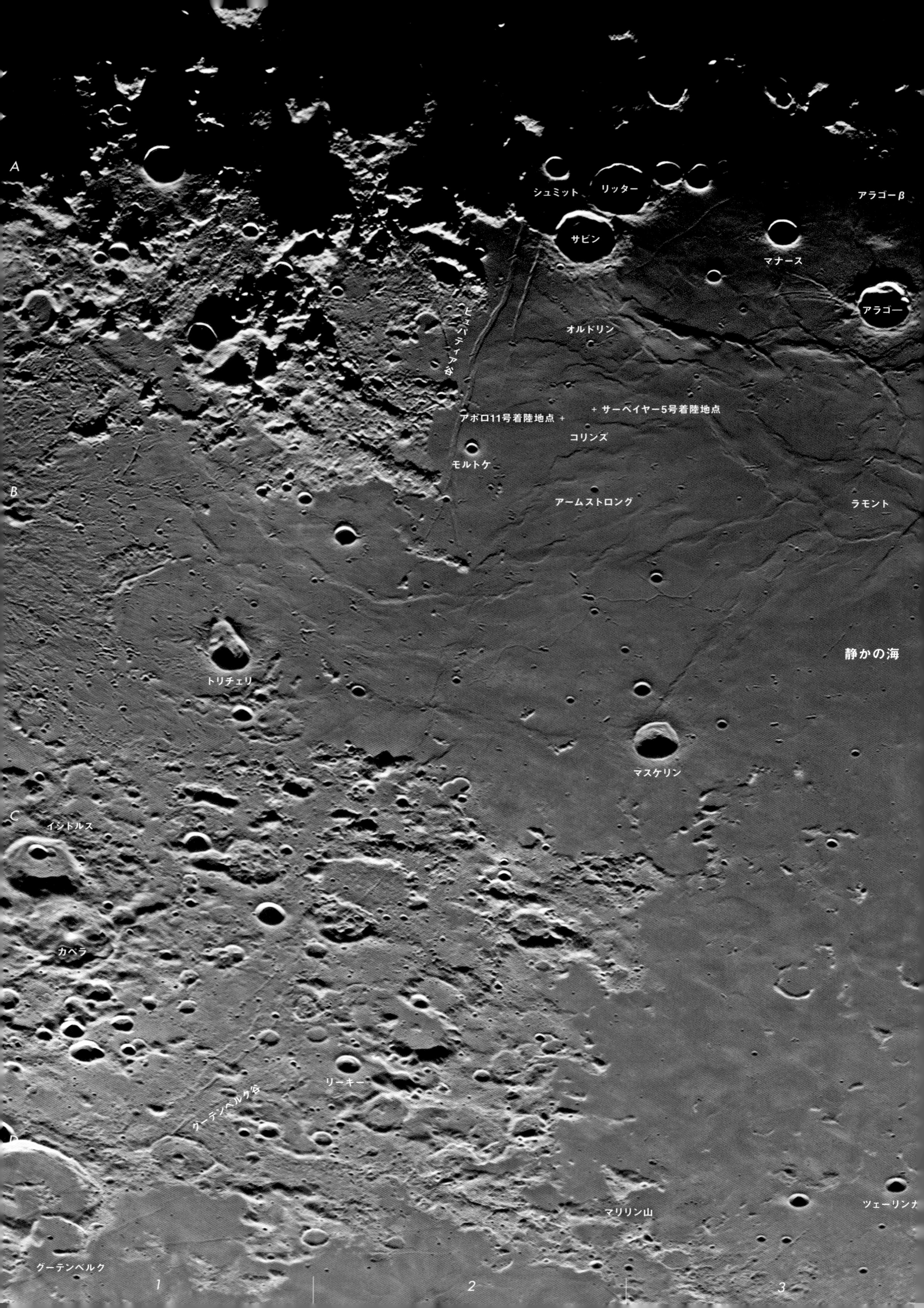

静かの海

シュミット
リッター
サビン
アラゴーβ
マナース
アラゴー
ヒュパティア谷
オルドリン
アポロ11号着陸地点 +
+ サーベイヤー5号着陸地点
コリンズ
モルトケ
アームストロング
ラモント
トリチェリ
マスケリン
イシドルス
カペラ
グーテンベルク谷
リーキー
マリリン山
ツェーリンガ
グーテンベルク

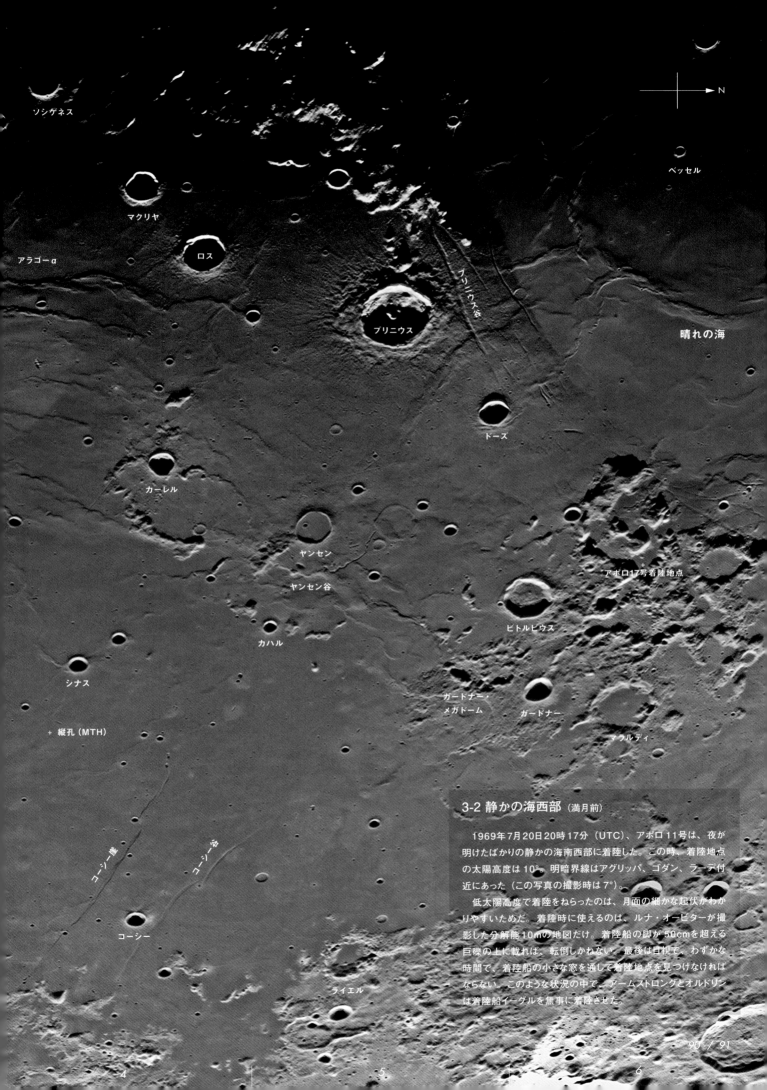

3-2 静かの海西部（満月前）

1969年7月20日20時17分（UTC）、アポロ11号は、夜が明けたばかりの静かの海南西部に着陸した。この時、着陸地点の太陽高度は10°。明暗界線はアグリッパ、ゴダン、ラーデ付近にあった（この写真の撮影時は7°）。

低太陽高度で着陸をねらったのは、月面の細かな起伏がわかりやすいためだ。着陸時に使えるのは、ルナ・オービターが撮影した分解能10mの地図だけ。着陸船の脚が50cmを超える巨礫の上に載れば、転倒しかねない。最後は目視で、わずかな時間で、着陸船の小さな窓を通して着陸地点を見つけなければならない。このような状況の中で、アームストロングとオルドリンは着陸船イーグルを無事に着陸させた。

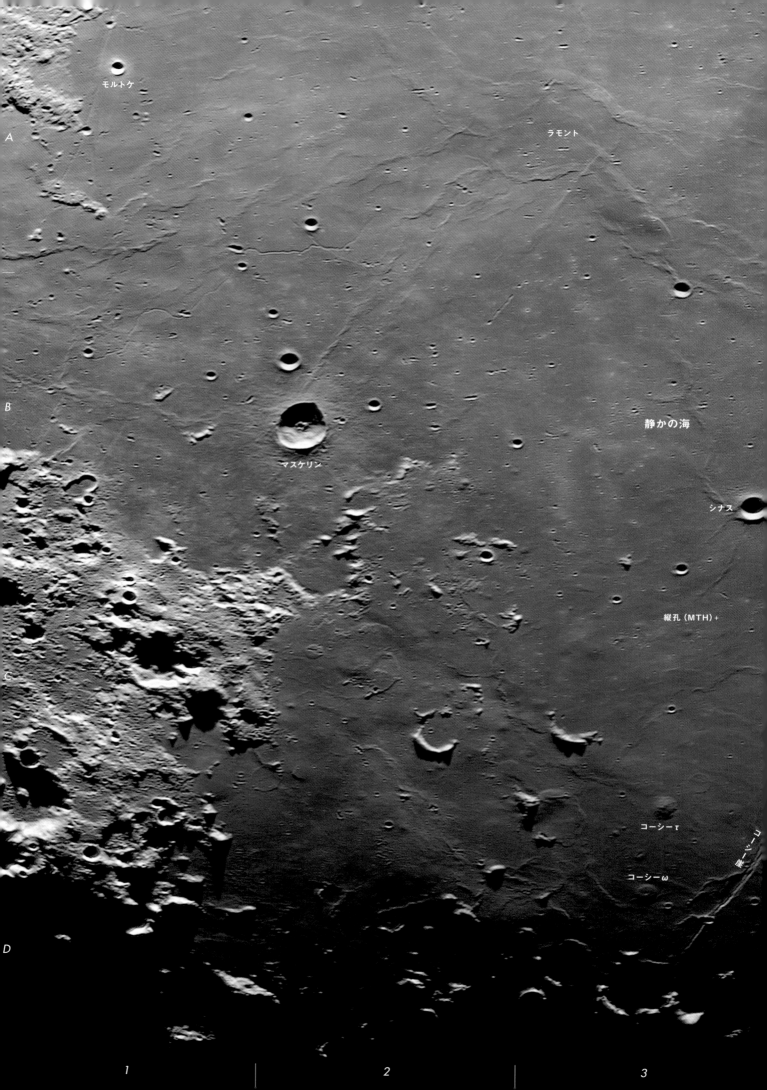

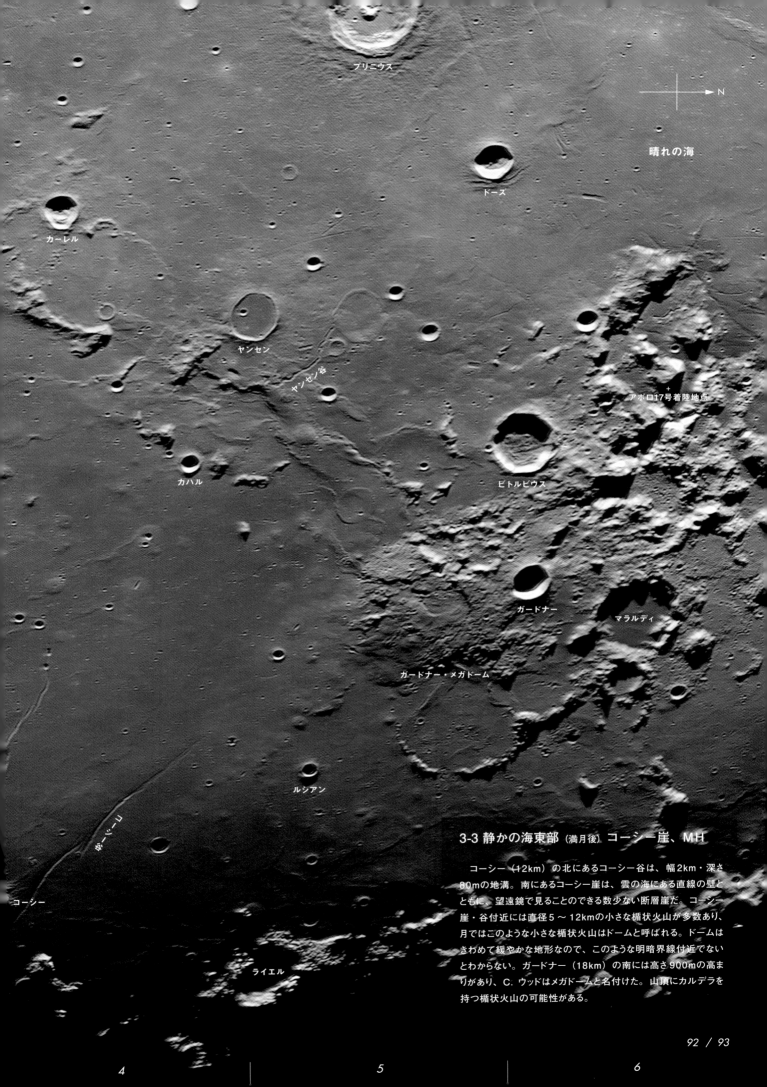

3-3 静かの海東部 (満月後) コーシー崖、M.H

コーシー（12km）の北にあるコーシー谷は、幅2km・深さ80mの地溝。南にあるコーシー崖は、雲の海にある直線の壁とともに、望遠鏡で見ることのできる数少ない断層崖だ。コーシー崖・谷付近には直径5〜12kmの小さな楯状火山が多数あり、月ではこのような小さな楯状火山はドームと呼ばれる。ドームはきわめて緩やかな地形なので、このような明暗界線付近でないとわからない。ガードナー（18km）の南には高さ900mの高まりがあり、C. ウッドはメガドームと名付けた。山頂にカルデラを持つ楯状火山の可能性がある。

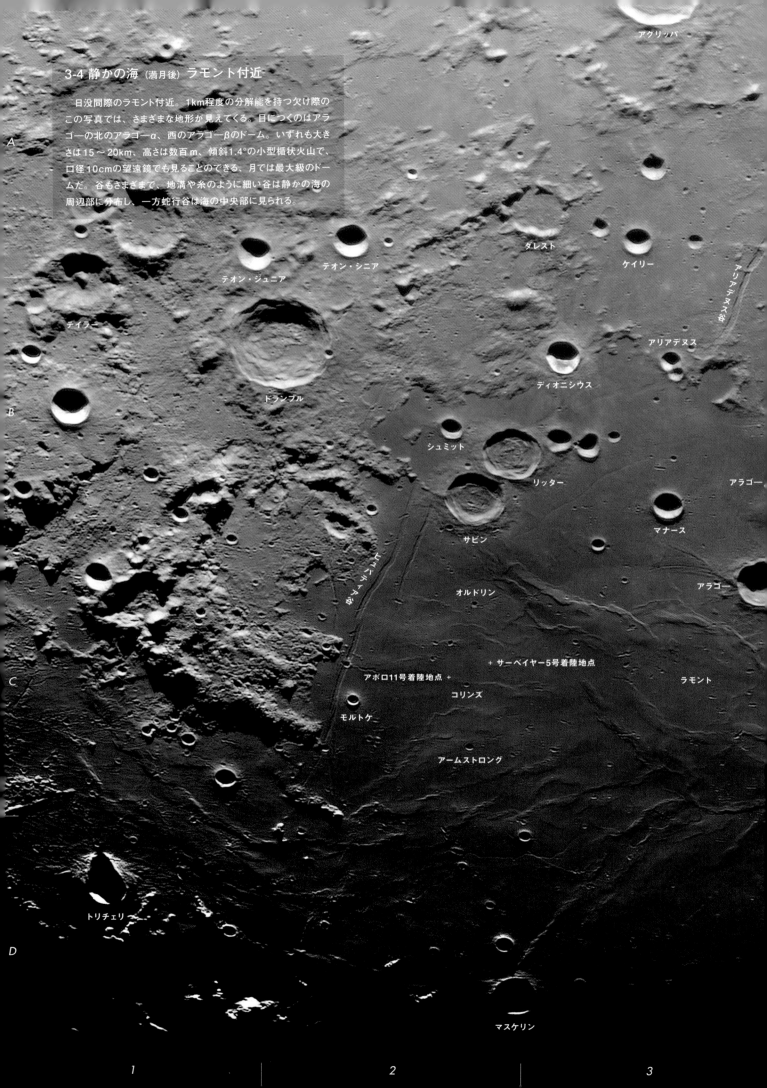

3-4 静かの海（満月後）ラモント付近

　日没間際のラモント付近。1km程度の分解能を持つ欠け際のこの写真では、さまざまな地形が見えてくる。目につくのはアラゴーの北のアラゴーα、西のアラゴーβのドーム。いずれも大きさは15～20km、高さは数百m、傾斜1.4°の小型楯状火山で、口径10cmの望遠鏡でも見ることのできる、月では最大級のドームだ。谷もさまざまで、地溝や糸のように細い谷は静かの海の周辺部に分布し、一方蛇行谷は海の中央部に見られる。

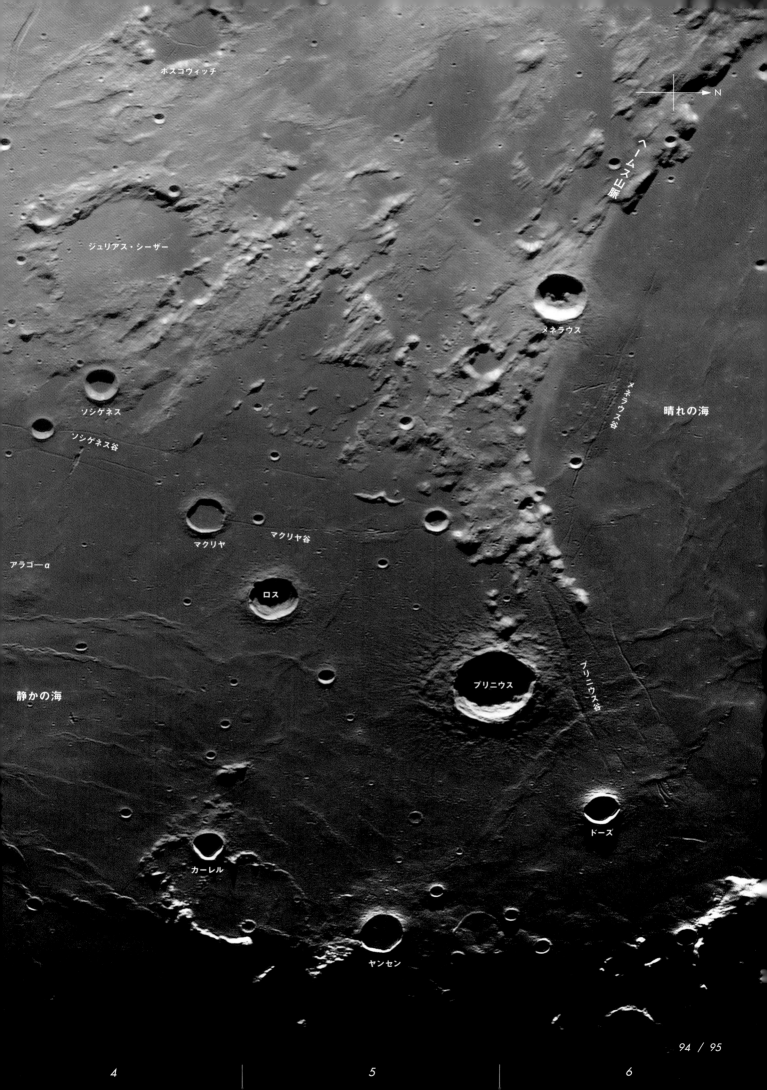

地名解説【静かの海】

サビン　30km　　リッター　31km
p.88-C1, 94-B2

ほぼ同じ大きさの双子クレーターで、大きさのわりに複雑なクレーター底を持つ。また、これだけ接近しているのに、放出物からはほぼ同時にできたと推定される。このことから1960年代半ばまで月のクレーター火山論者にとっては人気があった。しかし1993年のシューメーカー・レビー第9彗星の木星衝突や、衛星を持つ小惑星が続々と発見されるようになると、彗星や小惑星の衝突で説明されるようになった。

ロス　26km
p.88-B2, 95-C5

普通、クレーター名は1人の人名にちなむが、このクレーターは英国の極地探検家ジェームス・ロス（1800-1862）と米国の天文学者フランク・ロス（1874-1966）の2人にちなむ。極地探検家の名は月の北極や南極に付けられることが多いが、赤道付近のクレーターに付けられるのも例外的。

ディオニシウス　17km
p.88-C1, 94-B3

光条の代わりに暗いハローを持つクレーター。満月の写真（p.35）でよくわかる。このことは1965年、V.スモーリーが最初に気付いた。暗いハローは、衝突によって地下の火山砕屑物を掘り起こしたためと推定される。

マリリン山　30km
p.89-D4, 90-D2

静かの海と豊かの海の境にある一辺30km、高さ1400mの三角形の無名の山塊だった。1968年12月24日に月を初めて周回したアポロ8号は、月着陸を目指すアポロ11号とほぼ同じ軌道を飛行するので、準備段階で着陸の目印となる地形を探していた。ちょうど降下ルートの真下に目立つ三角形の山塊を見つけ、交信に便利なように搭乗する宇宙飛行士ジム・ラベルの妻の名前にちなんでマリリン山の愛称を付けた。

ソシゲネス谷　150km
p.95-B4, 137-C4

谷の名前は、付近にあるクレーターから付けることになっている。しかしソシゲネス谷のようにクレーター名よりも有名な谷も多い。ソシゲネス（18km）を跨いで走る谷とそれに平行する谷からなる。

モルトケ　6.5km
p.90-B2, 94-C2

ボール形の明るい光条を持つクレーター。アポロ11号の着陸予定地のすぐ近くにあるので、着陸時には良い目印となった。

アームストロング　4.6km
オルドリン　3.4km　　コリンズ　2.4km
p.90-B2, 94-C2

月のクレーターには、生存中の人名は付けないことになっている。しかし1970年、例外として着陸地点のすぐそばの小クレーターにアポロ11号の3人の宇宙飛行士の名前が付けられた。

アラゴー　26km
p.90-A3, 94-C3

中央丘が北壁にまで繋がった奇妙なクレーター。アラゴーの北はアラゴーα、西にはアラゴーβのドーム（小型楯状火山）がある。ドームには表面が滑らかなドームとゴツゴツしたドームがあるが、これらのドームは表面がゴツゴツしているのが特徴。

コーシー谷　210km　　コーシー崖　170km
p.89-B4, 93-D4

コーシー（12km）付近にある谷と崖。北のコーシー谷は幅2km、深さ80mの地溝。コーシー崖は、雲の海にある直線の壁とともに望遠鏡で見ることのできる数少ない断層崖だ。

コーシー付近のドーム
p.89-B4, 93-D4

p.93のようにコーシー崖付近には小さな楯状火山が多数あり、月ではこのような小さな楯状火山はドームと呼ばれ、山頂火口を持つものもある。ドームはきわめて緩やかな地形なので、明暗界線付近にないとわからない。比較的見やすいコーシーω（オメガ）とτ（タウ）のそれぞれの直径・高さは、9km・80mと10km・200mである。

ヤンセン　23km
p.91-B5, 93-B5

周囲の溶岩とは異なる組成の溶岩によって、半分埋もれかけたクレーター。すぐ東側には蛇行谷のヤンセン谷があり、北側にはほぼ同じ大きさのほとんど埋められたクレーターがある。この付近は南北120km、東西100kmの火山体の可能性がある。

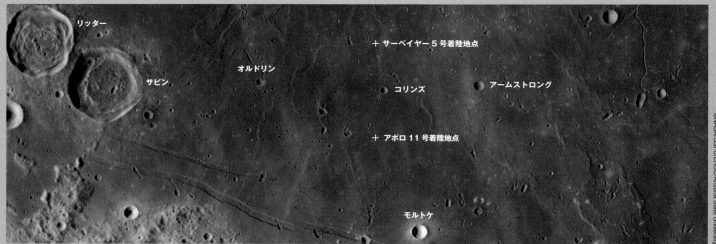

アポロ11号の着陸地点付近。サーベイヤー5号無人着陸機（1967年9月）による表面状態の調査、ルナ・オービター2号（1966年12月）とルナ・オービター5号（1967年9月）、アポロ8号（1968年12月）とアポロ10号（1969年5月）の上空からの偵察と撮影（10m分解能）によって、着陸の準備が着々と進められた。

column 3

「かぐや」が発見した月の縦孔

　2009年、日本の月探査機「かぐや」の地形カメラ（分解能10m）で月に3個所の縦孔が発見された。最初に発見されたのはマリウス丘の縦穴で、この発見には私も関わった。私は当時、JAXAの「かぐや」地形カメラの共同研究者で、火山地形に興味があったので、得られた地形カメラのデータからマリウス丘の画像を作成してくれるように主任研究者の春山純一さんに依頼していた。春山さんは一次データをチェックしていた原さんから、「何かを見つけたみたいです」との電話報告を受けた。春山さんがデータ解析室に行ってみると、見慣れた月面の中にぽっかりと黒い円盤状のものが、モニター画面で映し出されていた。

　「かぐや」の地形カメラは、月の赤道付近では太陽高度約45°の画像を撮るようになっていた。クレーターは最大傾斜が30°なので、この太陽高度ではすべてのクレーターは底まで太陽光が当たっている。黒い円盤状に見えるのは深い縦孔ということになる。マリウス丘は直径50mの縦孔だった。春山さんは撮影済みの地形カメラのデータから「黒い円盤状」のものを探し出し、静かの海の縦孔（MTH）と、裏側の賢者の海にも縦穴を発見した。

■ 静かの海の縦孔（MTH : Mare Tranquillitatis Hole）

　静かの海の縦孔は直径100m・深さ100mで、月面で最大の縦穴である（右下写真）。アメリカのLROの望遠カメラ（分解能50cm）の斜め方向からの観察によると、縦穴の上部50mは垂直の崖で、その下50mは地下の空洞に繋がっているらしい。

　静かの海東部はさまざまなスケールの楯状火山が分布し、蛇行谷も見られることから、この縦孔も火山活動に関係したものと考えられる。火山地域で地下の大きな空洞といえば、溶岩トンネルであることが多い。溶岩トンネルとは、溶岩表面（外縁部）が冷却固結して表皮ができるが、内部の溶岩流は流動性を保った下流に流れてできるトンネル状の空洞だ。ハワイなどの楯状火山にもよく見られる。地球の溶岩トンネルは最大でも直径20m程度なので、MTHが溶岩トンネルならば、月の地下には巨大な空間が広がっていることになる。

　地球の溶岩トンネルは、冷え固まった厚さ数m～10m程度の溶岩流の天井が崩れ落ちると、地表に通じるスカイライトと呼ばれる穴ができる。MTHの地下空洞の上には50mもの溶岩が重なっているので、簡単には天井が崩れない。おそらく隕石の衝突によって縦孔が開いた可能性が高い。

　この地域の溶岩の噴出年代は34億年前。現在までには多数の隕石の衝突があったはずだが、この縦孔が開いたのは1億年前より最近だと推定される。それより古いと、後からの衝突によって縦孔が埋まってしまうからだ。縦孔の底には角張った岩塊が散乱している。岩塊も微隕石の衝突によって数億年も経つと消滅してしまうので、スカイライトが最近できたことを裏付けている。

■ 縦孔内部を探査　UZUME計画

　月には断層運動も少なく雨風がないため、浸食された地層の断面を見ることができない。MTHの壁は月で唯一、海の溶岩の積み重なり方が観察できる場所ともいえる。詳しく観察すれば、溶岩の噴出時期、噴出間隔、流動様式など、月の海の形成を知る大きな手がかりとなる。MTHの上部の厚さ50mの溶岩は幾層もの溶岩流が重なっているが、溶岩流と溶岩流の間のリゴリス層の厚さを測れば溶岩流の噴出間隔を推定できる。

　月表面は温度が−150℃～+120℃まで変化し、放射線が降り注ぐ過酷な環境だが、溶岩トンネルの中は温度変化も小さくはるかに安全な環境で、月面基地建設の有力な場所となる。そのため、日本ではロボットなどを使った無人探査機をMTHに送ろうというUZUME計画が始まっている。

　UZUME計画では、穴に直接、探査機を着陸させることを計画している。2024年に日本初の月着陸に成功したSLIMでは着陸の精度が100m。UZUMEでは直径100mの穴の底に岩塊を避けて平坦な場所への着陸なので、難易度はさらに上がる。月表面にはすでに20機以上もの有人・無人探査機が着陸し、ローバーも走り回った。しかし、月の地下は全くの未知の世界だ。私は、このようなワクワクするような月探査をぜひ日本で実施してほしいと思う。

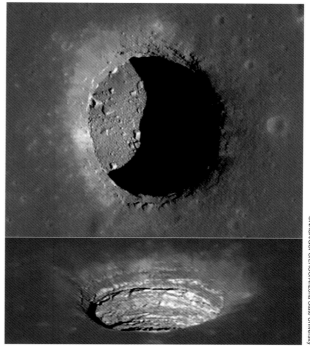

静かの海の縦孔、MTH。真上と斜め上からの画像。

©NASA/GSFC/LROC/Arizona State University

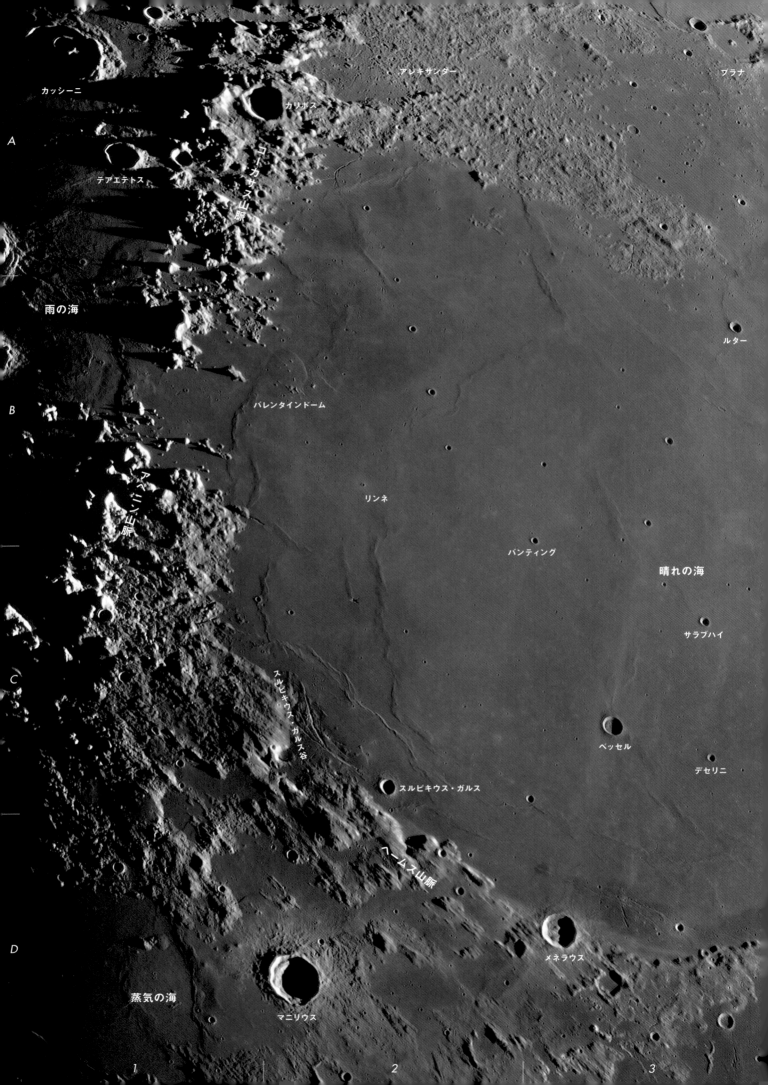

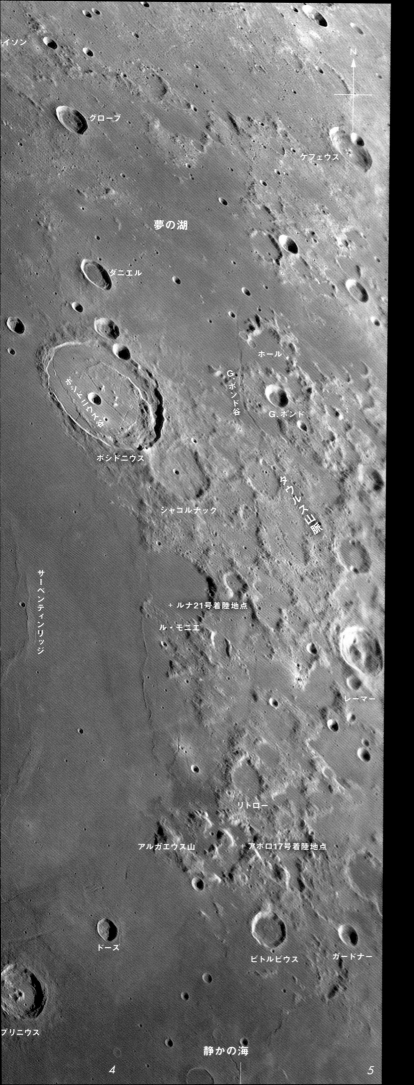

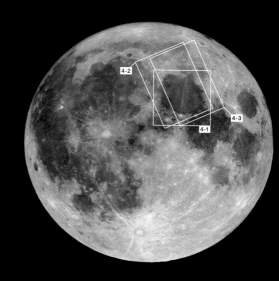

4. 晴れの海

4-1 晴れの海全体（満月前）

　晴れの海はセラニタティスベイスンの凹地に溶岩が溜まった平原で、三重のリング構造になっている。1番目がサーペンティンリッジ（スミルノフ尾根）、2番目がポシドニウス、ル・モニエ、ビトルビウスの高まり、3番目がレーマー、G.ボンドの高まりで、それぞれの直径は420km、740km、900kmとなる。

　雨の海の境界はアペニン山脈から延びたヘームス山脈。メネラウスの東までいくと、ようやくセラニタティスベイスンの元々のリムに達する。晴れの海の東を境するのがタウルス山脈。月の縁にあるのでわかりにくいが、タウルス山脈は全体の広がりが東西250km、南北250kmの山塊と呼ぶのがふさわしい。北北西で雨の海との境はコーカサス山脈だが、これもインブリウムベイスンの縁と見なされる。カリポスとポシドニウス間にも低い山地があるが、これもインブリウムベイスンからの放出物の影響が大きい。

　晴れの海が円形ではなく五角形なのは、このようにインブリウムベイスンの影響を強く受けているためだ。セラニタティスベイスンの形成年代は、アポロ17号のサンプルから38.7億年前と推定されている。

　晴れの海を埋める溶岩の色が違うのは、溶岩に含まれる鉄やチタンの量が違うためで、噴出年代も異なる。アポロ17号の採取した岩石の放射年代やクレーター密度年代によると、南部の静かの海との境界部の溶岩は37〜38億年前、晴れの海内部は30〜34億年前、ヘームス山脈側が35億年前の噴出年代となる。

　1972年12月11日、最後のアポロとなる17号はタウルス・リトロー谷に着陸し、111kgの岩石を採取した。その1ヵ月後の1973年1月16日、ソ連のルナ21号がル・モニエに着陸し、無人月面車ルナホート2号が4ヵ月間にわたって37kmを走破した。

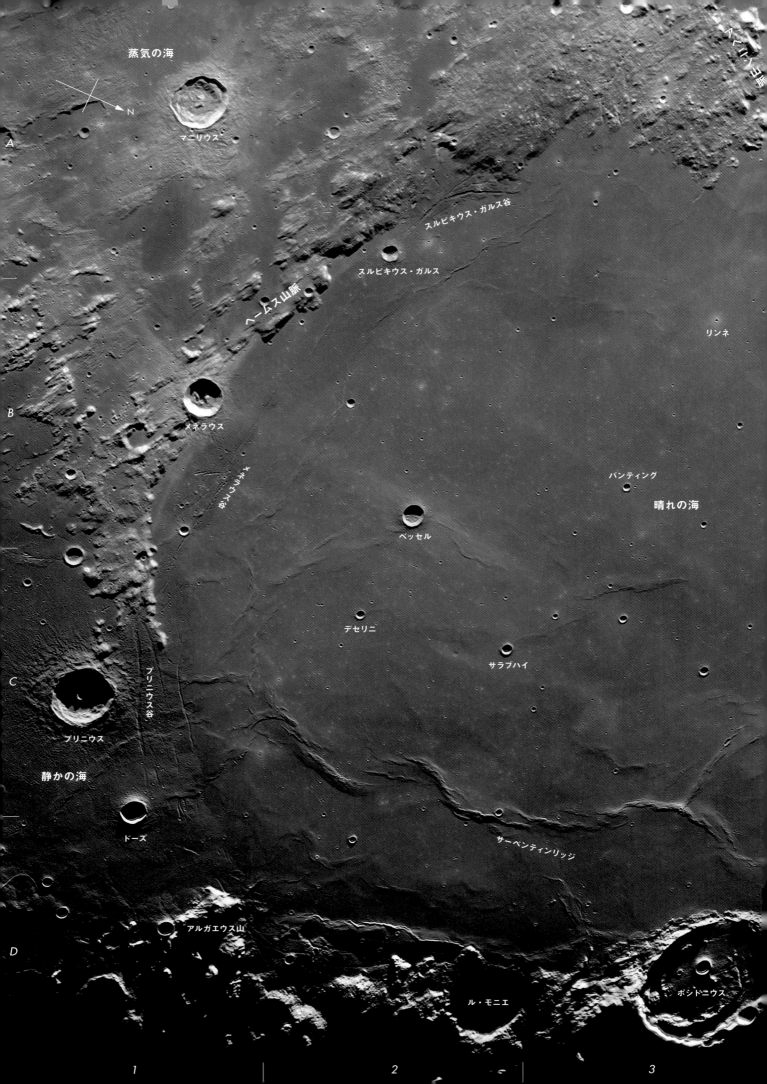

4-2 晴れの海の夕暮れ （満月後）

日没が近いこの写真では、月面で最も有名なリンクルリッジであるサーペンティンリッジの詳細がよくわかる。全長500km、幅10km程度、高さ約200mで、その高まりの上にさらに200m程度の急傾斜の尾根が重なる。晴れの海の縁に沿ってプリニウス谷、メネラウス谷、スピキウス・ガルス谷など直線的な谷が多数分布する。海の西部には消えたクレーターとして有名なリンネ（直径2.5km）があるが、この写真では小クレーターであることが明瞭だ。

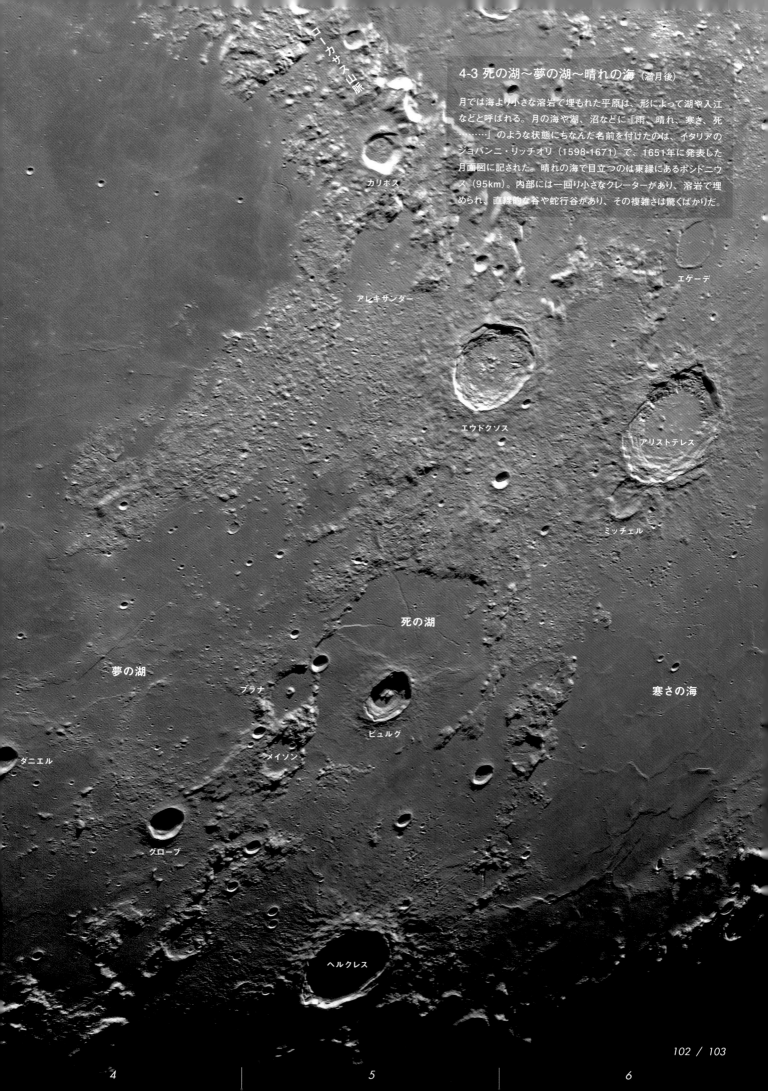

4-3 死の湖〜夢の湖〜晴れの海 （満月後）

月では海より小さな溶岩で埋もれた平原は、形によって湖や入江などと呼ばれる。月の海や湖、沼などに「雨、晴れ、寒さ、死……」のような状態にちなんだ名前を付けたのは、イタリアのジョバンニ・リッチオリ（1598-1671）で、1651年に発表した月面図に記された。晴れの海で目立つのは東縁にあるポンドニウス（95km）。内部には一回り小さなクレーターがあり、溶岩で埋められ、直線的な谷や蛇行谷があり、その複雑さは驚くばかりだ。

地名解説【晴れの海】

ポシドニウス　95km
p.99-B4, 102-C3

湿りの海のガッセンディ（101km）のように、月の海の縁には内部が半分溶岩で埋められたクレーターが多く見られる。ポシドニウスは内側に直径70kmのクレーターを持つ二重構造で、内側クレーターの中には幾条もの直線的な谷が走り、外側クレーターの西縁には蛇行谷が走る。蛇行谷は長さが107kmあるが、高低差は100mしかない。月の蛇行谷の中でも、これほど小刻みに蛇行している谷は他にない。直線的な谷、蛇行谷とも一括してポシドニウス谷と呼ばれている。

サーペンティンリッジ　156km
p.100-D2, 102-B2

IAUで公認された正式名称はDorsa Smirnovだが、「蛇のように曲がりくねった」を意味するサーペンティンリッジという愛称で呼ばれることが多い。南にはDrsa Lister（203km）が連続しているので、全長500kmのリッジは壮観だ。

シャコルナック　51km
p.99-B4, 102-C3

北西壁をポシドニウスによって破壊された古いクレーター。シャコルナック（1823-1873）はフランスの観測者で、1つの彗星と25番、33番、34番、38番、39番、59番小惑星の発見者。

ル・モニエ　60km
p.100-D2, 102-C2

タウルス山脈の縁にある、西側半分を失ったクレーター。内部を溶岩で埋められている。ソ連のルナ21号の着陸地点。

ベッセル　16km
p.100-B2, 102-A2

晴れの海の中にある最大のクレーター。南北に横切る光条はティコからの光条と考えられている（p.30）。

ドーズ　18km
p.99-D4, 102-B1

晴れの海と静かの海の境にあるクレーター。イギリスの天文学者ウィリアム・ドーズ（1799-1868）にちなむ。望遠鏡の分解能を示す「ドーズの限界」の提唱者。

リンネ　2.2km
p.98-B2, 100-B3

光条を持つ小クレーター。1837年に出版されたベーアとメードラーの月面図では直径10km、深さ330mのクレーターと記載されていた。しかし1866年、ドイツの天文学者シュミットが消えてしまったと発表して物議をかもしたクレーター。小望遠鏡や太陽高度が高い時には白斑にしか見えないが、口径15cm以上の望遠鏡で太陽高度が低い時には、p.86の写真のように見える。

スルピキウス・ガルス　12km
p.98-C2, 100-A2

このクレーターの西北西にあるのがスルピキウス・ガルス谷（90km）。この谷付近の海と北西にあるヘームス山脈が暗いのは、火山噴火による暗色堆積物（DM：Dark Mantle Deposits）に覆われているため。p.100の写真では2×4kmの不定形の噴出口が写っている。

バレンタインドーム　30km
p.98-B2, 101-B4

晴れの海と雨の海の境近くにある、高さ100m程度の平べったいドームで、その形から愛称として名付けられた。低太陽高度時には口径10cmクラスで観望できる。南部に3つの丘が、その他の場所に6つの小丘がドームから突き出ており、北北西から東に谷が走る。

プリニウス　43km
p.100-C1, 102-B1

晴れの海と静かの海の境で門番のように位置するクレーター。古代ローマの将軍・博物学者ガイウス・プリニウス・セクンドゥス（23-79）にちなむ。79年のベスビオスの噴火の犠牲になったが、その噴火の経緯を詳しく記した甥の小プリニウス（61-113）と区別するために大プリニウスと呼ばれる。また、この時のように大量の軽石や火山灰を噴出する噴火は、プリニアン噴火と呼ぶようになった。

ヘームス山脈　長さ560km
p.98-D2, 100-B2

晴れの海の南西を縁取る山脈で、晴れの海からの高さは2.4km。ヘームス山脈はブルガリア～セルビア国境にあるバルカン山脈の旧名。

タウルス山脈　166km
p.98-B5, 102-D2

晴れの海と危機の海の間にある山脈。セレニタティスベイスン（晴れの海の凹地）とクリッシウムベイスン（危機の海の凹地）の2つのベイスン放出物によってできているので、幅広いのが特徴。トルコ南部にあるタウルス山脈にちなんで命名。

死の湖　151km
p.101-D5, 103-C5

溶岩に埋められた古いクレーター。内部に目立つクレーターがビュルグ（40km）、その外側にはビュルグ谷がある。

アリストテレス　87km
p.101-C6, 103-B6

寒さの海の中にある最大のクレーター。内部には大きな中央丘はなく、小規模な丘が点在する。すぐ西にあるミッチェル（30km）に重なる。このように小さなクレーターの上に大きなクレーターが重なると、小さなクレーターは激しく破壊されてわからなくなってしまうのが普通だが、このように小さなクレーターがしっかり残っているのは珍しい。

エウドクソス　67km
p.101-C5, 103-B6

アリストテレスのすぐ南にある、よく似た同時代のクレーター。内部も大きな中央丘はなく、小規模な丘が散在。アリストレスもエウドクソスも光条がなく、エラトステネス代のクレーター。エウドクソスのクレーター密度年代は15億年前。

アポロ17号着陸地点の詳細

column / 4

タウルス・リトロー谷：アポロ17号の着陸地

　1972年12月11日、最後のアポロ17号は晴れの海東部のタウルス・リトロー谷に着陸した。この場所はタウルス山脈西縁の断層谷に海の溶岩が入り込んだ場所で、谷幅は7kmしかなく、両側には高さ2,000m以上の山塊が迫っている。そこで、今までのアポロ着陸時よりも太陽高度が高い15°になった時に着陸することになった。

　ここが着陸地点に選ばれた理由の1つは、海だけでなく高地も暗い物質DMD（Dark Mantle Deposits：Mantleは覆うの意味）で覆われているためである（左ページの右下写真参照）。暗い物質の原因は、溶岩の飛沫を高く噴き上げる火山活動があったためだ。その年代は、海の三十数億年前の溶岩噴出の年代よりもずっと若い、5億年ぐらいと考える研究者が多かった。

　着陸したのは船長ユージン・サーナンと地質学者ハリソン・シュミット。シュミットは月を歩いた唯一の科学者でもある。2回目の船外活動で彼らは直径110m、深さ14mのクレーター、ショーティに近づく。このクレーターは周囲よりもさらに暗く、火山性クレーターと考えられていた。そこでシュミットはオレンジ色の土を発見する（下写真の矢印）。月面を靴先でかき回して土の深さを確認し、ハンマーを振り下ろして長さ90cmのコア・サンプルを手に入れ、意気揚々と着陸船に戻った。アポロ17号での月面船外活動時間は合計22時間4分、月面車での走行距離は36km、110kgの岩石試料を地球に持ち帰った。

　しかし地球に持ち帰ったオレンジの土を分析すると、確かに溶岩の飛沫の産物ではあったがその年代は37億年前。その後は堆積物に覆われていたが、数千万年前の衝突によってショーティができ、その時の掘り起こしによって再び地表に現れたものだった。

　彼らは、地質学者がティコの形成時に放出した岩塊が原因で発生したと推定される崖崩れ堆積物を採集し、ティコの衝突年代が1.09億年前であることを明らかにした。

　1961年5月、ケネディ大統領は「60年代が終わるまで人類を月に着陸させ、安全に地球に帰還させる…」とだけ宣言したが、アポロ計画がもたらした科学成果は大きい。月の歴史では衝突の役割が大きく、特に38億年前は主役だった。一方、火山性の大型クレーターはなく、海の火山活動は38億〜20億年前であることが明らかになった。アポロの成果はその後の惑星地質学の基礎となったのである。

ショーティ・クレーターでオレンジ色の土（矢印の部分）を採取するハリソン・シュミット宇宙飛行士。

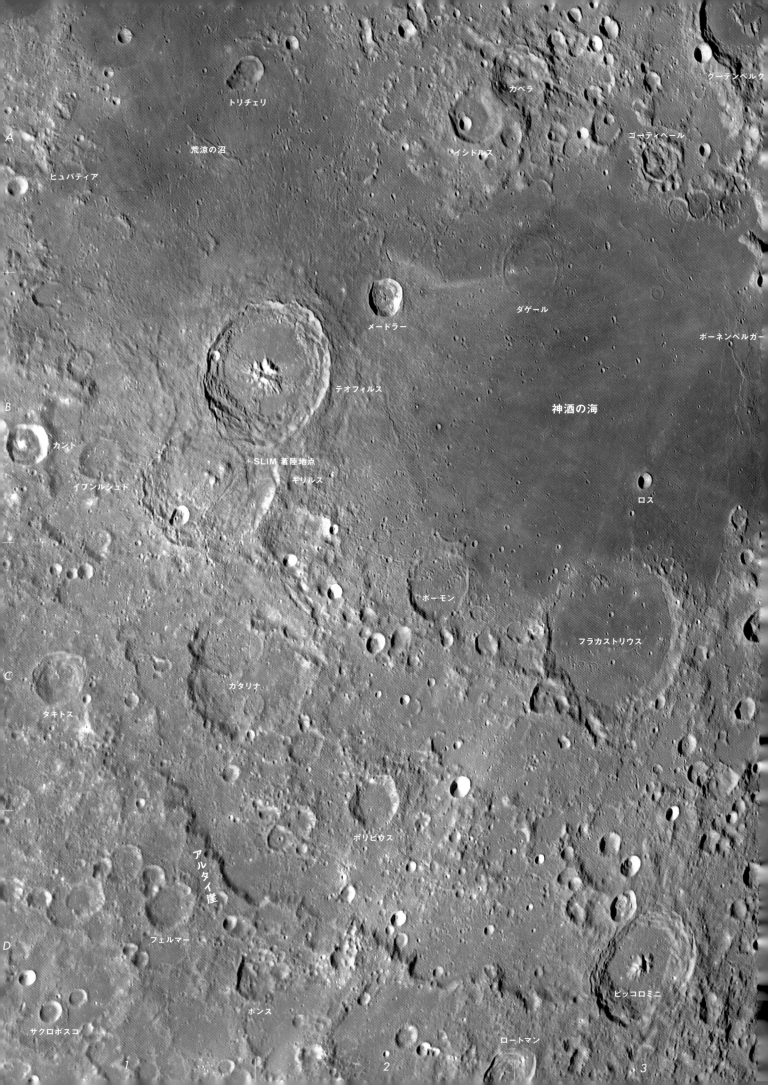

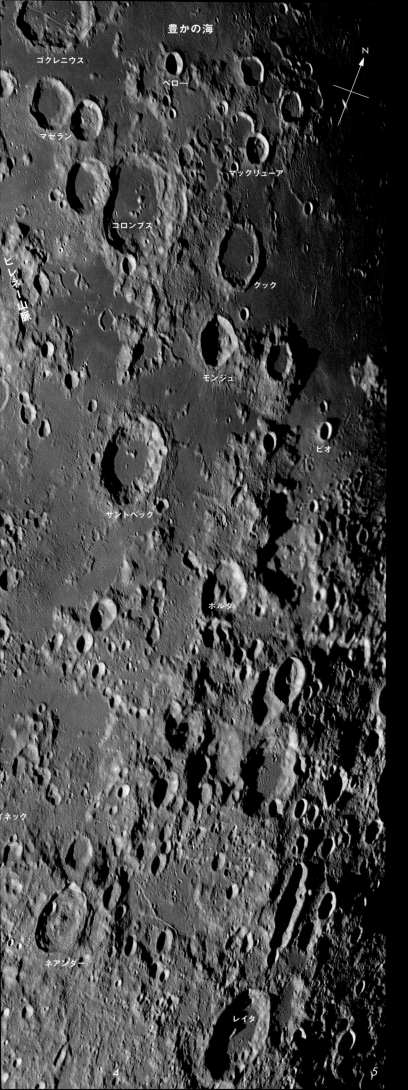

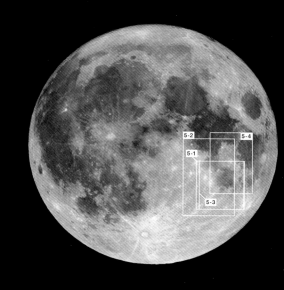

5. 神酒の海

5-1 神酒の海（満月後）

　神酒の海は直径350kmの小さな海だが、満月の時には肉眼でもうさぎの耳として見えるので、私たちには馴染み深い。

　神酒の海は、ネクタリスベイスン（神酒の海の凹地、直径860km、衝突年代39.2億年前）の内側リングの内部に溶岩が堆積した平原だ。ネクタリスベイスンは、他のベイスンと同様に三重あるいはそれ以上の多重リング構造をなすが、三重までのリング構造は追跡しやすい。一番わかりやすい外側のリング構造はアルタイ崖で、高さ3.5〜4kmにもなる。南側にはピッコロミニ、ボルダへ、北側にはタキトス、カント、ヒュパティアへ伸びる。その内側の中間のリングがキリルス、カタリナからサントベック、コロンブスに続くリングだ。そして、一番内側が神酒の海の溶岩を堆積させるリングとなる。

　神酒の海の表面の標高は月の基準面から−6.5kmと低く、厚さ1.5kmの溶岩が堆積している。神酒の海周辺に弧状の地溝がないのは、溶岩の厚さが薄く，海中央部を沈降させるほどの荷重がなかったためと推定されている。

　2024年1月20日、日本の無人探査機SLIMはテオフィルスのすぐ外側に着陸した。この地点が着陸地点に選ばれたのは2009年、月周回衛星「かぐや」が月のマントル起源のかんらん石を発見していたためだ。着陸地点はネクタリスベイスン（神酒の海の凹地）の縁にあり、39.5億年前のネクタリスベイスンの形成で地下深くのマントル物質を掘り起こされた場所だ。8億年前にテオフィルスの衝突・形成で再びこのマントル物質は掘り起こされ、その新鮮な岩片が分光カメラで撮像された。まもなくかんらん石の組成を決定され、月の内部構造を探る手がかりとなるだろう。

106 / 107

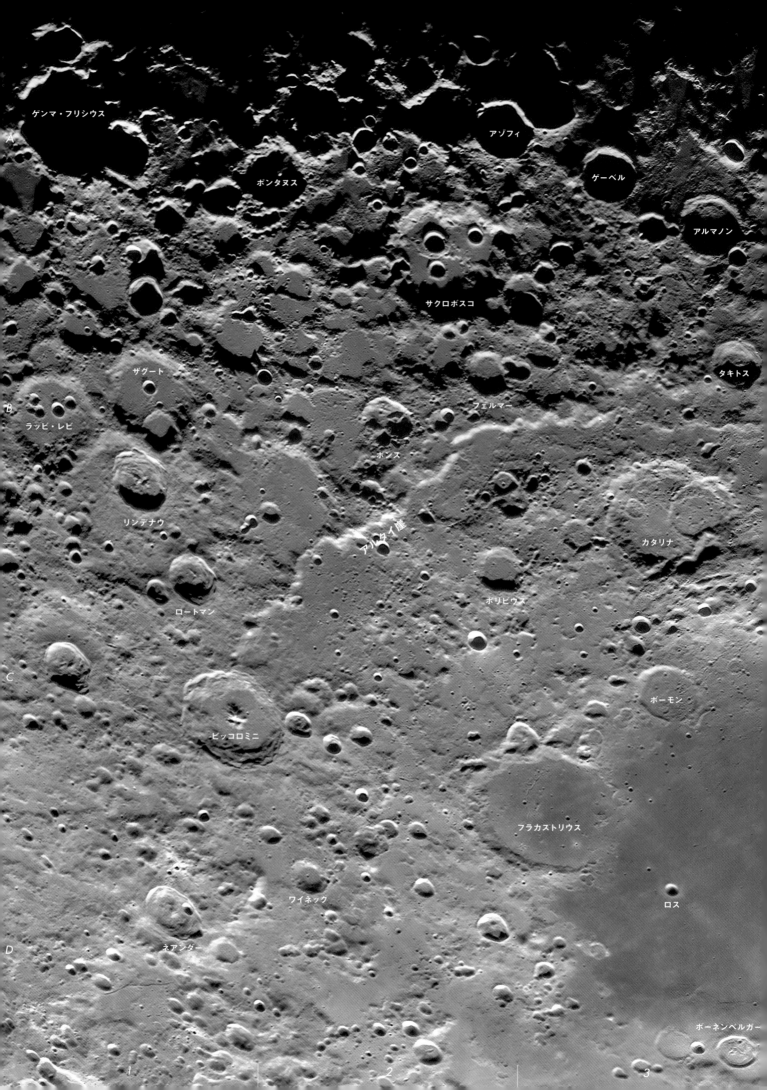

5-2 神酒の海（満月前）

　月は地球に同じ面を見せているのに、望遠鏡で月を見るのは飽きることがない。1朔望月は29.5日なので同じ欠け際が見えるのは1ヵ月後ではなく、2ヵ月後になる。しかしその時には秤動によって少し違ったアングルから見ることになる。この章の5-1、5-2、5-3では太陽光の当たり方によって地形もさまざまな表情を見せてくれることがわかる。アルタイ崖は5-1ではうっすらとしか見えないが、5-2では白く輝き、5-3では黒い影を落とす。この写真では、SLIMの着陸地点（2024年1月20日着陸）とその西300kmにあるアポロ16号の着陸地点（1972年4月21日着陸）が写っている。

108 / 109

5-3 神酒の海 （満月後）

　月の写真を撮るには構図も重要だ。私は神酒の海が沈み始めようとするこの月齢、構図が好きだ。ネクタリスベイスンの三重のリング構造が明瞭で、ピッコロミニ、フラカストリウス、テオフィルス、カタリナ、キリルスもそれぞれの特徴がわかりやすい。中でもテオフィルスは大きな中央丘、外側に広がるインパクトメルト、神酒の海にまき散らされた二次クレーターの見応えがある。特にインパクトメルトは月の表側で最も見やすいクレーターといえる。コペルニクスほどではないが光条もあるので、約10億年前にできたクレーターと考えられている。

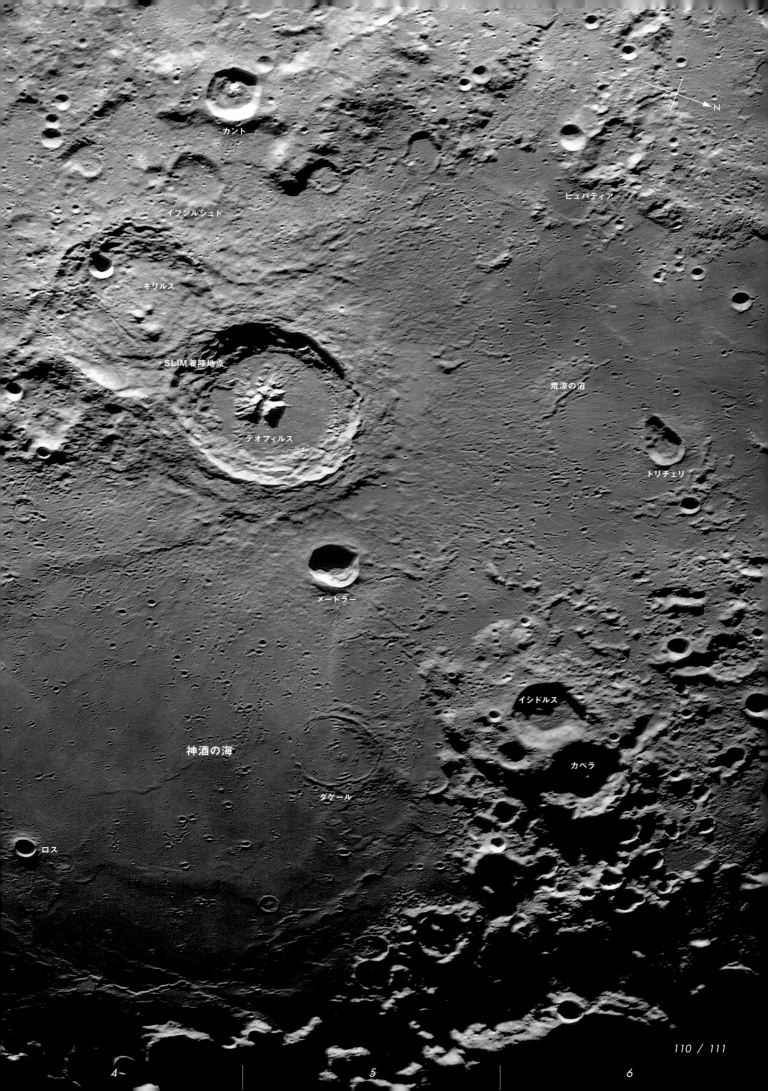

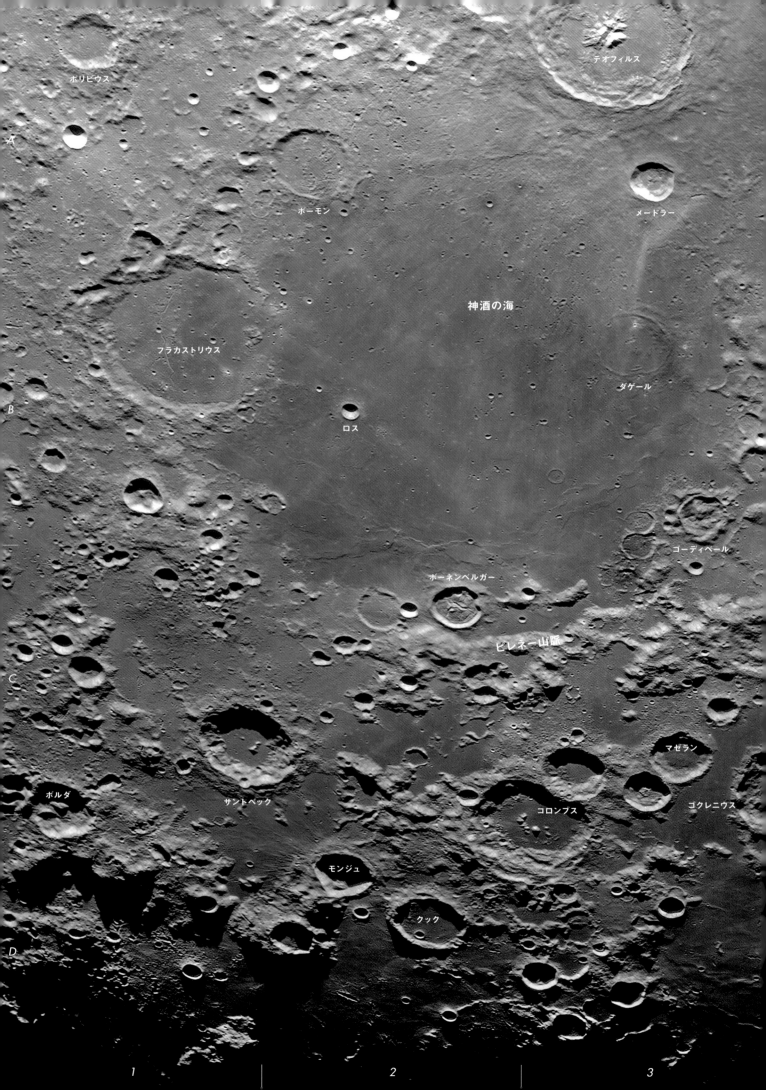

5-4 ピレネー山脈（満月後）

　豊かの海の南西にはコロンブス（76km）、ゴクレニウス（72km）、クック（46km）、マゼラン（40km）、グーテンベルク（74km）などのクレーターが密集し、その内部は溶岩で覆われているものが多い。私が人類の月着陸を間近に感じたのは、1968年12月24日のクリスマスイブに月周回を初めて成功させたアポロ8号だ。鮮明に覚えているのは、その1ヵ月後に発売されたA3サイズの大判写真週刊誌『アサヒグラフ』の特集記事。ゴクレニウス谷が見開きで掲載されていた。大望遠鏡でも不明瞭にしか写っていなかったゴクレニウス内部やそれを横切るように無数の谷が、鮮明に写っているのにはびっくりした。

地名解説【神酒の海】

テオフィルス　110km
p.106-B1, 111-B4

神酒の海の北西縁にある、コペルニクス代の新鮮なクレーター。口径20cm以上の望遠鏡では二次クレーターやインパクトメルトもよくわかる。名称はアレキサンドリアの司教だったテオフィルス（生年不詳-412）にちなむ。

キリルス　98km
p.106-B1, 111-B4

テオフィルスが重なるクレーターで、内部はテオフィルスの放出物によって埋められている。2024年1月20日、この放出物の上に日本の探査機SLIMが着陸した。キリルス（376-444）はアレキサンドリアのキリスト教聖職者。伯父はテオフィルス。

カタリナ　104km
p.106-C1, 110-B3

キリルスの南にあるクレーター。テオフィルス・キリルス・カタリナの並びは覚えやすい。カタリナ内部の北側には直径47kmのクレーター、カタリナPがあるが、カタリナの内部に放出物をまき散らしていないのはなぜだろう。アレキサンドリアのカタリナ（287-305）はキリスト教の聖人で殉教者。

アルタイ崖　545km
p.108-B2, 110-B2

月で最長の崖。片側が海の場合には、「アペニン山脈」のように山脈と呼ばれるが、そうでない場合には崖（Rupes）と呼ばれる。月には8つの崖がある。アルタイ崖は、中国〜モンゴル〜西シベリアを境する山脈、アルタイ山脈にちなむ。

ピッコロミニ　87km
p.106-D3, 110-C1

アルタイ崖上にあるクレーター。ピッコロミニ（1508-1578）はイタリアの科学者で、1540年に近代的な星図を出版した。

フラカストリウス　112km
p.106-C3, 110-C3

南半分が神酒の海に没した大クレーター。イタリアの科学者フラカストリウス（1483-1553）にちなむ。梅毒・チフスの命名者で、化石の生物起源説を主張した。

ピレネー山脈　251km
p.107-B4, 112-C3

神酒の海の東縁を境する、南北方向に延びる山脈。神酒の海の北縁はフラカストリウスに破壊され、西縁はテオフィルス、カタリナに破壊されているために、山脈の名称はない。地球のピレネー山脈はフランスとスペインを境する大山脈で、月や惑星観測で有名なピクディミディ天文台がある。

グーテンベルク　74km
p.106-A3, 113-C4

内部が溶岩で埋められ、環状の中央丘を持つ、やや古いクレーター。コロンブスによく似る。ドイツの活版印刷技術の発明者グーテンベルク（1398-1468）にちなむ。グーテンベルクから南東方向にグーテンベルク谷（330km）が延びる。

コロンブス　76km
p.107-A1, 112-D2

内部が溶岩で埋められ、環状の中央丘を持つクレーター。アメリカ大陸発見で著名なコロンブス（1451-1506）にちなむ。この付近には大航海時代の探検家、クックやマゼランの名の付いたクレーターもある。

ゴクレニウス谷　240km
p.113-C4

ゴクレニウス（72km）を横切る谷。細い谷が並行する。見るには口径20cmクラスが必要。

荒涼の沼　206km
p.106-A1, 109-C5

IAUで1976年に承認された正式名称はSinus Asperitatis（Bay of Roughnes）で、神酒の海と静かの海を結ぶ溶岩平原。テオフィルスからの放出物によって起伏に富むので、このように命名されたが、ほとんど使われていない。

トリチェリ　21×31km
p.106-A1, 111-B6

でこぼこの沼にある洋梨形のクレーター。奇妙な形から二次クレーターと考えられるが、給源となる親クレーターが不明。斜め衝突の産物かもしれない。トリチェリ（1608-1647）はガリレオの晩年の弟子。ガリレオの遺志を継いで、大気に重さのあることを水銀柱を使った実験で示した。

カペラ　49km
p.109-D5, 111-C6

カペラを横切って南東－北西方向の凹地があることから、かつては熱心な火山論者に人気があった。しかし現在では、この凹地はインブリウムベイスンからの二次クレーターと説明されている。

ダゲール　46km
p.111-C5, 112-B3

神酒の海にある、ほとんど溶岩に埋められたクレーター。フランス人で、1839年に銀板写真法を発明したダゲール（1787-1851）にちなむ。

アポロ8号が撮影したゴクレニウスとゴクレニウス谷

column 5

高地に着陸した唯一のアポロ16号

望遠鏡で月を眺めていると、高地にも平原が意外に多いことに気づく。例えばクラビウス（p.118）やプトレマイオス、ヒッパルコス、アルバテグニウス（p.195）内部は平原で覆われているが、海のようには暗くはない。クレーターの間にもこのような平原が広く分布し、ケイリー平原と呼ばれている。ケイリー平原を作る堆積物はアリアデヌス谷の南にあるクレーター、ケイリー（直径14km）を模式地（基準となる場所）としてケイリー層と呼ばれるが、ケイリー層が何でできているかという未解決の問題が残されていた。当時最も有力なのは、海の玄武岩とは異なるシリカに富んだ流紋岩溶岩や流紋岩質の火砕流堆積物という説だった。

アポロ16号がデカルト高地に着陸するのが決定したのは、打上げ10ヵ月前。着陸地点は、しわ状のデカルト高地の入江に平原状のケイリー層が入り込む場所だ（p.109参照）。そして、デカルト高地も火山性起源と考えられていた。月着陸船に搭乗するヤング船長とデューク操縦士はニューメキシコ州の流紋岩の分布地域に通い、地質学者の指導を受けてどのようなサンプルを採集するべきかを学習した。

1972年4月21日、アポロ16号はデカルト高地に着陸した。月面車を組み立て、1回目の7時間11分の船外活動（EV1）では東側のケイリー平原を進んだ。しかし、月面に降り立ってすぐ見つかると予想した流紋岩が見つからない。必死で探したが、見つかるのはアポロ14号のフラ・マウロ丘陵にあったのと同じような角礫岩ばかり。2回目の7時間23分の船外活動では南のデカルト高地の一部、ストーン山に向い、裾野から150m登った。しかし、高地を作る斜長岩は見つかったが、大部分は角礫岩だった。3回目の5時間40分の船外活動（EV3）では北側のデカルト高地の一部、スモーキー山の裾野で調査したが、ここでも流紋岩は発見されない。

結局、3回にわたる合計20時間14分の船外活動で27kmを月面車で走破して95kgの岩石を採集したが、目指した流紋岩などの火山岩はなく、大部分は衝突によってできた角礫岩だった。角礫岩はインブリウムベイスン、セラニタティスベイスン、ネクタリスベイスンから供給されたものだった。ネクタリスベイスンからのインパクトメルトによって、ネクタリスベイスンの衝突は39.2億年前であることがわかった。

海の玄武岩とは異なる高地の火山活動が見つかるという、大部分の地質学者の予想は見事に外れた。しかしこのことによって、月の海以外の地形や地質はすさまじい衝突によってできたことが明らかになったのが、アポロ16号の最大の成果となった。

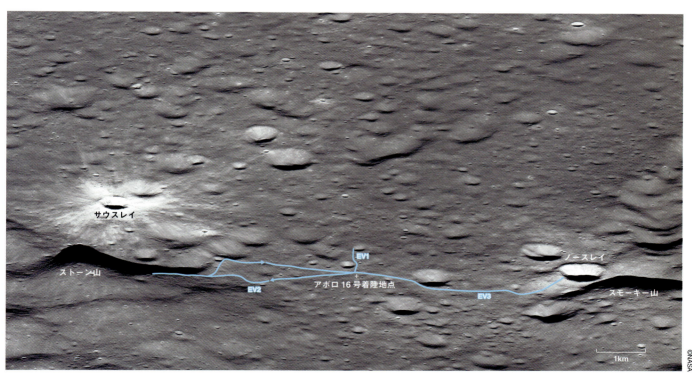

アポロ16号着陸地点と、ローバーによる移動ルート。アポロ15号・16号では、月着陸船からのローバーによる最長移動距離は5kmと決められていた。時速10kmで走行可能だったが、故障時に宇宙飛行士が徒歩で着陸船まで戻れる距離という制約があったためだ。

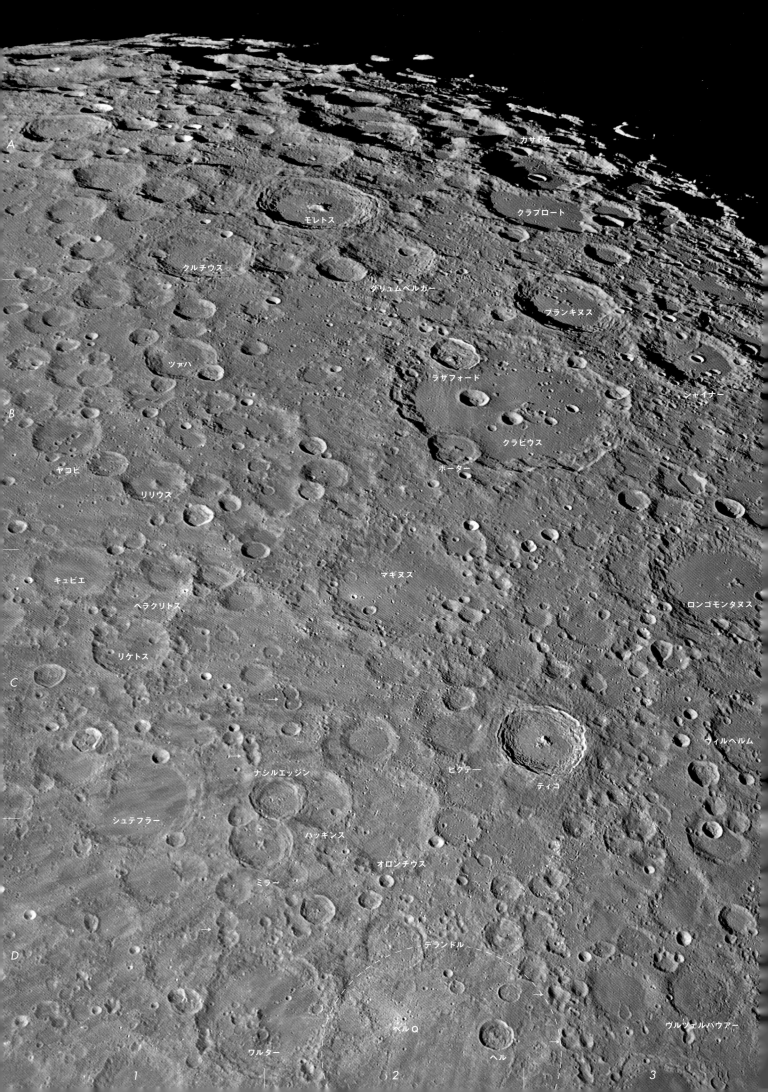

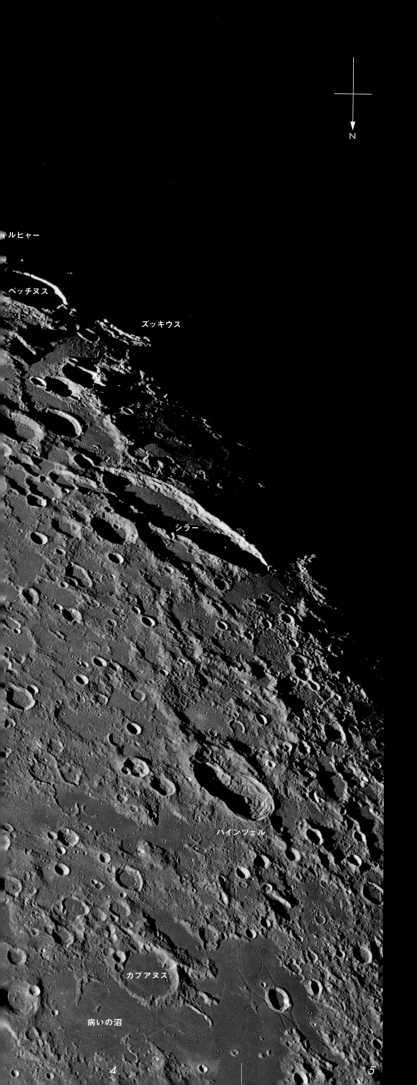

6. 南部高地

6-1 南部高地の概観（満月前）

　地球から見た月南部はいずれの海からも遠く、明るくクレーターだらけの地域は南部高地と呼ばれている。高地の起源は月の創成期まで遡る。

　月の成因についてはさまざまな説があったが、アポロ計画によって大量のデータが集められると、従来の説ではそれらをうまく説明できなくなった。その難点を克服したのが、1975年にW.ハートマンとD.ディービスによって提唱された巨大衝突説だ。この説によると、45億年前のできたばかりの地球に火星サイズ（地球質量の10分の1程度）の天体が斜め衝突し、飛び散って融けた状態の破片やガスが集まって、原始的な月ができあがった。この説には多くの研究者に受け入れられ、さまざまな事実が説明できるように改良が加えられている。原始的な月は巨大衝突から1ヵ月足らずでできたらしい。

　できたばかりの月は内部まで溶融して、マグマオーシャンの状態になった。冷却するにしたがって重いかんらん石、続いて輝石がマグマの中を沈降、堆積した。マグマオーシャンの固化が80％まで進むと斜長石の結晶化が始まり、軽い斜長石はマグマの中を浮上して月の表層部を作った。軽い表層の斜長石が多い層は「地殻」、「地殻」の下のカンラン石や輝石の多い部分は「マントル」と呼ばれている。

　月の原始地殻は、その後のプロセラルム、サウスポールエイトケン、インブリウムなどの巨大衝突によって破壊され、そこにできたベイスンや後から噴出した溶岩によって失われた。南部高地は、それらのベイスン放出物からの影響の少ない39.2億年前より古い地殻が残された地域で、月の平均標高よりも3km高いので南部高地と呼ばれている。黄色の矢印は、インブリウムベイスンからの二次クレーターだ。

116 / 117

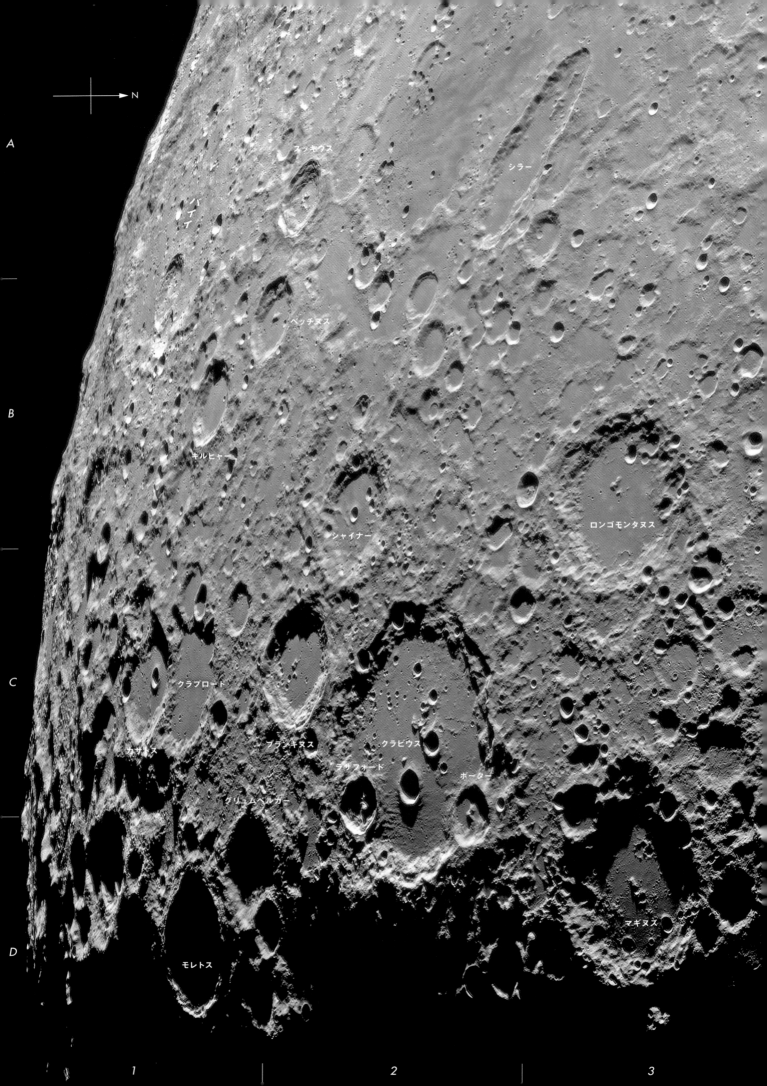

6-2 ティコ、クラビウス付近1（満月後）

左側は南部高地、右側は雲の海。この写真では高地と海の特徴がよくわかる。海は暗い溶岩が堆積し、クレーターはまばらで低い。一方、高地は明るく、大小さまざまなクレーターに覆われている。直径10km以上のクレーター数を比較すると、高地は海よりも数十倍ものクレーターがある。このことからアポロの着陸以前には、海は高地よりもはるかに若く、5億年前頃だと推定されていた。しかし、アポロが採集した海の溶岩の年代は三十数億年前。それ以前に激しい衝突は終わっていたのだ。

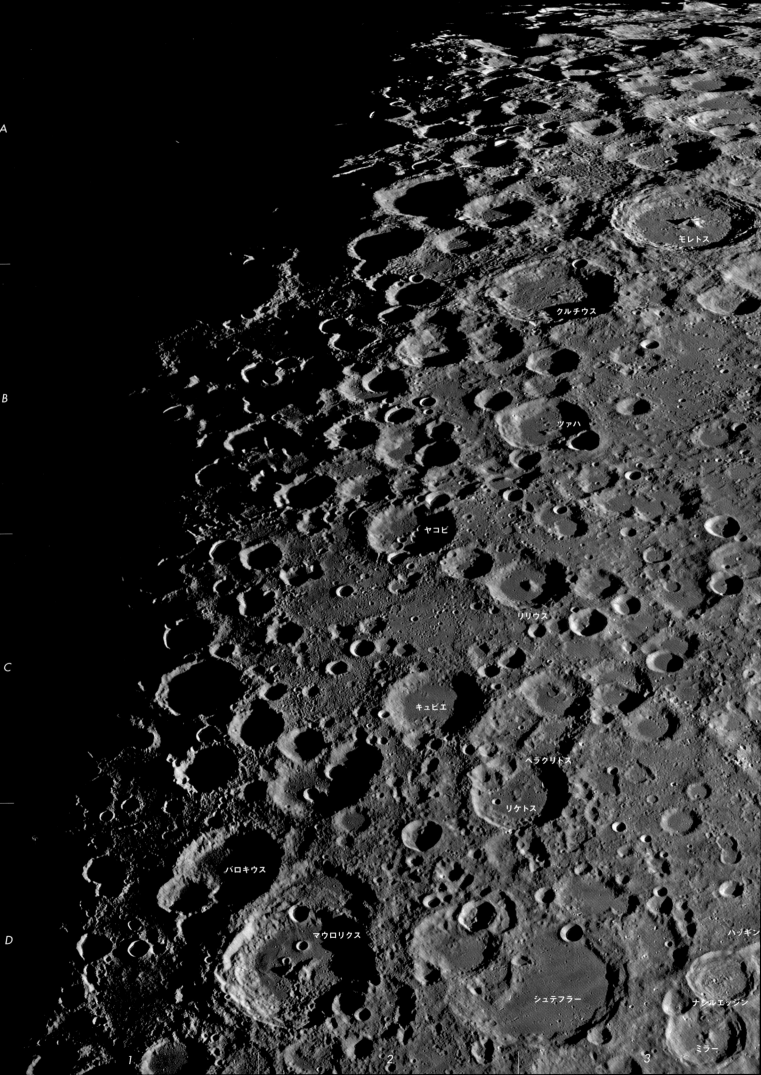

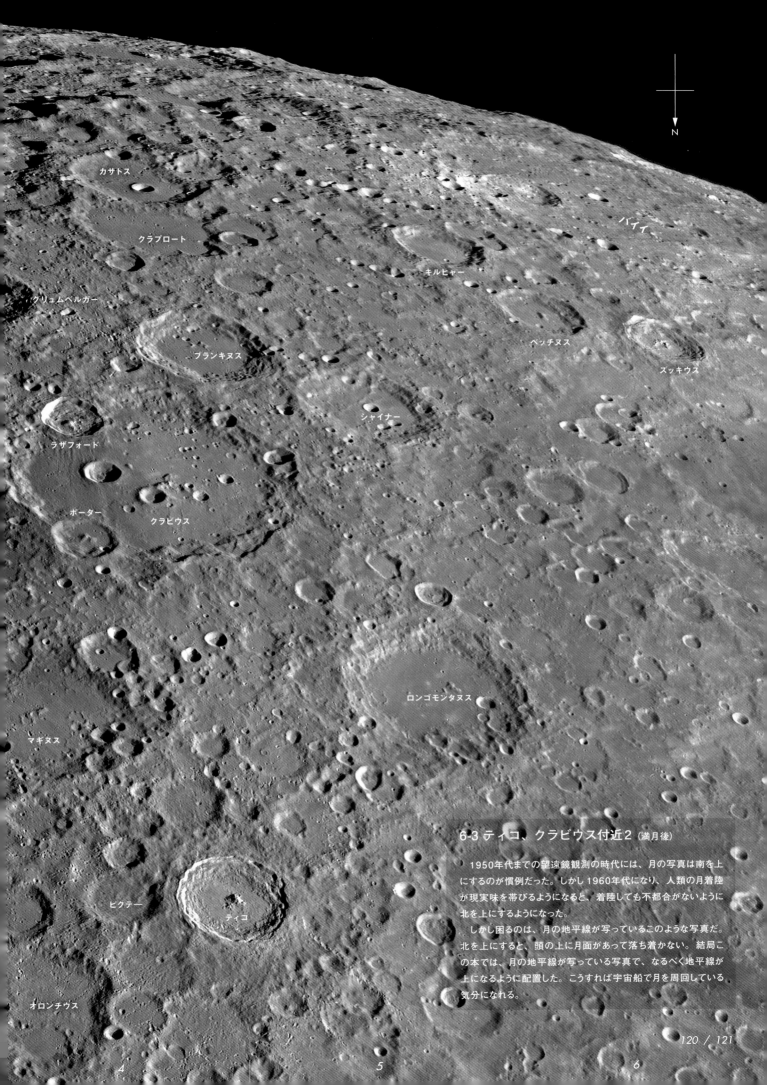

6-3 ティコ、クラビウス付近2（満月後）

　1950年代までの望遠鏡観測の時代には、月の写真は南を上にするのが慣例だった。しかし1960年代になり、人類の月着陸が現実味を帯びるようになると、着陸しても不都合がないように北を上にするようになった。

　しかし困るのは、月の地平線が写っているこのような写真だ。北を上にすると、頭の上に月面があって落ち着かない。結局この本では、月の地平線が写っている写真で、なるべく地平線が上になるように配置した。こうすれば宇宙船で月を周回している気分になれる。

120 / 121

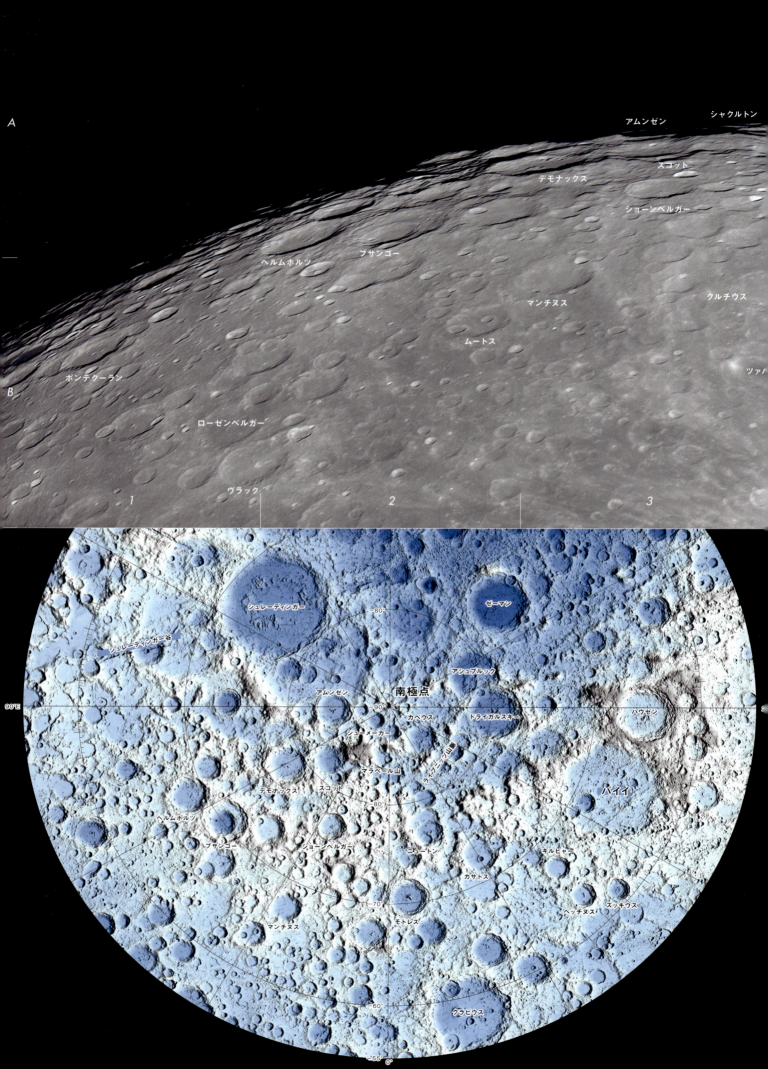

6-4 南極付近

　望遠鏡で月の南極・北極を観測するのは難しい。月は自転周期と公転周期が一致しているため地球に同じ面を向けているが、わずかに首振り運動（秤動：ひょうどう）をしている。南北方向には7°ずつ首を振るので、南極・北極を越えて最大7°裏側まで見えることになり、この時が観測の好機になる。もちろんこの地域が太陽に照らされていなければならないが、極端に圧縮されているので実際には南極・北極でさえ見るのが難しい。写真は満月直後で、南極を越えて6°まで裏側が見えている好期をねらって撮影したものだ。

　南極地域は地球から真横をのぞくことになるので、マラペール山、ライプニッツ山脈、M3、M4、M6の山塊や山脈などの起伏がよくわかる。もっともこれらの名称は国際天文連盟（IAU）で認められた公式名称ではなく、1960年代までの熱狂的な望遠鏡観測者たちが付けた通称だ。南極にこのような山塊・山脈があるのは、南極が月の裏側にある直径1,600kmもの巨大ベイスン、南極‐エイトケンベイスンの縁に位置するためだ。最近では南極で氷の存在の有無が話題になることが多い。このため2024年8月、マラペール山はIAUによって正式名称に認められた。

月の氷

　月の自転軸は公転軌道面に対して1.5°しか傾いていない。このため、月の南極・北極付近には永久に太陽光の当たらない地域、永久影がある。永久影の地域は2007年〜2009年の日本の「かぐや」、2009年から月を周回している米国のLROによって詳しく調べられた。永久影は－170℃に保たれ、水の氷が存在する可能性がある。氷の供給源は、月面に衝突する彗星や小惑星に含まれる水や、太陽風の水素が月の岩石と反応してできる含水鉱物だ。

　2018年、ハワイ大学や米国ブラウン大学の研究者は、2008年に打ち上げられたインドのチャンドラヤーン1号のデータを使って、永久影の3.5％に水が存在すると発表した。しかしどのくらいの水がどのような深さに分布するか、詳細については不明だ。極地にある水を使って月面基地の飲料水にするとか、電気分解によって得られた水素を火星に行くための燃料にする話題もあるが、私には夢物語のように思える。

地名解説【南部高地】

マギヌス 194km
p.118-D3, 121-C4

古いクレーターなので、欠け際にある時はくっきりしているが（p.118）、太陽高度が高くなるにつれてわかりにくくなる。西壁の不明瞭なクレーター群は、おそらくインブリウムベイスンからの二次クレーター。

ロンゴモンタヌス 157km
p.116-C3, 118-B3

古いクレーターだが、西側のやや小さなクレーター（120km）の上に重なる。このように小さなクレーターの上に大きなクレーターが重なるのは例外的。

クラビウス 231km
p.118-C2, 121-B4

形がはっきりしているので表側最大のクレーターと呼ばれるが、実際には壁が崩れているデランドル（234km）や、南東縁にあってわかりにくいバイイ（301km）の方が大きい。クラビウスの内部はオリエンタレベイスンからの放出物によって埋められている。

モレトス 111km
p.116-A2, 120-B3

光条はないが、ティコを一回り大きくしたようなエラトステネス代の大型クレーター。高緯度にあるために目立たないのが残念。

■ 南極地域のクレーターには、南極探検で活躍した探険家の名前が付けられている。

アムンゼン 101km
p.122-A3

アムンゼン（1872-1928）はノルウェーの探検家で、1911年12月14日、4人の隊員とともに初めて南極点に立った。一方、スコット（103km）は英国の探検家スコット（1883-1912）にちなみ、4人の隊員とともに南極点に立ったのはアムンゼン到着のわずか34日後。一番乗りができず、失望とともに帰路についたが、天候の悪化や食糧不足で全員が死亡した。

シャクルトン 19km
p.122-A3

南極点にある。シャクルトン（1872-1922）はアイルランドの探検家で、1914年8月、27人の隊員とともに南極大陸横断に出発した。途中、流氷に閉じ込められ、乗船していた船も破壊された。しかし2年後、全員を無事に南極大陸から脱出させて英雄となった。

ハウゼン 163km　65度 S、88度 W
p.123-B6, 162-D3

バイイのさらに西にある、エラトステネス代で最大のクレーター。段丘状の内壁と複雑な中央丘を持つ。名称はドイツの数学者 C.A.ハウゼン（1693-1743）にちなむ。

シューメーカー 51km
p.123-A4

南極のすぐ近くにある。シューメーカー（1982-1997）は月の地質学のパイオニアで、アメリカ地質調査所惑星地質部門の創設者。シューメーカー・レビー第9彗星の発見者でもある。彼の遺灰の一部は米国のルナ・プロスペクターによって月に運ばれ、1999年7月31日、地球以外の天体に葬られた最初で唯一の人となった。

ドライガルスキー 149km　79度 S、85度 W
p.123-A5

南極近くにあり、秤動によって見え隠れする先ネクタリス代の大クレーター。複雑な中央丘を持つ。名称はドイツ最初の南極遠征を主導した極地科学者 E.ドライガルスキー（1865-1949）にちなむ。

ニュートン 79km
p.120-A3, 123-A3

名前はアイザック・ニュートン（1642-1727）にちなむ。月の主な地形の名称は、リッチオリ（1598-1671）が1651年に発行した月面図で付けられた。ニュートンが活躍したのはその後だったので、モレトスの南にある古く目立たないクレーターに名前が付けられた。

ティコのサイズは次の通り：直径85km、周囲からリムまでの高さ3.4km、リムからクレーター底までの深さ4.7km、クレーター底から中央丘山頂までの高さ2.2km。ティコのリムのすぐ外側にはインパクトメルトが池のように堆積している。1968年1月10日、サーベイヤー7号は矢印のインパクトメルトの上に着陸した。

ティコに注目！

満月で一番目立つクレーターは、南部高地で光条を放つティコ（直径85km）だ。ティコは直径10km程度の小天体の衝突によって誕生し、衝突時の放出物によって多数の二次クレーターができた。二次クレーターはティコの縁から直径分離れた地域から出現し、p.116の写真では数百個もの二次クレーターが認められる。それより内側の領域は、ティコから低角度で投げ出された放出物や衝突熱によって融けたインパクトメルトが混沌とした状態で地表に沿って流れた物質からなり、満月の頃にはティコを取り巻く暗い隈のように見える。

光条は二次クレーターとほぼ同じ地域に現れる。光条はティコからの放出物やその二次クレーターからの放出物が月面に衝突してさらに細粒化した物質からできており、厚さは1m以下しかない。光条は時間が経つと、微小隕石の衝突によって周囲の月面物質と撹拌され、その輝きは失われる。

アポロ17号着陸地点（晴れの海）で採取されたティコの光条物質の年代測定から、ティコの形成は1億900万年前とわかった。小さなクレーターほど光条物質は薄いので、光条は短時間で消失する。デランドル内部にあるヘルQは直径3.6kmしかないのに光条が目立つのは、その形成年代が数百万年前ときわめて新しいためだ。

二次クレーターや光条の分布は、親クレーターを作った衝突天体の進入方向を推定するのにも役立つ。ティコとヘルQはいずれも西側に光条や二次クレーターを欠いているので、衝突天体は西側から20°～30°の浅い角度で衝突したことが推定される。

■ アポロ16号の着陸地点候補だったティコ

1972年春、次の着陸地点の候補地が議論されていた。月研究のまだ明らかにされていない最大の謎は、高地の組成と形成の時期だった。ティコはそれを探るのに最も適した場所だった。ティコのリム外側には着陸に適したインパクトメルトでできた平坦地があり、地下深くから掘り起こされた新鮮な岩石が容易に採取できる。実際に1968年にはサーベイヤー7号が着陸している。

科学者のグループはティコへの着陸を主張したが、この主張にNASA側は猛反対した。ティコは月の赤道から1300kmも離れ、そこに着陸するまでには従来のミッションよりもさらに多くの燃料を必要とする。さらに重要なのはティコへの軌道が自由帰還軌道からかなり外れていることだ。万一、軌道船に不調が起きた場合、アポロ13号のような救出方法は採れないことになる。このため、ティコへの有人探査は却下された。

■ インブリウムベイスンからの二次クレーター

ティコ（85km）やコペルニクス（96km）では、二次クレーターの最大直径は親クレーターの直径の1/20の直径5kmであることが多い。巨大クレーターともいえるインブリウムベイスン（雨の海の凹地：1,160km）やオリエンタレベイスン（930km）では、直径10km以上の二次クレーターは珍しくない。

p.116にインブリウムベイスンの二次クレーターの一部を矢印で示した。二次クレーターの特徴は数個以上のクレーターが連なり、その境界が不明瞭なことだ。これ以外にも写真にはベイスンの二次クレーターが多数あるので探してほしい。

■ ティコとチクシュルーブクレーターは兄弟？

地球-月系では最近1億年間、小天体の衝突頻度が増加しているように見える。直径50km以上のクレーターに限れば月ではティコ（1億900万年前）のみ、地球ではポピガイ（シベリア、直径90km、3,500万年前）と恐竜絶滅の原因となったチクシュルーブ（メキシコ、直径180km、6,600万年前）の2つだ。

2007年、Bottkeらはコンピューターシミュレーションによって1億6,000万年前、小惑星帯で直径170kmと直径60kmの小惑星同士の衝突があり、その破片が298バティスティーナ（直径40km、炭素質コンドライト組成）を筆頭とするバティスティーナ族の小惑星であることを発見した。チクシュルーブも炭素質コンドライト組成の小天体の衝突でできたことがわかっており、小天体はバティスティーナ族の小惑星だったことが確実視されている。ティコを作った小天体の組成は不明だが、バティスティーナ族の小惑星だった可能性が高い。ティコが恐竜絶滅に関わったクレーターの兄弟かもしれないと思うと、さらに親しみが湧く。

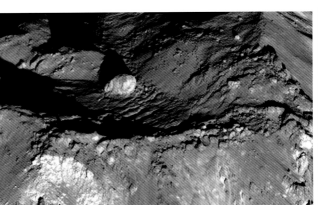

ティコ中央丘の山頂部にある巨岩。幅120mもあり、地球上でもこのような巨岩は珍しい。

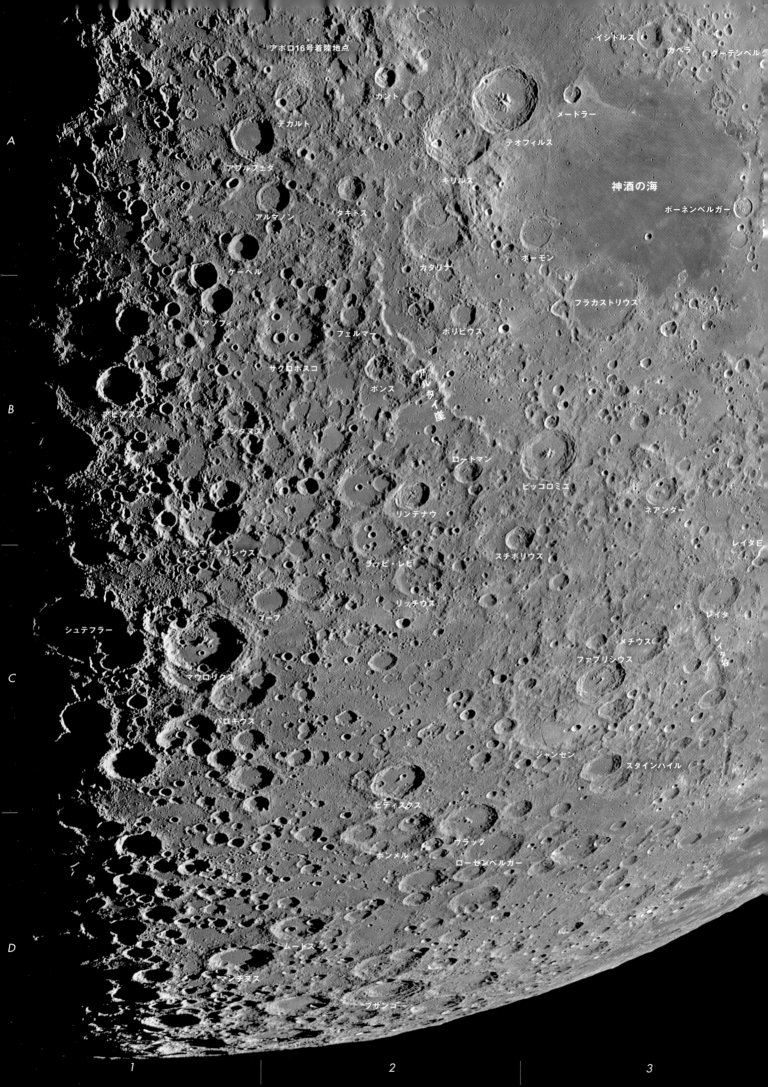

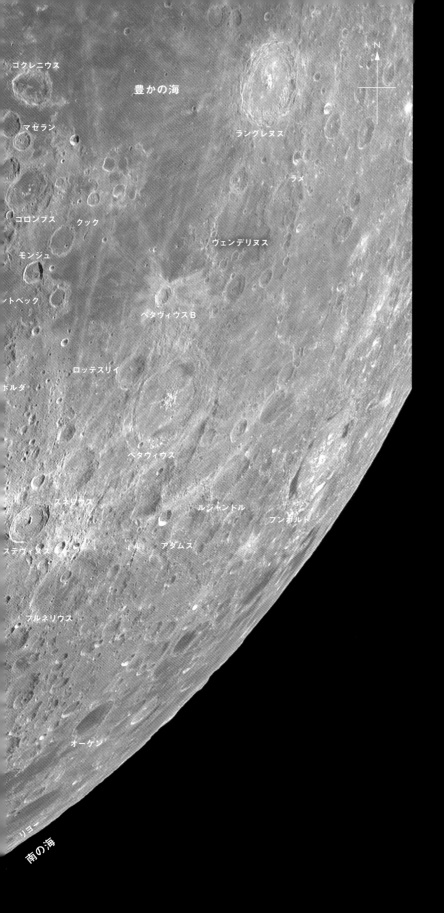

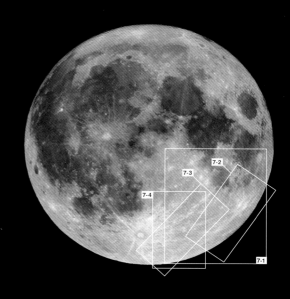

7. 南東部高地

7-1 典型的な高地（満月前）

「月の典型的な高地はどこ？」と質問されて、すんなり答えるのは難しい。表側の中央部のヒッパルコスやプトレマイオス付近は雨の海、晴れの海、雲の海に近く、それぞれのベイスンからの放出物によって大きく地形が変えられている。南西部のシッカルト付近はどうだろうか。北西には最新の巨大ベイスン、オリエンタレベイスンがあり、すぐ南側にはヒュモラムベイスン（湿りの海のベイスン）がある。月の裏側には典型的な高地が広がるが、望遠鏡で見ることができない。残された地球から見ることができる典型的な高地は経度0°付近の南部高地だけとなる（下図参照）。

左の上弦の写真の欠け際がほぼ経度0°。神酒の海の凹地、ネクタリスベイスンからの放出物や放出物によって削られたレイタ谷がよくわかる。よく見ると、レイタ谷のようなネクタリスベイスンから放射状の起伏がピッコロミニの付近には幾条もあることに気付くだろう。そこから少し離れた下図の暗灰色の地域が、典型的な高地となる。

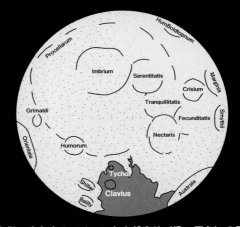

表側に分布するベイスンと南部高地（濃い灰色）の関係。南部高地だけがベイスンからの放出物に覆われていない。
（出典：C.A.Wood, 2003）

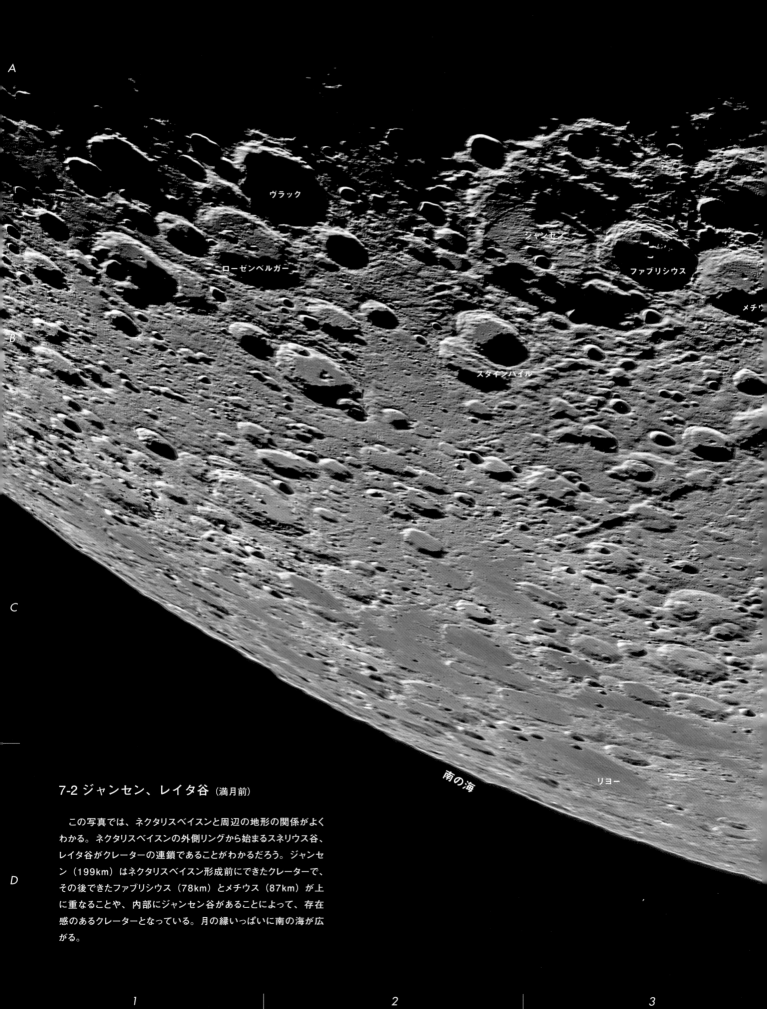

7-2 ジャンセン、レイタ谷 (満月前)

　この写真では、ネクタリスベイスンと周辺の地形の関係がよくわかる。ネクタリスベイスンの外側リングから始まるスネリウス谷、レイタ谷がクレーターの連鎖であることがわかるだろう。ジャンセン (199km) はネクタリスベイスン形成前にできたクレーターで、その後できたファブリシウス (78km) とメチウス (87km) が上に重なることや、内部にジャンセン谷があることによって、存在感のあるクレーターとなっている。月の縁いっぱいに南の海が広がる。

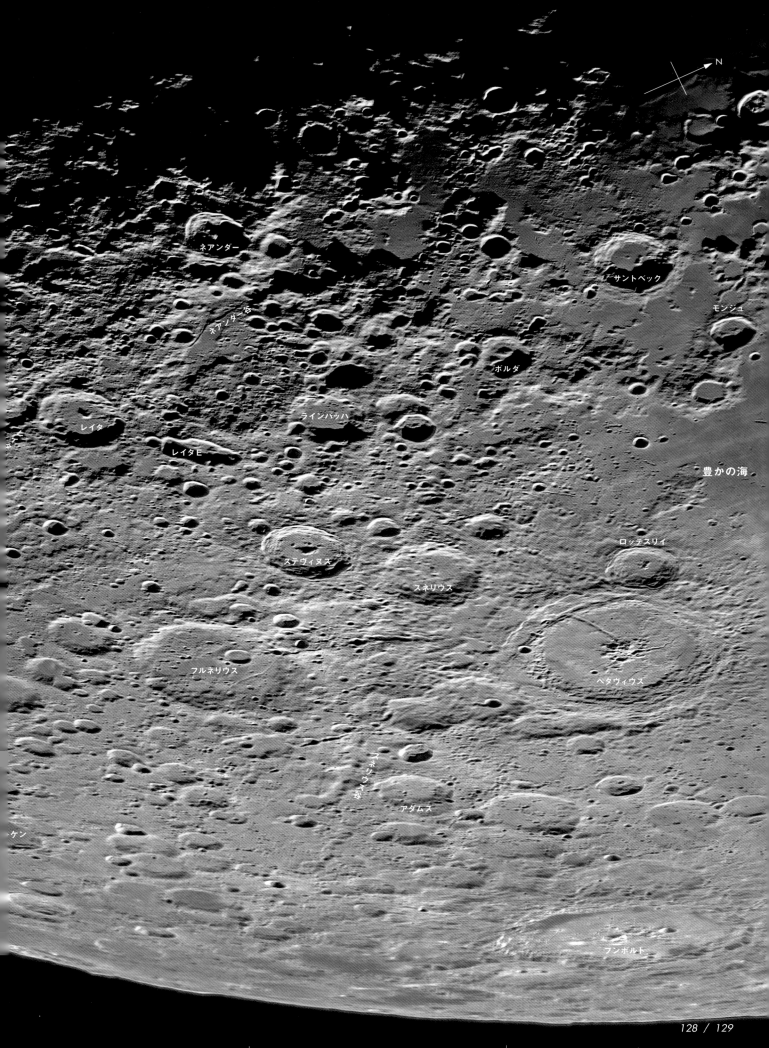

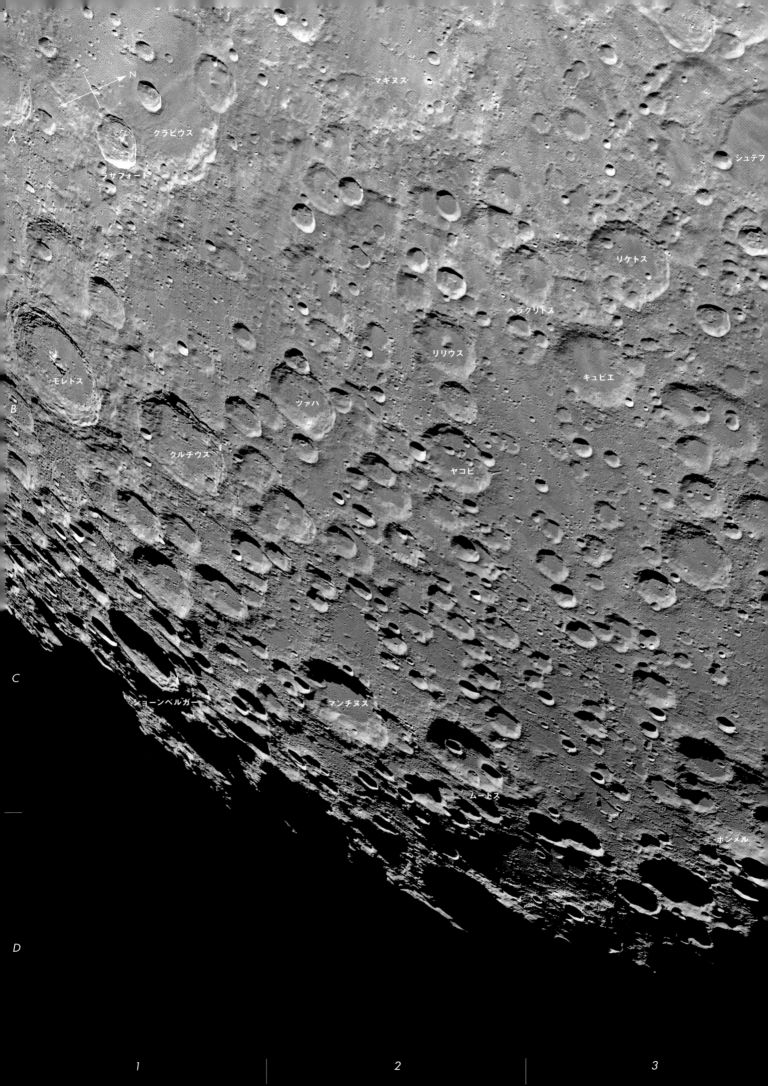

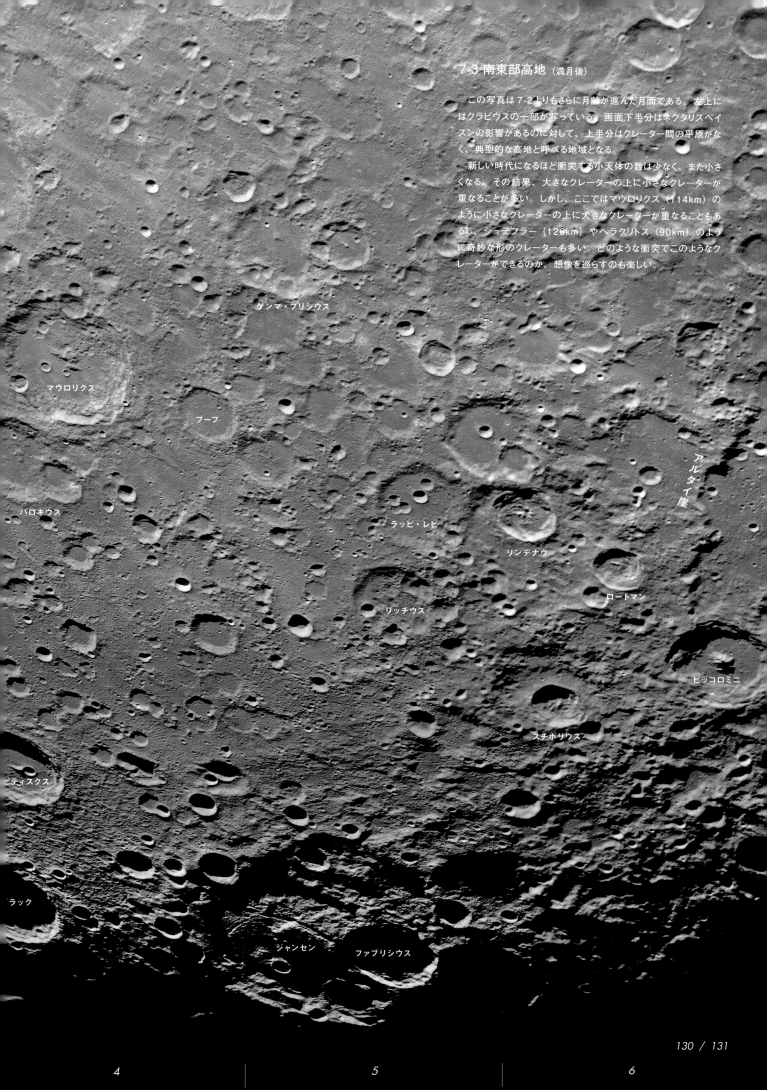

7-3 南東部高地 (満月後)

この写真は 7-2 よりもさらに月齢が進んだ月面である。左上にはクラビウスの一部が写っている。画面下半分はネクタリスベイスンの影響があるのに対して、上半分はクレーター間の平原がなく、典型的な高地と呼べる地域となる。

新しい時代になるほど衝突する小天体の数は少なく、また小さくなる。その結果、大きなクレーターの上に小さなクレーターが重なることが多い。しかし、ここではマウロリクス（114km）のように小さなクレーターの上に大きなクレーターが重なることもあるし、シュテフラー（120km）やヘラクリトス（90km）のように奇妙な形のクレーターも多い。どのような衝突でこのようなクレーターができるのか、想像を巡らすのも楽しい。

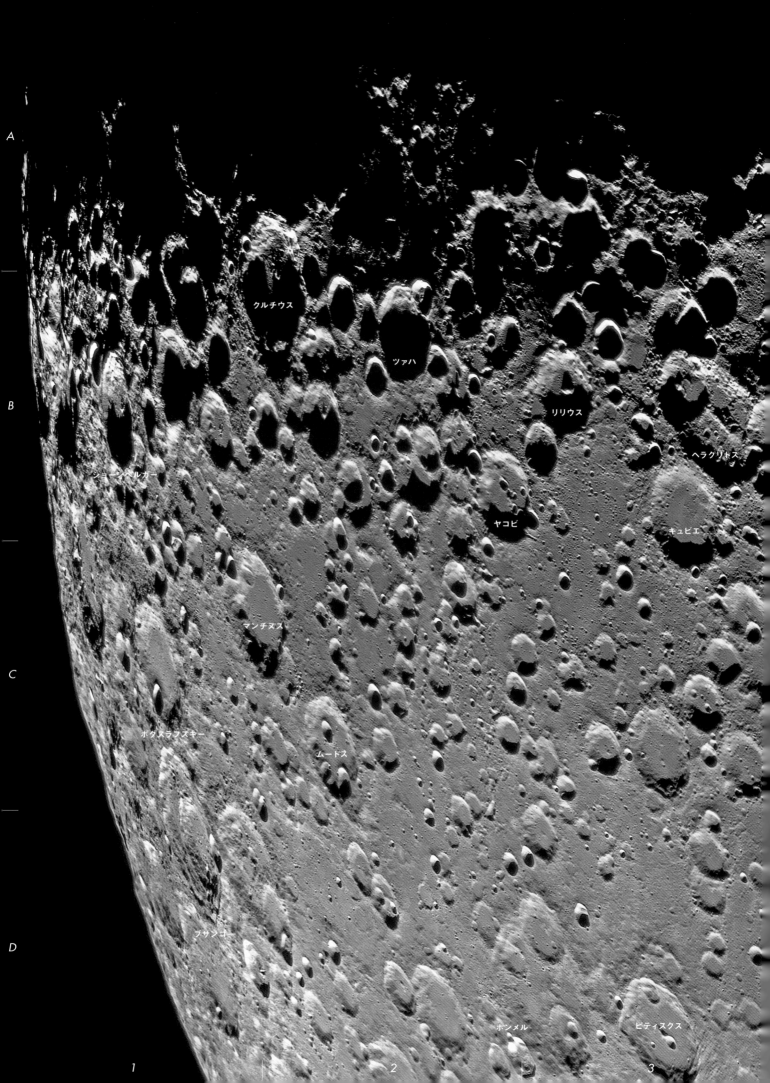

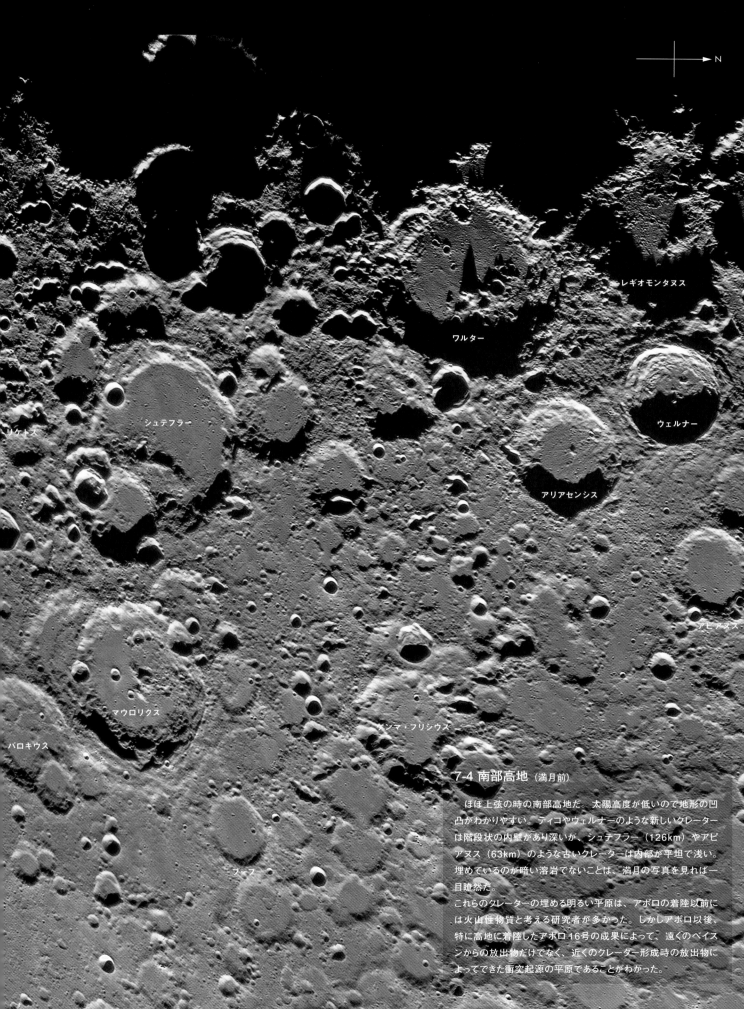

7-4 南部高地（満月前）

　ほぼ上弦の時の南部高地だ。太陽高度が低いので地形の凹凸がわかりやすい。ティコやウェルナーのような新しいクレーターは階段状の内壁があり深いが、シュテフラー（126km）やアピアヌス（63km）のような古いクレーターは内部が平坦で浅い。埋めているのが暗い溶岩でないことは、満月の写真を見れば一目瞭然だ。

　これらのクレーターの埋める明るい平原は、アポロの着陸以前には火山性物質と考える研究者が多かった。しかしアポロ以後、特に高地に着陸したアポロ16号の成果によって、遠くのベイスンからの放出物だけでなく、近くのクレーター形成時の放出物によってできた衝突起源の平原であることがわかった。

地名解説【南東部高地】

ジャンセン　199km
p.128-B3, 131-D5

7-2（p.128）を参照。ジャンセン（1824-1907）はフランスの天文学者。1868年に太陽光にヘリウムのスペクトル線を発見。1874年には金星の日面通過を長崎市金比羅山で観測した。

ステヴィヌス　72km
p.127-B4

ペタヴィウスの南西にある、コペルニクス代の非常に明るいクレーター。クレーター密度年代は8億年でほぼコペルニクスと同じ。いずれも、小惑星帯で8億年前の衝突で作られたオイラリア族から供給された小天体の衝突によってできた可能性がある。

月面X
p.133-A6, 194-C2

プールバッハ、ラ・カーユ、ブランキヌスのクレーター壁によってできた地形が、上弦近くの欠け際にある時にローマ字のXに見えることから月面X、あるいはウェルナーの近くにあることからウェルナーXと呼ばれる。2004年にD.チャップマンが提唱した。どのような地形がXに見えるかは13-2（p.194）を参照。

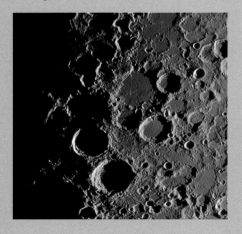

ウェルナー　71km
p.133-B6, 194-C2

光条は持たないが新鮮なクレーター。北側の内壁上にきわめて新鮮な直径2kmのクレーターがあり、満月時には明るく輝く。

フルネリウス　135km
p.129-C4, 189-C6

ラングレヌスとほぼ同じ大きさだが、はるかに古いクレーター。内部には谷と多数の小クレーターがある。

ブサンゴー　142km
p.132-D1

クレーターの真ん中に偶然の衝突によってクレーターができた、珍しい二重クレーター。

ヘラクリトス　247km
p.130-B3, 132-B3

恐らく斜め衝突によってできた楕円クレーター。その後、内部南側と外部北側への衝突があって、複雑な形となった。

レイタ E　80km×30km
p.126-C3, 129-B4

おそらくシラーのように斜め衝突によってできたクレーター。

ネアンダー谷　77km
p.129-B4

長い間気付かれなかった、ベイスンの堆積物を横切る断層。

スネリウス谷　592km
p.129-C5

ネクタリスベイスンからの二次クレーターからなる谷。東南東に延びているために影ができにくいので、レイタ谷ほどは目立たない。

レイタ谷　445km
p.126-C3, 129-B4

ネクタリスベイスンからの二次クレーターからなる谷。谷の近くにあるレイタ（70km）から命名。

南の海
p.127-D4, 128-D2

ネクタリスベイスンよりも古いベイスン、オーストラレベイスン（直径880km）形成後、その中に多数のクレーターができた。引き続きクレーターを部分的に溶岩が埋めてできたのが南の海で、全面を溶岩で埋められた表側の海とは異なる。南の海は、口径9.4cmの屈折望遠鏡で世界最初に精密な月面図を作ったドイツのメードラー（1794-1874）が1837年に命名。

リヨー　132km
p.127-D4, 128-D3

大きいが、南東縁にあって溶岩に埋められているので、探すのが困難なクレーター。南縁にある3つの小クレーターを目印にするとよい。リヨー（1897-1952）はフランスの天文学者でコロナグラフの発明者。

オーケン　71km
p.127-C4, 129-C4

南の海の西端にあり、クレーター自体は古いが内部が溶岩で埋められているので見つけやすい。

南の海

クレーター年代学とは

アポロが持ち帰った岩石試料の放射年代測定によって、月の高地は39億〜44億年前、月の海は二十数億〜39億年前に形成したことが明らかになった。しかし、それはアポロ着陸地点周辺のごく限られた地域の年代だった。それ以外の地域の年代を知る手がかりとなるのがクレーター年代学である。

現在では、月のクレーターの大部分は衝突によってできたクレーターであることがわかっている。クレーター年代学は「古い地層ほどその上に重なる衝突クレーター数は多い」という原理に基づく。

月の海を眺めると、小さなクレーターは数多くあり、大きなクレーターほどその数が減少ない。例えば、神酒の海では10万km^2あたり直径1km以上のクレーターは約4,000個、直径10km以上のクレーターは40個、直径100km以上のクレーターは0.4個だ。すなわち直径が10倍増すごとに、クレーター数は100分の1という関係がある。模式的に表すと図1の表面2のようになる。さらに古い時代にできた高地ではこの直線は表面1、新しい時代にできた雨の海では表面3のようになる。いずれの直線でも、小さなクレーターになるとクレーター数の増加は頭打ちになる。これは、新しくできるクレーターが古いクレーターを破壊する「衝突クレーターの平衡」があるためだ。

二次クレーターの存在にも注意しなければならない。二次クレーターは衝突でクレーターが形成される時に、飛び散った岩塊によってできるクレーターだ。二次クレーターは、①直径は親クレーターの直径の25分の1以下、②群れをなす、③斜め衝突でできるために円形でないことが多い、④親クレーターから離れるほど上位になるように重なる、などの特徴がある。クレーター密度年代を求める時、二次クレーターには注意して除外しなければならない。

月では、アポロ着陸地点の6個所、ソ連の無人探査機「ルナ」の3個所、中国の無人探査機「嫦娥」の2個所に加えて、コペルニクスとティコではその放出物をアポロ12号とアポロ17号が採取し、放射年代値が求められている。それぞれの場所ではクレーター密度年代も測定されており、例えば直径1km以上のクレーターは何個ということがわかっている。

図2の横軸は現在からさかのぼった10億年単位の年代、縦軸の左目盛りは100万km^2当たりの直径1km以上のクレーター数、右目盛は直径10km以上のクレーター数だ。35億年以上より古いと直径1kmのクレーターは飽和しているので、左目盛りを使う。その結果、図で示したような曲線が描ける。

地球や月が形成した45億年前から最初の5億年間は衝突が凄まじく、クレーター密度からは年代が決まらないが、40億〜30億年前になると曲線の勾配は緩くなって、曲線から年代を求めることができる。特にこの時期は海の溶岩の噴出が盛んだった頃なので、クレーター年代学によって1,000万年の精度で海の溶岩噴出の年代を求めることができる。

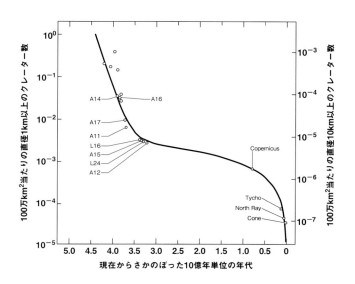

図1 クレーターの直径とクレーター数の関係。月の表面では大きなクレーターほど数が少なく、小さなクレーターほど数が多い。この関係ではクレーターが密集した月の高地（表面1）でも、クレーター数の少ない海（表面3）でも成り立つ。表面1、表面2、表面3の位置によってその表面の年代の新旧が推定できる。（出典：Greeley, 1994）

図2 クレーター密度と年代との関係。月周回機によって得られたクレーター密度と、地球に持ち帰られた岩石の放射年代によって得られたクレーター密度と、その表面の年代との関係。
（出典：Neukum et al. 2001）

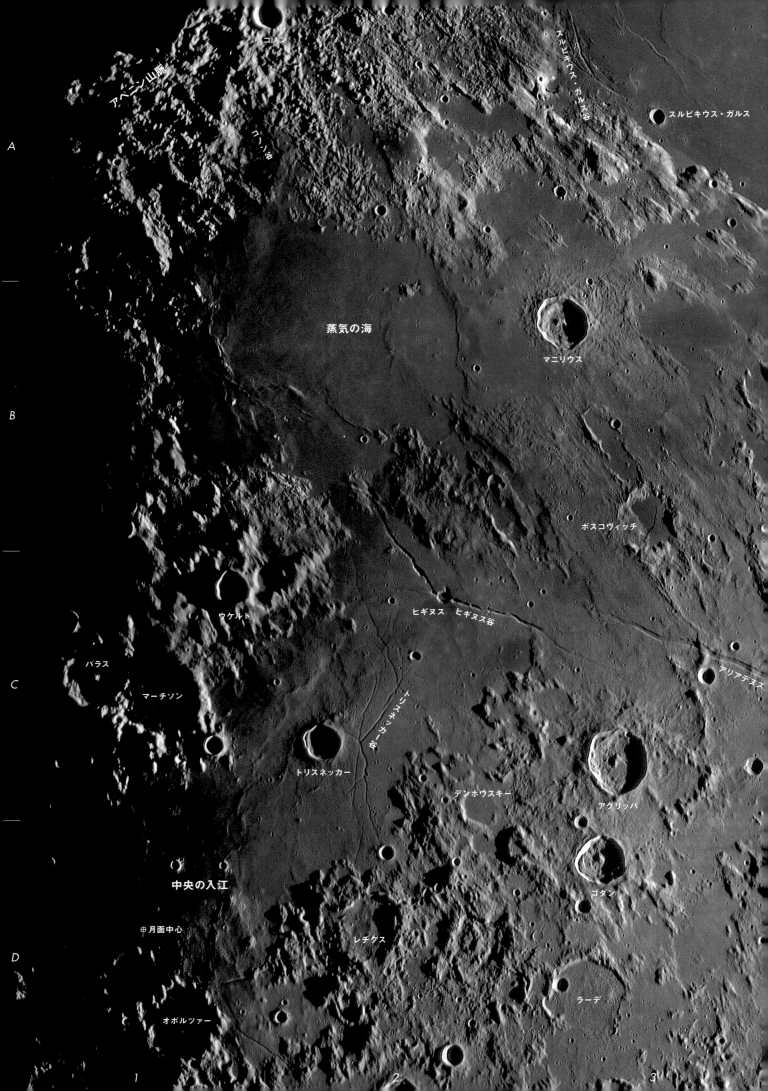

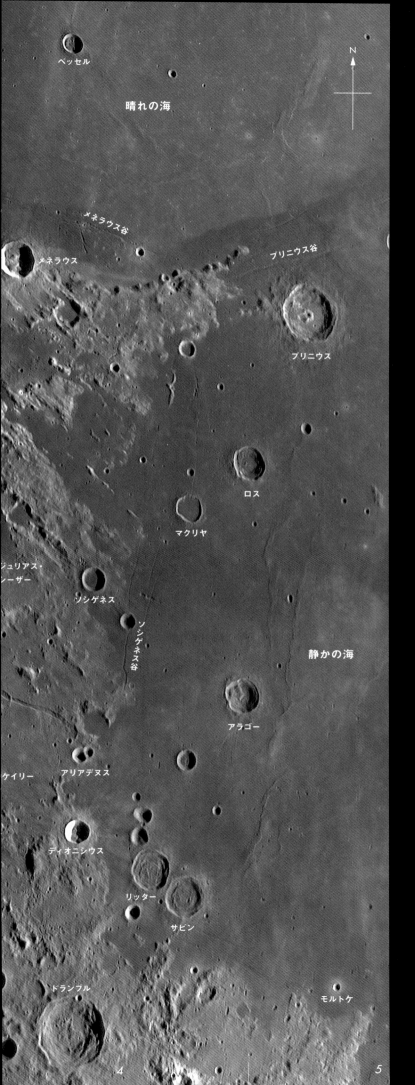

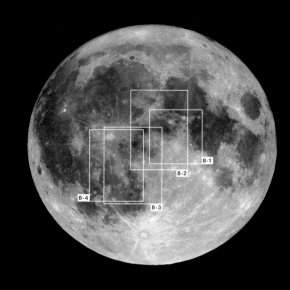

8. 中央部

8-1 中央の入江付近（満月後）

　地球から見た月面中心、つまり月の緯度0°・経度0°にあるのが中央の入江だ。月面中心に目立った地形はないので、トリスネッカー（26km）とハーシェル（40km）の中間にあると覚えておくのがよい（p.138）。月面中央部のこの地域には、さまざまな谷が見られる。口径10cmの望遠鏡でも見られるのがアリアデヌス谷、ヒギヌス谷、トリスネッカー谷の3つの谷。谷の名前は近くにあるクレーターにちなんで付けられるが、クレーターよりも谷の名前の方が有名なことも多い。アリアデヌス谷は全長247kmの月面を代表する谷なのに、名前の由来となったアリアデヌスは谷の東端にある直径11kmの目立たない小クレーターだ。アリアデヌス谷は幅5km・深さ400mの地溝で、南北方向の引っ張りによってできた構造性の谷である。高地や海を横切り、中央部で5kmオフセットしている。

　トリスネッカー谷は、細い谷が南北方向に複雑に入り組んだ谷だ。トリスネッカーのすぐ東は周囲よりも200m高い。この地下に直径数十kmのレンズ状マグマが貫入し、地表を持ち上げてできた割れ目らしい。

　ヒギヌス谷は、ヒギヌス（9km）から北西と東南東にそれぞれ100km以上も伸びる谷だ。東南東に伸びる谷はアリアデヌス谷と平行して走る地溝だ。しかし北西に延びる谷は様子が違い、谷の中に10個以上の小クレーターが連なる。このような多数のクレーターは、谷の中に偶然小天体が衝突してできるとは考えにくいので、地溝の形成に伴う火山性クレーターだと考えられる。直径2km以上の火山性クレーターはカルデラと呼ばれるので、直径9kmのヒギヌスクレーターはカルデラだ。洞爺湖を形作る洞爺カルデラとほぼ同じ大きさだ。ヒギヌスは、キャンセルされたアポロ19号の着陸候補地点に選ばれていた。

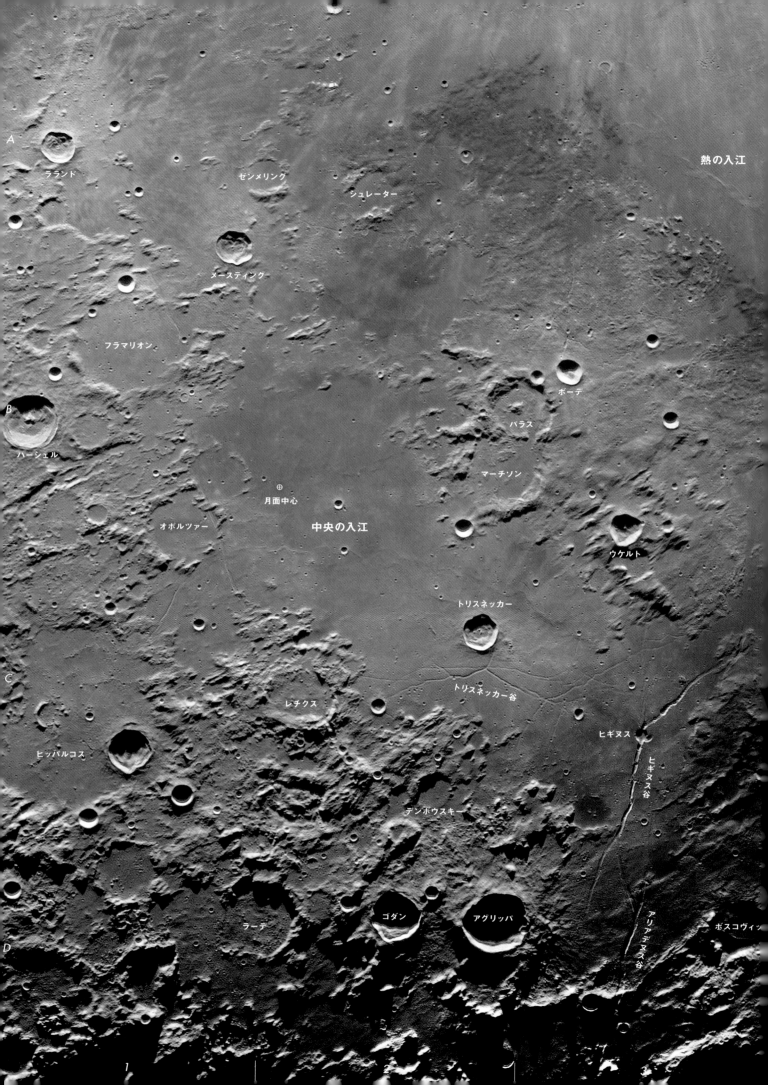

8-2 蒸気の海、中央の入江、熱の入江（満月前）

中央の入江とアペニン山脈の間にあるのが蒸気の海。直径245kmの古い大クレーターに溶岩が堆積した小さな海で、中央の入江とくらべて小クレーターが少ないことから、二十数億年前の、月としては新しい溶岩に覆われていることがわかる。

熱の入江〜蒸気の海、蒸気の海〜ヒギヌス谷の間には、地形の高低に関係なく暗い堆積物が覆っている。これは三十数億年前、高さ数百mもの溶岩のしぶきをまち散らした噴火の産物だ。満月の写真ではシミのような黒い堆積物の分布がよくわかる。

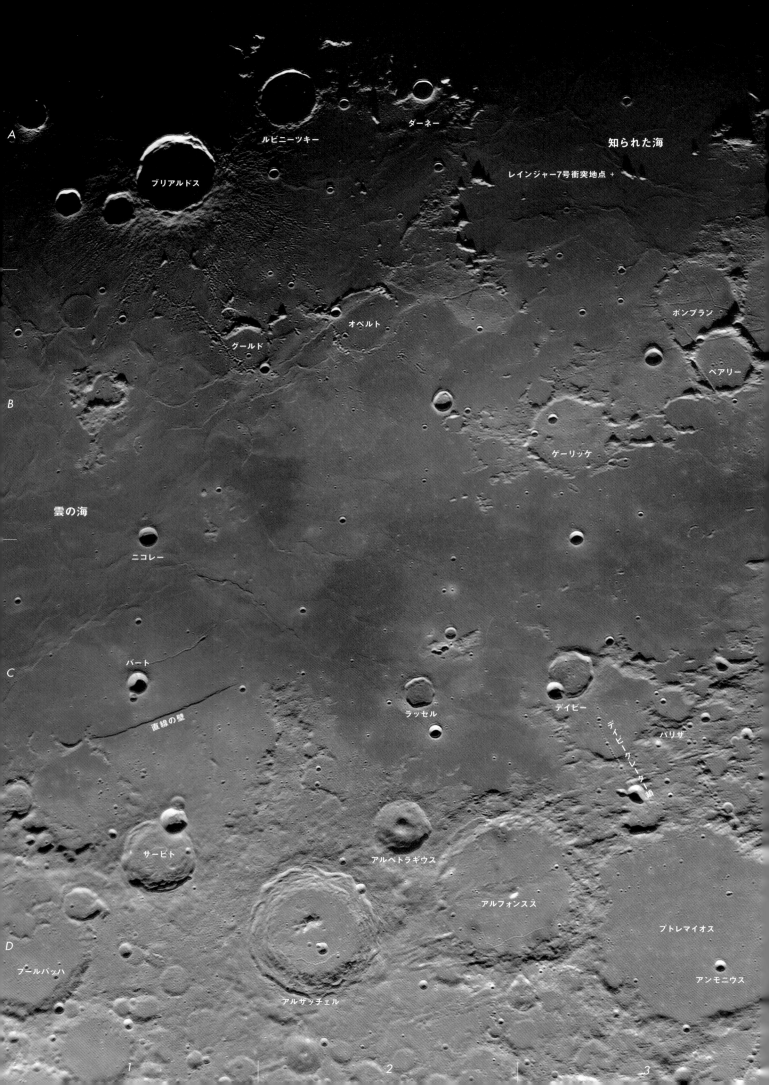

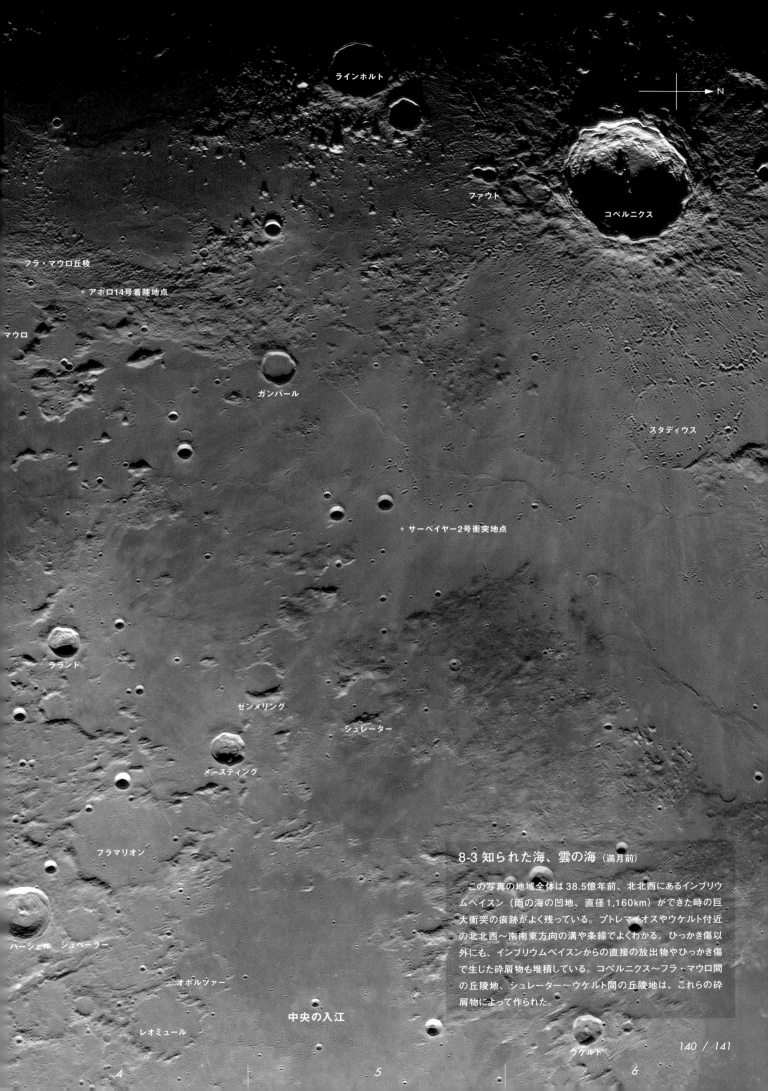

8-3 知られた海、雲の海（満月前）

この写真の地域全体は38.5億年前、北北西にあるインブリウムベイスン（雨の海の凹地、直径1,160km）ができた時の巨大衝突の痕跡がよく残っている。プトレマイオスやウケルト付近の北北西〜南南東方向の溝や条線でよくわかる。ひっかき傷以外にも、インブリウムベイスンからの直接の放出物やひっかき傷で生じた砕屑物も堆積している。コペルニクス〜フラ・マウロ間の丘陵地、シュレーター〜ウケルト間の丘陵地は、これらの砕屑物によって作られた。

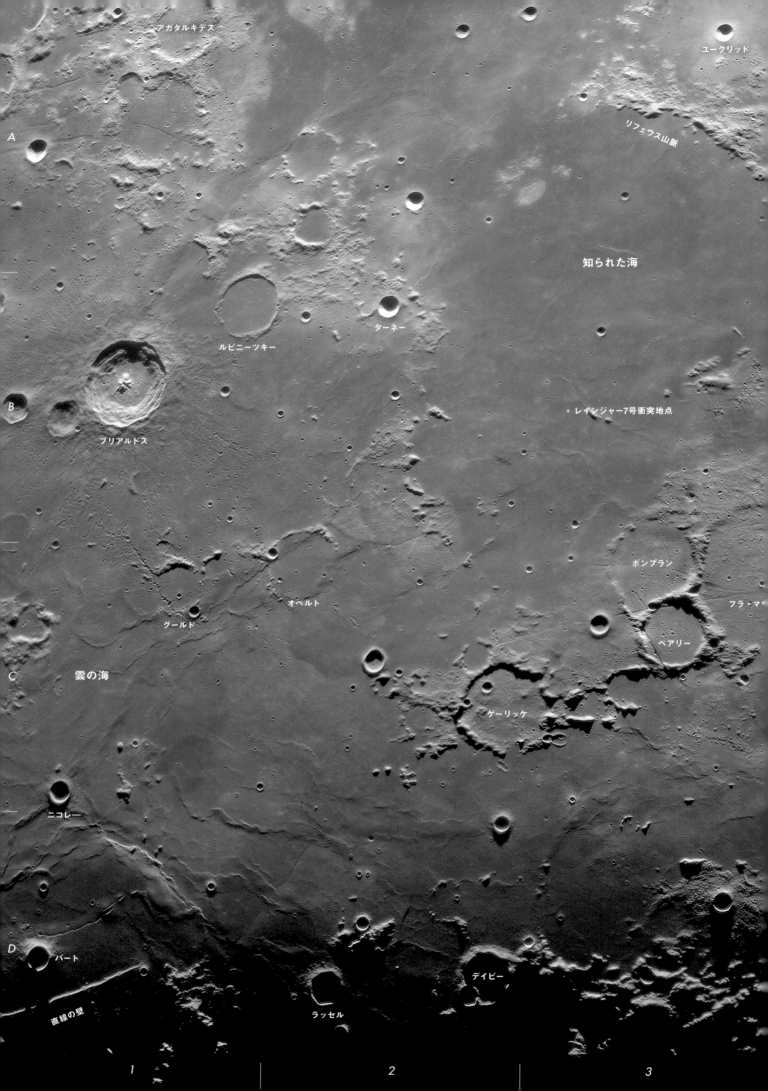

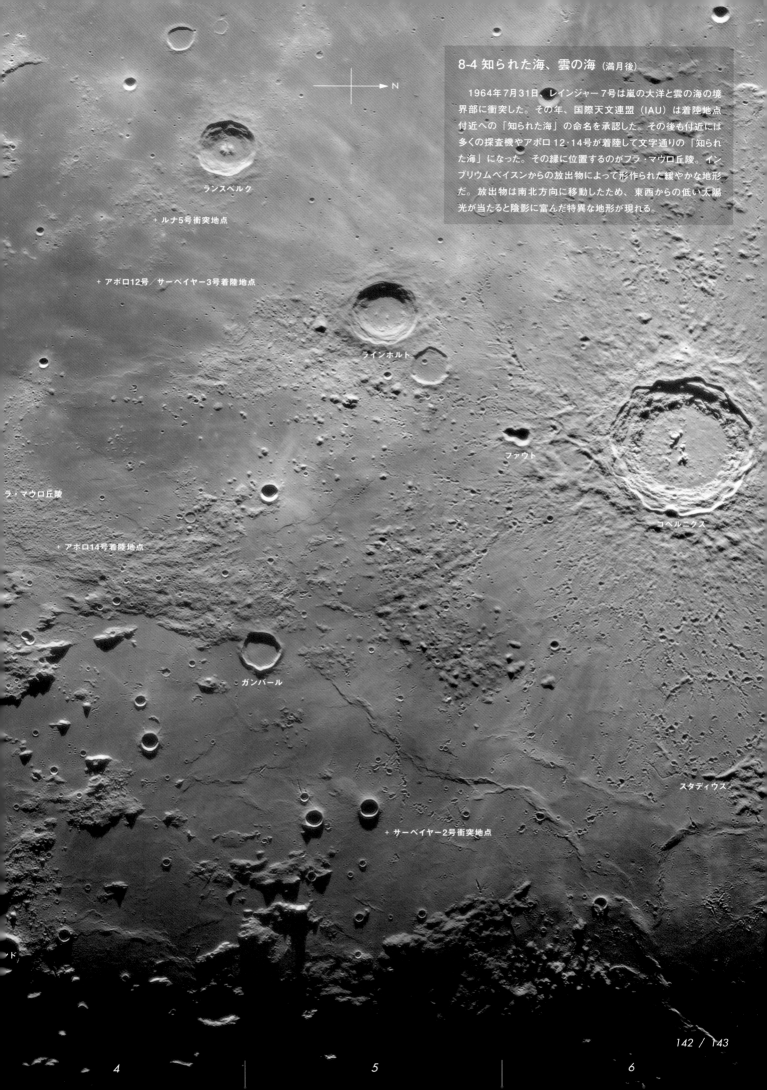

8-4 知られた海、雲の海（満月後）

1964年7月31日、レインジャー7号は嵐の大洋と雲の海の境界部に衝突した。その年、国際天文連盟（IAU）は着陸地点付近への「知られた海」の命名を承認した。その後も付近には多くの探査機やアポロ12・14号が着陸して文字通りの「知られた海」になった。その縁に位置するのがフラ・マウロ丘陵。インブリウムベイスンからの放出物によって形作られた緩やかな地形だ。放出物は南北方向に移動したため、東西からの低い太陽光が当たると陰影に富んだ特異な地形が現れる。

地名解説【中央部】

ヒギヌス 9km　ヒギヌス谷 長さ219km
p.136-C2, 138-C3

この地域では、まず地下深くから板状のマグマが垂直に上昇して、地表浅くまで達して地溝ができた。マグマはさらに上昇して、揮発性物質に富んだマグマは発泡して爆発的な噴火となり、多数の火口が形成された。ヒギヌス自身も衝突クレーターに見られる縁の盛り上がりがなく、南側に黒い噴出物をまき散らしているので、特に爆発力の大きかった場所だったと考えられる。

アリアデヌス谷 247km
p.136-C3, 138-D3

長さ220km、幅5km、深さ400mの地溝。中央部で南北に約5km食い違っている。谷の方向がヒギヌス谷の方向と一致しているのは、成因に関係があるのかもしれない。

トリスネッカー谷 215km
p.136-C2, 138-C2

トリスネッカー（26km）の東に隣接する、南北に伸びる谷幅1.5km以下の繊細な谷の集合体。トリスネッカー谷はトリスネッカーの放出物に覆われているので、谷の方が古い。トリスネッカー谷はその地下にマグマが貫入して地表を押し広げたが、マグマは地表まで達しなかったと推定される。

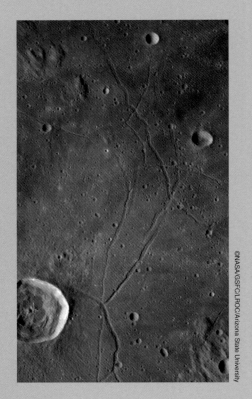

ゴダン 34km
p.136-D3, 138-D2

アグリッパの南にある、おむすび形の新鮮なクレーター。控えめな光条を持つ。クレーター密度年代は7.8億年。

アグリッパ 44km
p.136-C3, 138-D2

アリアデヌス谷の南にあり、目立つクレーター。古代ローマの軍人・政治家・建築家のアグリッパ（BC63-BC12）にちなむ。建築家としては、パンテオン神殿や古代ローマ初のテルマエ（大型公衆浴場）であるアグリッパ浴場などの作品がある。

フラ・マウロ丘陵　長さ290km　幅70km　高低差350m
p.141-B4, 143-B4

ガンバール（25km）からフラ・マウロ（97km）に至る、南北の筋状の起伏に富む丘陵地。インブリウムベイスンからの放出物によって全体が激しく打撃を受け、放出物に覆われた。このことは1893年、アメリカ地質調査所の初代所長ギリバートによって見抜かれていた。その後、西部には溶岩が堆積した。アポロ14号は1971年2月5日、フラ・マウロのすぐ北に着陸した。

島々の海 512km
p.68-C2, 70-B2

元々、ピタトスからコペルニクスまでの海の地域が雲の海だった。しかし1970年初め、コペルニクス付近を中心とする新しいベイスンが提唱された。これとほぼ同時期にアポロ12号がこの付近に着陸したこともきっかけとなって、コペルニクス〜カルパチア山脈〜〜ケプラー〜ランスベルクで囲まれる地域を島々の海と呼ぶようになった（1976年にIAUで承認）。

知られた海 350km
p.140-A3, 142-A3

1964年7月31日、月探査機レインジャー7号は世界で初めて4,000枚以上の画像を送信。衝突直前には1m以下のものまで撮影して、嵐の大洋と雲の海の境界部に衝突した。これを記念して、衝突地点を含むリフェウス山脈〜フラ・マウロ丘陵〜ダーネー（15km）で囲まれる海は「知られた海」と命名された（1964年にIAUが承認）。

雨雲の沼 250km
p.66-B3

リッチオリが嵐の大洋、雨の海、湿りの海、雲の海など、現在使われるほとんどの海に名前を付けたのは1651年のこと。彼は中央の入江とフラ・マウロ丘陵の間の海に、雨雲の沼（Palus Nimborum：Marsh of Rain clouds）と名付けた。しかしその後、はっきりとした外形を持たないこの地域にこの名称は用いられず、無名のまま現在に至っている。

蒸気の海 242km
p.136-B2, 139-C4

直径242kmの古い大クレーターに溶岩が堆積した小さな海で、中央の入江とくらべて小クレーターが少ないことから、二十数億年前の、月としては新しい溶岩に覆われていることがわかる。

リフェウス山脈 190km
p.142-A3, 198-A5

知られた海の北西を境する山脈。ヌビウムベイスン（雨の海の凹地）の外側リングの一部かもしれない。地球の現在のウラル山脈にちなんで命名された。

ボーデ谷とDMD
p.139-4B

中央の入江〜熱の入江間のインブリウムベイスン放出物は、海よりも暗い暗黒物質DMD（p.105参照）がまき散らされている。その給源の割れ目火口がボーデ谷（長さ86km、深さ200m）。DMDは噴火で空中に巻き上げられた細粒物質が月面に積もったもの。この地域は月最大のDMD堆積地域で、DMDが高地・海に関係なく降り積もっている。

嵐の大洋はアメリカの無人・有人着陸地点

column 8

■ アポロ12号とサーベイヤー3号の再会

　1966年5月30日、サーベイヤー1号は嵐の大洋に着陸した。続くサーベイヤー2号は中央の入江への着陸を目指したが、中間軌道修正に失敗して9月23日コペルニクス近くに衝突。続くサーベイヤー3号は1967年4月17日、嵐の大洋の島々の海に着陸した。

　2回目の月着陸を目指すアポロ12号の目標地点は、サーベイヤー3号の着陸地点のすぐそばに設定された。アーウィン操縦士は1969年11月19日、最終段階は手動操作によって、サーベイヤー3号から180mしか離れていない平坦地を選んで、着陸船イントレピットを着陸させた。

　2024年1月25日、日本の無人探査機SLIMは神酒の海のテオフィルスクレーターのすぐそばに着陸した。着陸は、あらかじめ撮影されていた画像と画像照合して、目標地点から100m以内の場所への着陸だった。しかし55年前、アポロ12号は人間の眼と手動の操縦操作によってサーベイヤー3号の間近に着陸し、撮影装置を地球に持ち帰った（現在、ワシントンの航空宇宙博物館で展示されている）。このことを振り返ると、当時のアポロを支えていた人々の偉業には感嘆せざるを得ない。

　アポロ12号は400km離れたコペルニクスからの光条物質を採取し、コペルニクスの衝突年代が8.1億年前であることを示した。また付近の溶岩の噴出年代は31.6億年前で、アポロ11号が採取した静かの海の溶岩（34億年前）よりも若いことを明らかにした。

■ アポロ14号の着陸地点、フラ・マウロ丘陵

　アポロ11号、12号、13号、14号では、いずれも月の赤道にごく近い着陸地点が設定されていた。これは着陸できなくともわずかな燃料で地球まで戻れる自由帰還軌道と、それをわずかに修正した混成軌道を採用したためである。アポロ14号の着陸地点は、アポロ13号が着陸を果たせなかったフラ・マウロ丘陵が選ばれた。

　ゲーリッケ、ペアリー、ボンプラン、フラ・マウロとその北側の地域はフラ・マウロ丘陵と呼ばれている。19世紀後半、イギリスの月面地図作製者グードエーカー（1856-1938）はフラ・マウロ丘陵を「破壊的な力によって侵食・埋没した廃墟」と形容した。アメリカ地質調査所初代所長ギルバードはこれを、インブリウムベイスンの放出物によって浸食・堆積した地形であることを見抜いた。アポロ14号の着陸地点としてフラ・マウロ丘陵を選んだのは、当時ミッション計画者であったアメリカ地質調査所のシューメーカーとハックマンだった。フラ・マウロ丘陵では、今までの海とは違うインブリウムベイスンの痕跡が採れるはずだと。

　1971年1月31日、アポロ14号の着陸船アンタレスで月面に降りたシェパードとミッチェルは、二輪車を引きながらインブリウムベイスン起源と推定される白く崩れやすい岩石を採取した。それらはインパクトメルトによって固められた岩片の集合体のような複雑な岩石が多く、インブリウムベイスン形成時の衝突の激しさを示すものだった。衝突の年代は38.5億年前だった。

サーベイヤー3号を調べるコンラッド宇宙飛行士。後方はアポロ12号の着陸船イントレピット。

9. 嵐の大洋

9-1 嵐の大洋の概観 (満月後)

　嵐の大洋は月最大の海で、月最大のベイスンであるプロセラルムベイスン(直径3,200 km)に溶岩が堆積してできたと推定される。プロセラルムの形成後、北東側は雨の海のインブリウム、南側は湿りの海のヒュモラムと雲の海のヌビウム、南西側にはオリエンタレ等のベイスンができた。そのため、プロセラルムベイスンの半分以上は失われた。残された凹地に溶岩が堆積したのが嵐の大洋だ。プロセラルムベイスンの現在残されている縁は北西側(写真9-2の月の水平線近く)のみである。プロセラルムベイスンは裏側にある南極-エイトケンベイスンよりも古い月最古のベイスンだが、プロセラルムベイスンの存在そのものを否定する研究者も多い。

　広大な嵐の大洋にはさまざまな火山地形が見られる。アリスタルコスの北西に広がるアリスタルコス台地、全体が巨大な楯状火山でその上に多数のスコリア丘が重なるマリウス丘、シュレーター谷をはじめとする多数の蛇行谷、グルイトイゼンドームなどの急峻なドームなどである。

　また光条もさまざまだ。ケプラーやアリスタルコスなど明るい光条を持つクレーターは、最近10億年にできた新しいクレーターだ。リヒテンベルクのように、新しい溶岩によって光条の一部が失われたクレーターもある。クレーターではないが、ライナーの西にはオタマジャクシのようなライナーγとよばれる奇妙な白い模様がある。気流に恵まれた夏の明け方にはゆっくりと眺めたいのだが、あっという間に薄明となり、観測を終えることとなる。

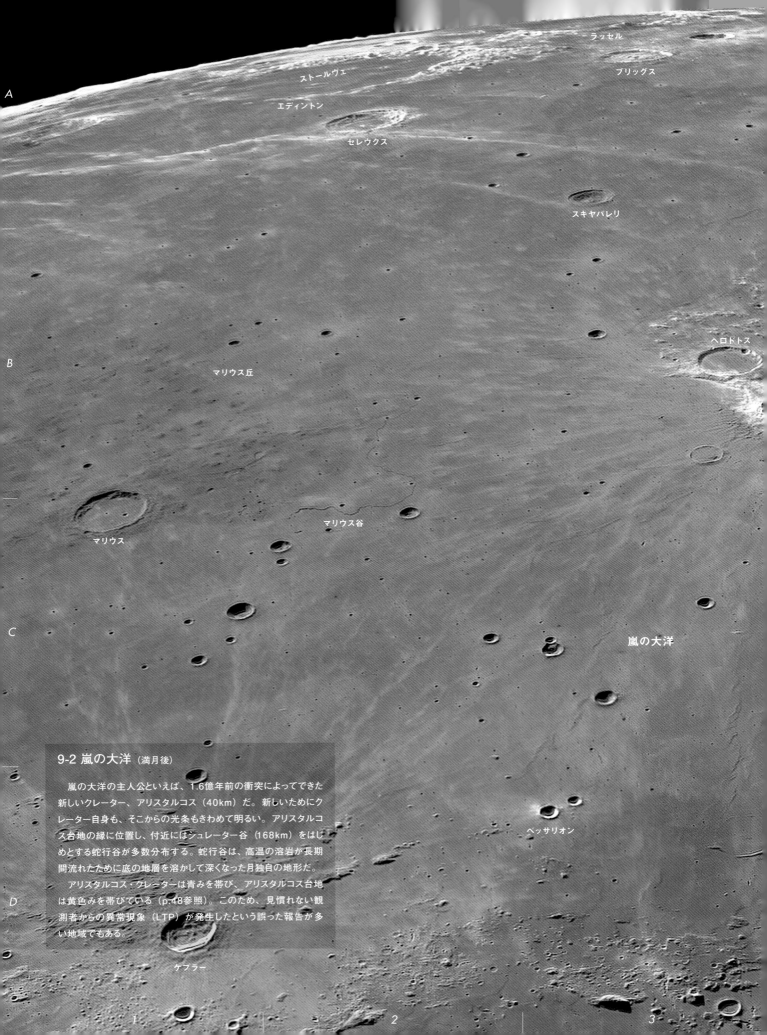

9-2 嵐の大洋（満月後）

　嵐の大洋の主人公といえば、1.6億年前の衝突によってできた新しいクレーター、アリスタルコス（40km）だ。新しいためにクレーター自身も、そこからの光条もきわめて明るい。アリスタルコス台地の縁に位置し、付近にはシュレーター谷（168km）をはじめとする蛇行谷が多数分布する。蛇行谷は、高温の溶岩が長期間流れたために底の地層を溶かして深くなった月独自の地形だ。
　アリスタルコス・クレーターは青みを帯び、アリスタルコス台地は黄色みを帯びている（p.48参照）。このため、見慣れない観測者からの異常現象（LTP）が発生したという誤った報告が多い地域でもある。

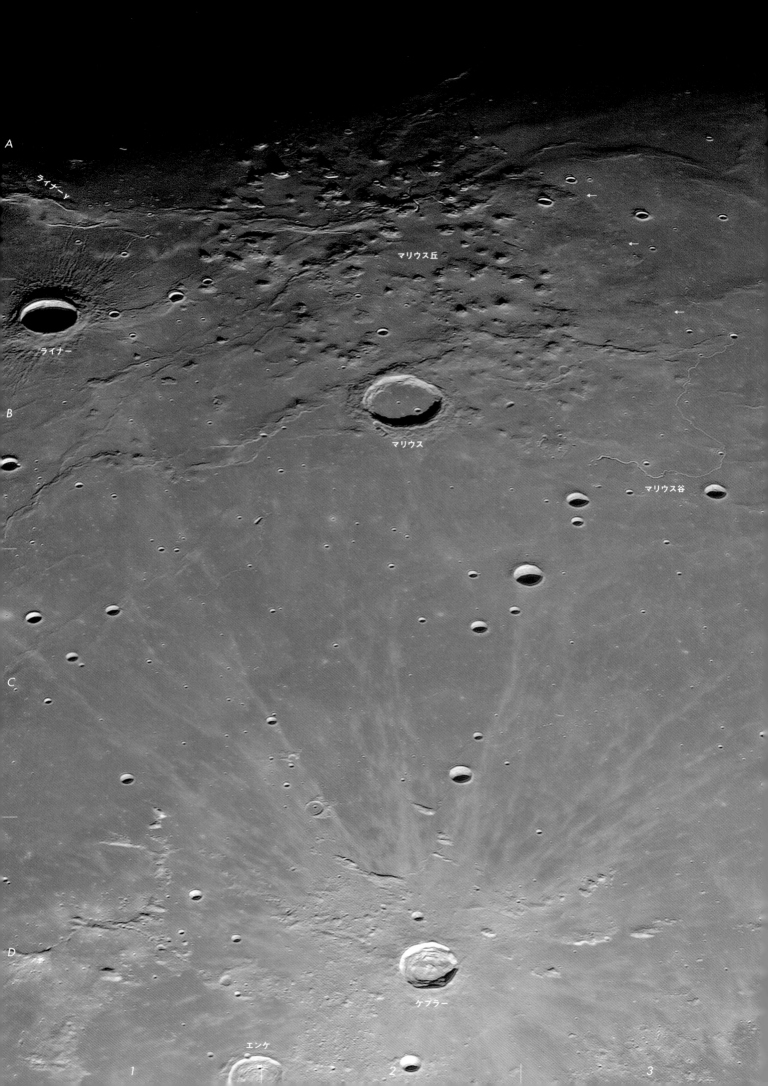

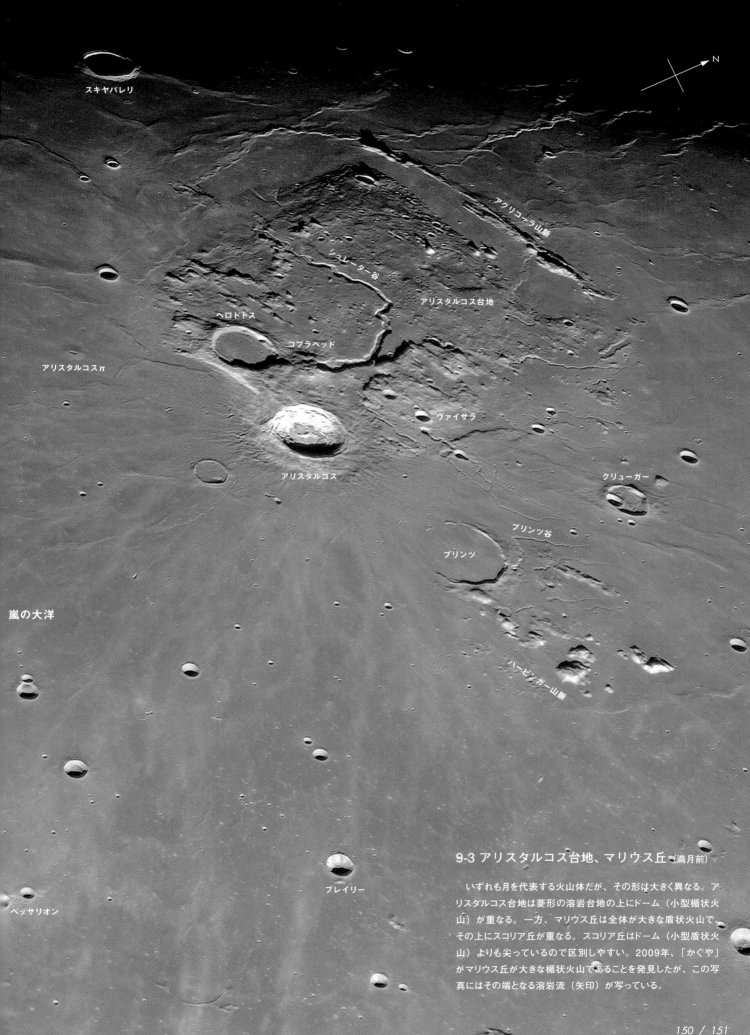

9-3 アリスタルコス台地、マリウス丘（満月前）

いずれも月を代表する火山体だが、その形は大きく異なる。アリスタルコス台地は菱形の溶岩台地の上にドーム（小型楯状火山）が重なる。一方、マリウス丘は全体が大きな盾状火山でその上にスコリア丘が重なる。スコリア丘はドーム（小型盾状火山）よりも尖っているので区別しやすい。2009年、「かぐや」がマリウス丘が大きな楯状火山であることを発見したが、この写真にはその端となる溶岩流（矢印）が写っている。

9-4 嵐の大洋北部（満月後）

写真9-1から1日過ぎた頃の月面。プリンツ付近の蛇行谷やドームの集合体リュンカー山がずっと見やすくなっている。ジュラ山脈南端のグルイトイゼンγ，δ は丸みを帯びた火山性ドーム。シリカに富んだ火山活動の産物と推定される。はるかに小さいが、ジュラ山脈の縁にあるメーラン Tも同様の火山。気流に恵まれた明け方には、シャープ谷やメーラン谷がどこまで続いているか探るのも楽しい。

地名解説【嵐の大洋】

マリウス谷　284km
p.148-C2, 150-B3

マリウスの北にある蛇行谷。マリウス丘にはこの他にもいくつかの蛇行谷がある。その1つに月周回衛星「かぐや」は縦孔を発見した。

アリスタルコスπ　15km
p.151-B4, 152-B1

アリスタルコスの南にあるドーム（小型楯状火山）。高さは180mで、山頂には南北に伸びた深さ300mの火口を持つ。

アグリコーラ山脈　141km
p.151-A6, 152-B2

アリスタルコス台地の北西に位置する、断層に画された山塊。アリスタルコス台地の北西辺と平行する

シュレーター谷　168km
p.151-B5, 152-B2

アリスタルコス台地の直径6kmの縁のないクレーターを始点とする、月最大の蛇行谷。最大幅は約10km。最後は嵐の大洋の溶岩に没する。この谷は、ドイツの月面観測者で1791,1802年に月面誌を出版したシュレーター（1745-1816）にちなむ。

プリンツ　46km
p.151-C5, 152-C2

アリスタルコス台地の東にあるクレーター。南西壁は溶岩に埋められている。

ハービンガー山脈
p.149-C5, 152-C3

プリンツの東にある山塊の集合体。プリンツとハービンガー山地の間には多数の蛇行谷がある。

フラムスチード　20km
p.146-B1, 205-D4

フラムスチードを南端として、ほとんど溶岩に埋められた大クレーター・フラムスチードP（112km）がある。1966年6月2日、このクレーターの北東部に米国最初の無人探査機サーベイヤー1号が着陸した。世界最初の月着陸を果たしたソ連のルナ9号の4ヵ月遅れだった。

グルイトイゼンドーム　いずれも20km
p.84-C1, 147-C5

ジュラ山脈の南端に位置する大型ドーム。海のドームにくらべると白っぽく大型で、グルイトイゼンγは高さ1,860m、δは高さ1,360m、15°〜30°と急傾斜をなす。SiO_2に富み、地球上では流紋岩やデイサイトに相当する火山活動によってできたことを示唆するこのようなドームは「高地のドーム」と呼ばれる。グルイトイゼン（1774-1824）は南ドイツの天文学者で、月のクレーターの衝突説を最初に提唱した。

メーランT　4km　高さ600m
p.153-C5

ジュラ山脈のメーランの西にある高地のドーム。リモートセンシングによると組成はSiO_2に富み、グルイトイゼンγ,δと同様な火山活動でできたと推定される。

エンケ　28km
p.68-A2, 146-B2

ケプラーとほぼ同じ大きさのクレーターだが、周囲を溶岩で囲まれたインブリウム代のクレーター。クレーター底が火山活動で持ち上げられた割れ目が発達（FFC）。エンケ（1791-1865）もドイツの天文学者で、エンケ彗星や小惑星の軌道計算に活躍した。

リュンカー山　70km
p.149-A6, 153-B5

露の入江の入口にある幅70km、高さ800mドームの集合体。口径20cm以上の望遠鏡では多数のドームが連なっていることがわかる。緩傾斜なので太陽高度が10°以上になると存在さえわからなくなる。クレーター密度年代では周囲の海よりも古い。

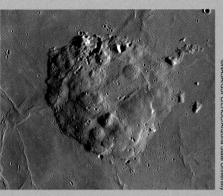

ストールヴェ　160km　ラッセル　103km
エディントン　118km
p.208-A3, 208-C3

いずれも嵐の大洋西部にある古いクレーターで、クレーター壁を共有している。クレーターの内外は溶岩で埋められているので、クレーター縁だけが残されている。

グルシェコ　43km
p.208-A2, 208-C2

赤道部西縁にある、コペルニクス代の新鮮なクレーター。ここからの光条はアリスタルコス台地まで達する。

セレウクス　43km　ブリッグス　37km
p.147-A4, 148-A2・A3

ほぼ同じ大きさだが、セレウクスは段丘状の内壁があり、クレーター底は溶岩で埋められる。一方、ブリッグスはクレーター底に割れ目があるクレーターで、元々あった階段状の内壁はクレーター底の上昇によって失われた。

ケプラー　29km
p.146-B2, 150-D2

光条を持つコペルニクス代の新鮮なクレーター。ケプラー（1571-1630）はドイツの天文学者で、ティコ・ブラーエの観測から惑星の運動に関するケプラーの法則を導いた。

月にもあった大型火山

　月の海は、割れ目噴火から大量の溶岩が短時間に噴き出してできた溶岩平原だ。月の溶岩は粘り気が少なく、サラサラと流れたために山ではなく平原となった。

　嵐の大洋には、溶岩平原以外にもマリウス丘のスコリア丘群、トビアス・マイヤー～ホルテンシウス間のドーム群（p.71）、アリスタルコス溶岩台地、プリンツの蛇行谷群などさまざまな火山地形がある。スコリア丘は揮発性物質に富むマグマが火口付近にスコリア（気泡に富む黒い軽石）を堆積させてできた小丘で、同様にできた火山は富士山の大室山や阿蘇の米塚がある。

　月のドームは地球の小型楯状火山に相当する。地球の小型楯状火山は直径数～十数km、高さ数百m、傾きは5°以下だ。日本に好例はないが、ハワイ、アイスランド、メキシコには多数ある。

　2007年打上げの日本の月周回探査機「かぐや」のレーザー高度計によって、月の詳しい高度データが明らかになった。図1は赤道付近の高度データで、コペルニクス西部、アリスタルコス台地、マリウス丘、静かの海東部に緩やかな高まりがあることが明らかになった（Spudis他、2013）。

　マリウス丘は直径330km、高さ2.2km、体積62,700km³の大型楯状火山だった。その北縁は、マリウス丘が明暗界線上にあるp.150の写真や図2でも確認できる（矢印）。地球の大型楯状火山の代表例、ハワイ島のマウナロア（直径100km、高さ4.2km、体積7,500km³）とくらべて、サイズでは遜色はないが、平均傾斜はマウナロアの5°に対してわずか0.8°しかない。

　コペルニクス西部のトビアス・マイヤー～ミリキウス北側にある高まりは高さ700mで、平均傾斜は0.4°しかない。楯状火山は、西洋騎士の楯を伏せた形から名づけられたものだが、ここまで平べったいと楯状火山と呼んでいいものか迷うところだ。

　これらの地形の上にスコリア丘、小型楯状火山、蛇行谷（溶岩チャネル）があるのは地球の大型楯状火山と同じだ。月には超緩傾斜の大型楯状火山があり、それが地上の望遠鏡からでも見えるというのは驚きでもある。マリウス丘が明暗界線にある時には、口径20cmクラスの望遠鏡ユーザーはぜひ挑戦してほしい。

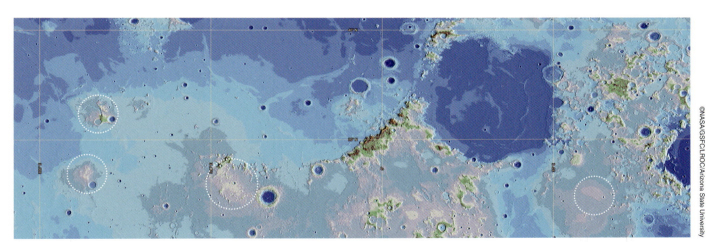

図1　表側赤道部の高度図。アリスタルコス台地、マリウス丘、コペルニクス西部、静かの海東部は標高が高く、いずれも緩やかな大型楯状火山らしい。

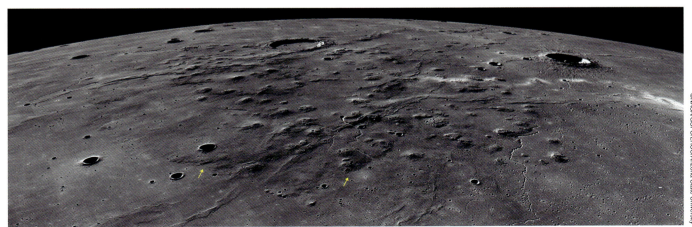

図2　大型楯状火山・マリウス丘。マリウスは超緩傾斜の大型楯状火山の上に小型楯状火山、スコリア丘、蛇行谷が見られる。

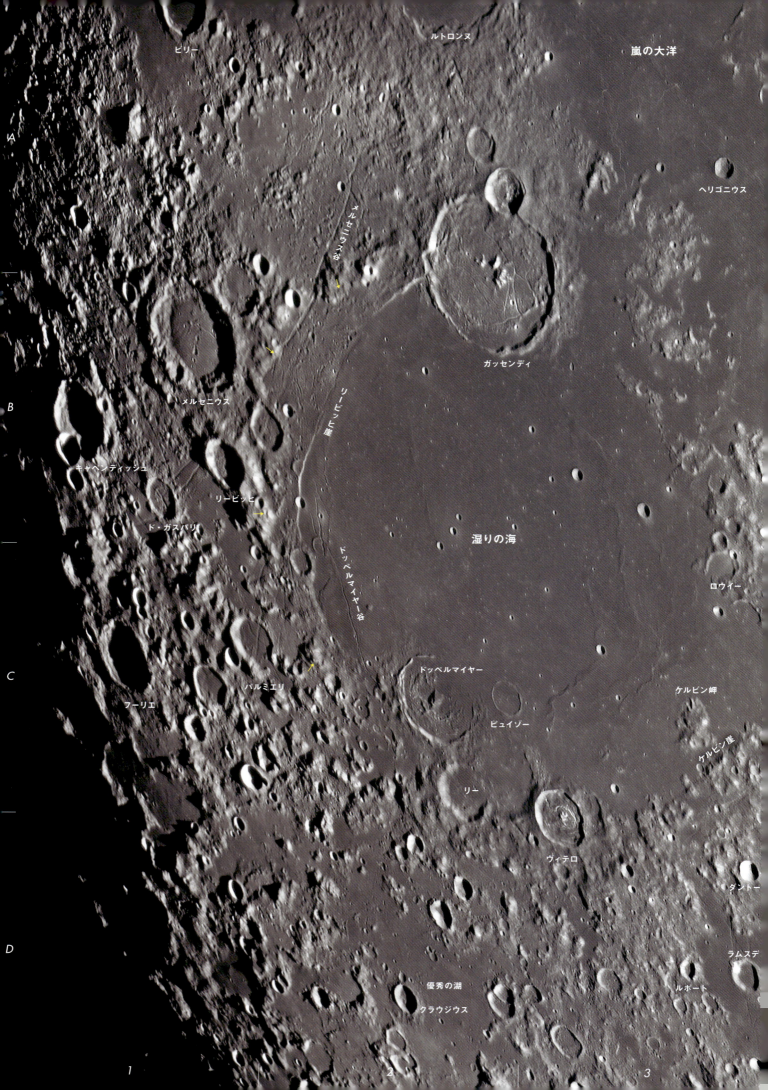

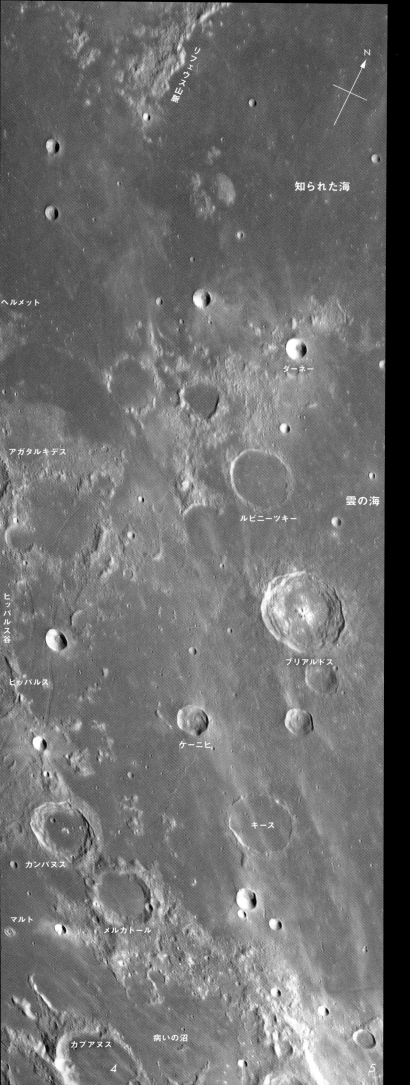
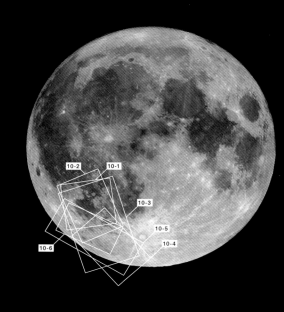

10. 湿りの海

10-1 湿りの海の概観（満月前）

　湿りの海は、ヒュモラムベイスンの直径425kmの凹地に溶岩が堆積したできた平原だ。雨の海（直径1,160km）や晴れの海（直径920km）にくらべると小ぶりだが、月齢12や月齢24の頃には欠け際の目立つ海として存在感を増す。

　見どころも多い。湿りの海には、雨の海のアペニン山脈や神酒の海のアルタイ崖のようなはっきりした縁はないが、南東にあるケルビン崖や西側の矢印を繋ぐと、ベイスンの輪郭がわかる。湿りの海の溶岩が堆積したのはヒュモラムベイスンの一番内側のリング内部で、外側には部分的にリングの断片が残されている。例えば、ビリー南側の山塊とメルセニウス北側の山塊を南に延長すると、直径800kmのリング構造が見えてくる。さらに、外側のリング構造を追跡するのは難しい。危機の海のようにしっかりした輪郭を持つ海もあれば、雲の海のように輪郭のわかりにくい海もある。これは海の器となっているベイスンができた年代にもよるし、衝突前の地形や衝突地点の地下構造などにもよる。湿りの海の周囲には、病の沼や優秀の湖などの小さな溶岩平原があるが、これらはヒュモラムベイスンのリング間の低地に溶岩が堆積した場所らしい。

　湿りの海で目立つのは、縁にあるガッセンディ（101km）。内部の放射谷も見事だ。南側は溶岩で埋められているが、この溶岩が湿りの海から流れ込んだものか、クレーター内部から上昇してきたものかを考えて見るのも楽しい。湿りの海の縁にはドッペルマイヤー（63km）、ヴィテロ（42km）などのクレーターがあるが、これらのクレーターは衝突によってできた後、クレーター底の地下浅くまで上昇したマグマがクレーター底を持ち上げ、変形させたものだ。このようなクレーターはFFC（Floor Fractured Crater）と呼ばれる。

156 / 157

10-2 湿りの海の谷 (満月後)

　湿りの海周辺には多数の谷があり、谷の名前は近くにあるクレーター名にちなんで付けられる。南東部にあるヒッパルス谷は、湿りの海の縁に沿った三重の谷だ。海の溶岩を切っていることから、溶岩の堆積後にできた谷であることがわかる。北西部のメルセニウス谷は直線的に伸びる。湿りの海内部にあるドッペルマイヤー谷は細く繊細で、周囲に暗い火山物質をまき散らしている。これ以外にも、病いの沼や西部のド・ガスパリやパルミエリ付近にも多数の谷がある。

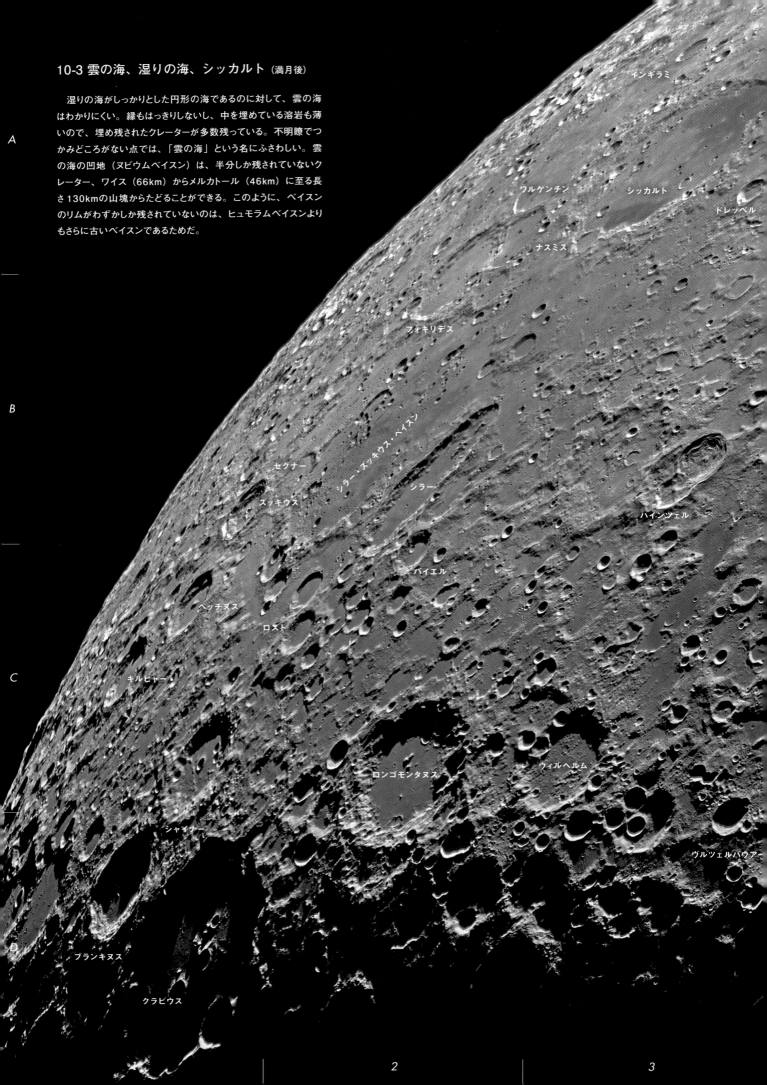

10-3 雲の海、湿りの海、シッカルト（満月後）

　湿りの海がしっかりとした円形の海であるのに対して、雲の海はわかりにくい。縁もはっきりしないし、中を埋めている溶岩も薄いので、埋め残されたクレーターが多数残っている。不明瞭でつかみどころがない点では、「雲の海」という名にふさわしい。雲の海の凹地（ヌビウムベイスン）は、半分しか残されていないクレーター、ワイス（66km）からメルカトール（46km）に至る長さ130kmの山塊からたどることができる。このように、ベイスンのリムがわずかしか残されていないのは、ヒュモラムベイスンよりもさらに古いベイスンであるためだ。

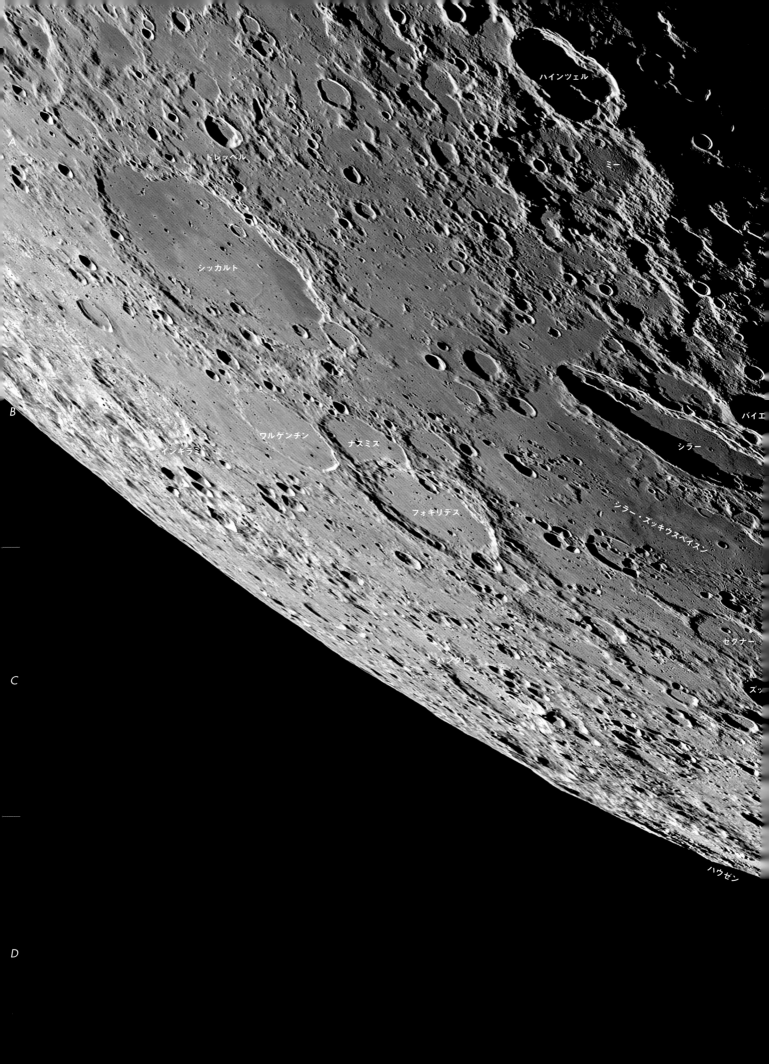

10-4 バイイ、シラー、シッカルト（満月後）

　この地域は、満月の前よりも月齢25〜26の頃が断然美しい。斜め後方から太陽光が当たり、陰影に富んだ地形が楽しめる。細長いシラー（180km）とズッキウス（64km）の間には弧状の二重の山塊がある。これが直径325kmのシラー・ズッキウスベイスンの南壁で、北側ははっきりしない。さらに南側には、破壊が進んだバイイがある（301km）。直径300km以上の巨大クレーターをベイスンと呼ぶことになっているので、バイイは月面最大のクレーターということになる。なお、バイイ（1736-1793）はフランスの天文学者。のちに初代のパリ市長になったが、最後は反革命分子としてギロチンで処刑された。

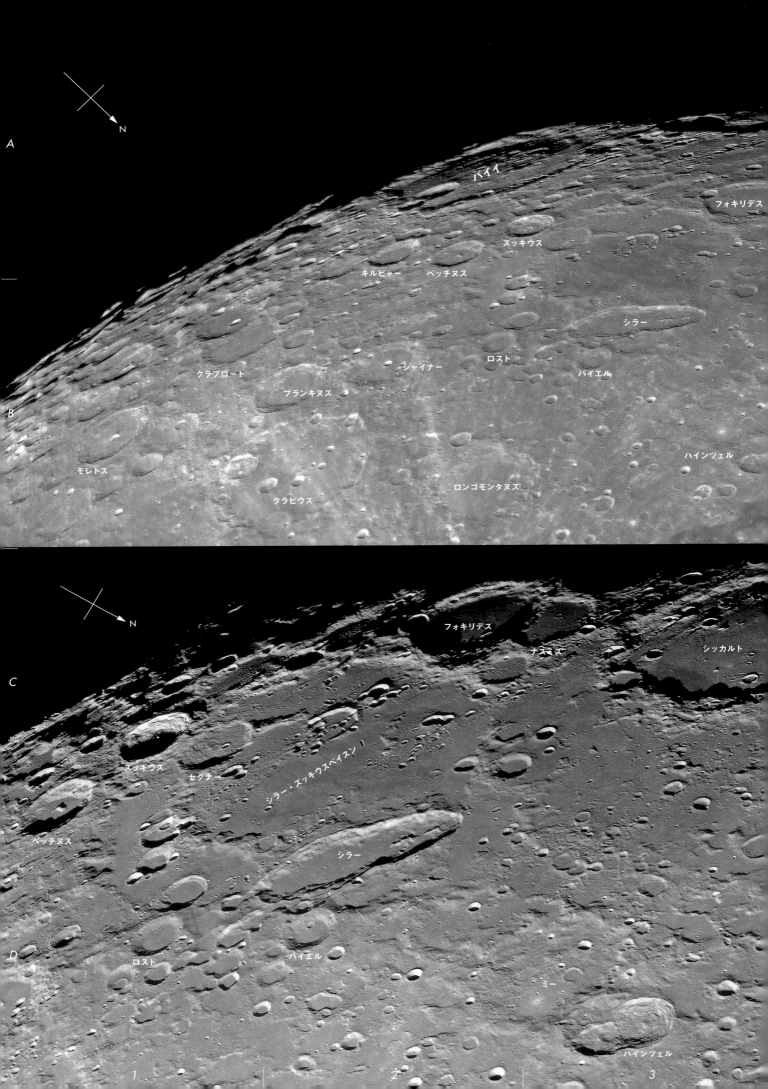

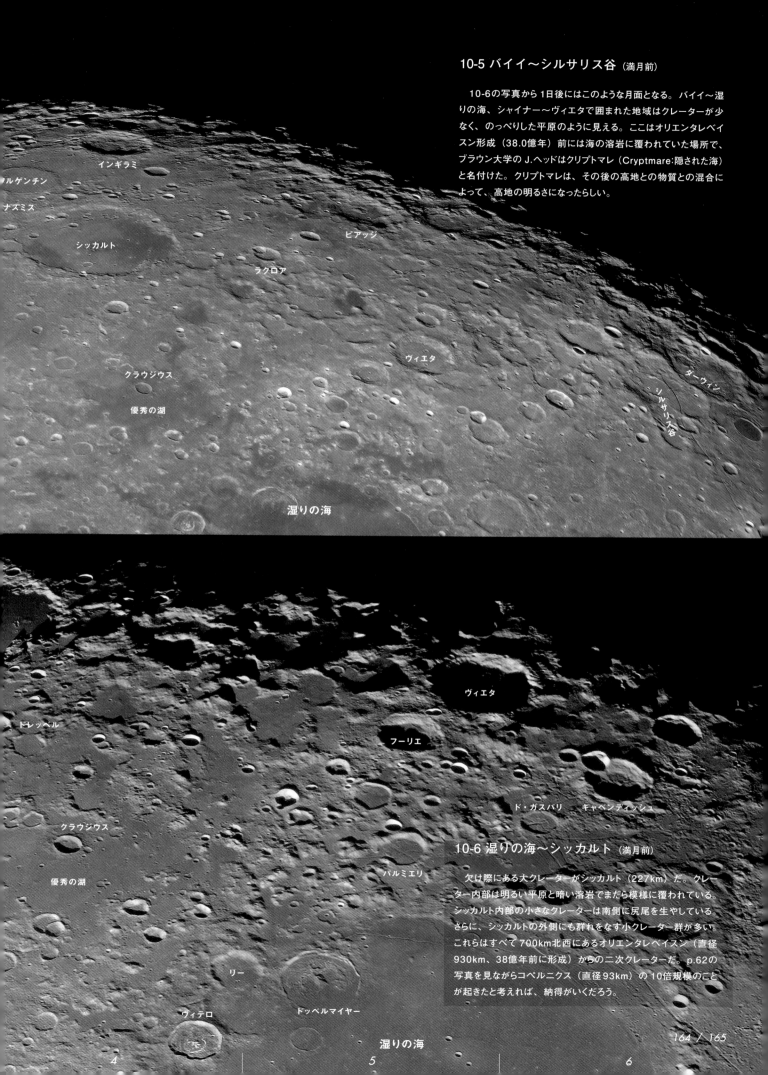

10-5 バイイ～シルサリス谷（満月前）

　10-6の写真から1日後にはこのような月面となる。バイイ～湿りの海、シャイナー～ヴィエタで囲まれた地域はクレーターが少なく、のっぺりした平原のように見える。ここはオリエンタレベイスン形成（38.0億年）前には海の溶岩に覆われていた場所で、ブラウン大学のJ.ヘッドはクリプトマレ（Cryptmare:隠された海）と名付けた。クリプトマレは、その後の高地との物質との混合によって、高地の明るさになったらしい。

10-6 湿りの海～シッカルト（満月前）

　欠け際にある大クレーターがシッカルト（227km）だ。クレーター内部は明るい平原と暗い溶岩でまだら模様に覆われている。シッカルト内部の小さなクレーターは南側に尻尾を生やしている。さらに、シッカルトの外側にも群れをなす小クレーター群が多い。これらはすべて700km北西にあるオリエンタレベイスン（直径930km、38億年前に形成）からの二次クレーターだ。p.62の写真を見ながらコペルニクス（直径93km）の10倍規模のことが起きたと考えれば、納得がいくだろう。

164 / 165

地名解説【湿りの海】

ガッセンディ　101km
p.156-B2, 159-B5

100年前の月面観測家エルガー（英国、1838-1897）が「望遠鏡観測では月面で最も美しい対象」と絶賛したクレーター。湿りの海との大きさのバランス、位置など、なるほどと思わせる。内部の谷は総称してガッセンディ谷と呼ばれ、口径10cmクラスでも観察できる。

メルセニウス谷　240km
p.156-A2, 159-A5

メルセニウス（84km）のすぐ東側と北北西－南南東に延びる地溝。湿りの海を取り巻く弧状の谷ではない。

ドッペルマイヤー谷　162km
p.156-C2, 158-B3

ドッペルマイヤー（63km）の西から北に延びる細長い谷。付近は火山性の暗色堆積物（DMD）に覆われ、ドッペルマイヤー谷が給源の可能性がある。

ヒッパルス谷　266km
p.157-C4, 159-C4

湿りの海東部のヒッパルスを横切る弧状の三重の地溝。幅はいずれも2km、深さ100m。口径20cmクラスでは見応えがある。

キースπ　14km
p.158-D3

海の溶岩に埋もれかけたキース（45km）のすぐ西にあるドーム。赤道近くにドームは多いが、キースπは最南端にあるドーム。高さは270m、山頂に小火口がある。

リービッヒ崖　145km
p.156-B2, 159-A4

湿りの海の西側にある断層崖。月面で断層崖は数えるほどしかない。崖の落差は700m。

ケルビン崖　86km
p.156-C3, 158-C3

湿りの海の東を境する断層崖。ケルビン崖はケルビン岬とは繋がっていないが、ケルビン島ではなく、ケルビン「岬」と呼ばれる。

ラムスデン谷　100km
p.158-C2

病いの沼（286km）にあるラムスデン（24km）周辺にある地溝の集合体。ラムスデンを横切っているので、谷の形成はラムスデンの形成後。

優秀の湖　198km
p.156-D2, 158-B1

湿りの海の南に位置し、おそらくヒュモラムベイスンの外側リング～中間リングの間の低地にできた溶岩原。極低チタン溶岩によって埋められている。1976年にIAUが承認。

ヘルメット　60km
p.159-C5, 161-B6

湿りの海の北東にあるヘルメット形の高まりで、高さは約300m。近赤外線の画像では高地よりも明るく、まだアポロでは取得していない未知の岩石からできていると推定されている。

シッカルト　212km
p.162-A1, 164-C3

クラビウス（245km、深さ5km）とほぼ同じ大きさだが、深さは1.5kmと浅い。クレーター内部が白黒の縞模様になっているのが特徴。白い部分はオリエンタレベイスンからの放出物で、オリエンタレベイスンからの二次クレーターも重なっている。黒い部分は、その後に噴出した玄武岩質溶岩。

ワルゲンチン　84km
p.160-A3, 162-B2

溶岩がクレーターの縁まで達し、平皿をひっくり返したようなクレーター。オリエンタレベイスンからの放出物によって埋められたとの説もあったが、周囲のクレーターはほとんど無傷なので、この説は否定された。ワルゲンチンを埋めたのは溶岩で、その上に薄くオリエンタレベイスンの放出物が覆っているらしい。

シラー　60km×180km
p.160-B2, 162-B3

細長いクレーター。月の重力圏に捕らえられた小惑星あるいは彗星が分裂し、低角度での衝突によってできたと推定される。クレーター内部の北側には長く延びた尾根があるが、これはNASAの高速銃による斜め衝突実験の結果とよく一致する。

ハインツェル　70km
p.160-B3, 164-D3

3つのクレーターが奇妙に重なり合ったクレーター。一番下がハインツェル。重なるだるま型のクレーターは、連星系をなす小惑星が衝突したためだろうか。

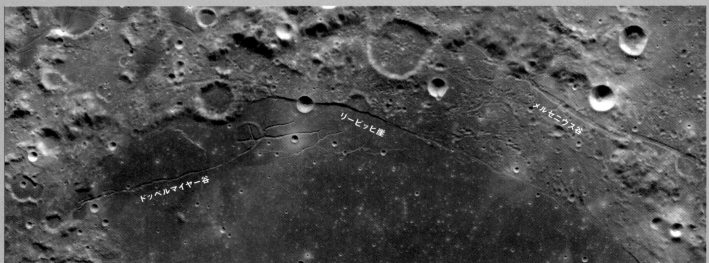

ドッペルマイヤー谷、リービッヒ崖、メルセニウス谷

月の谷

月の直径は地球の1/4、面積は1/16しかないのに谷は多い。この本に掲載されている谷だけでも100以上はある。月から望遠鏡で地球を見たら、どのくらいの谷が見つかるだろうか。月面で細長く伸びた凹地は一括して谷と呼ばれているが、成因によって構造性の谷と蛇行谷に分類される。

■ 構造性の谷

構造性の谷には、弧状の谷と線状の谷がある。いずれの谷も平行した谷壁によって境され、谷底が平らなことから、正断層で境された地溝であることがわかる。

弧状の谷は、湿りの海、晴れの海、雨の海など円形の海の周辺に多い。これは円形の海を埋め立てた溶岩の荷重によって海の中央部が沈降し、周辺の地表付近に水平方向の展張力が働いたためだ。海の周辺に弧状の谷ができたのは38億年～34億年前が多い。海の溶岩の荷重に加えて、月全体で表面付近が36億年前頃までは膨張していた結果だと考えられる。

線状の谷の代表は、湿りの海に隣接するメルセニウス谷（240km）、嵐の大洋南西のシルサリス谷（405km）、静かの海西のアリアデヌス谷（247km）で、東京～静岡～名古屋間の距離にも匹敵する長さだ。これらの谷の延長は、嵐の大洋の凹地の原形となったプロセラルムベイスンの縁と直交する。巨大衝突があれば衝突地点から放射状に構造的な弱線が生じるので、そこがマグマの通り道になったと考えられる。

■ 蛇行谷

月にあって地球にないのが蛇行谷だ。蛇行谷は不規則な形のクレーターを上端とし、低い方に向かってだんだん周囲との比高差がなくなり、最後には周りの海と区別がなくなる。幅は数km、深さ20～1,000m、長さは最大300kmの蛇行谷まである。アポロ15号の着陸したハドレー谷は代表的な蛇行谷だ。成因については諸説があったが、水のない月では溶岩流による浸食でできたと考えられるようになった。

溶岩が流れると側方は冷やされやすく、溶岩堤防と呼ばれる地形ができる。溶岩が流れ続けると、溶岩は溶岩堤防の中を流れるようになる。また、冷え固まった溶岩の上を新しい溶岩が長時間流れると、溶岩の熱によって下の冷え固まった溶岩が溶かされる。また機械的に冷え固まった溶岩片が溶岩によって剥がされて、溶岩の底部は次第に深くなる。

しかし水によって川底が浸食されるように、溶岩によって蛇行谷はできそうもない。というのは、溶岩は何十年も流れ続けることは難しいし、大量の溶岩が流れればその下流には大量の溶岩がたまるはずだが、その痕跡もない。研究者はさまざまにパラメーターを変えて蛇行谷の成因を探っている状態である。

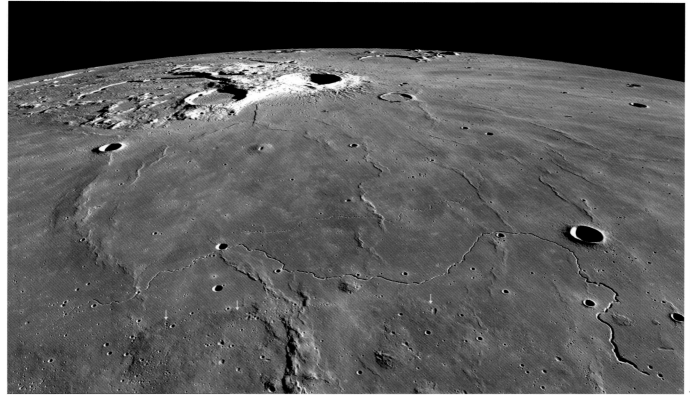

代表的な蛇行谷、マリウス谷。長さ284km、平均幅600mで、右端が溶岩の出口で高温だったために谷幅が広い。左下が蛇行谷の末端。谷底の高低差は長さ284kmに対して280mしかない。北側にも細い蛇行谷がある。マリウス谷の手前にはマリウス丘大型楯状火山の末端崖が見られる（矢印）。奥の明るいクレーターはアリスタルコス、その手前には小型楯状火山ヘロドトスωがある。

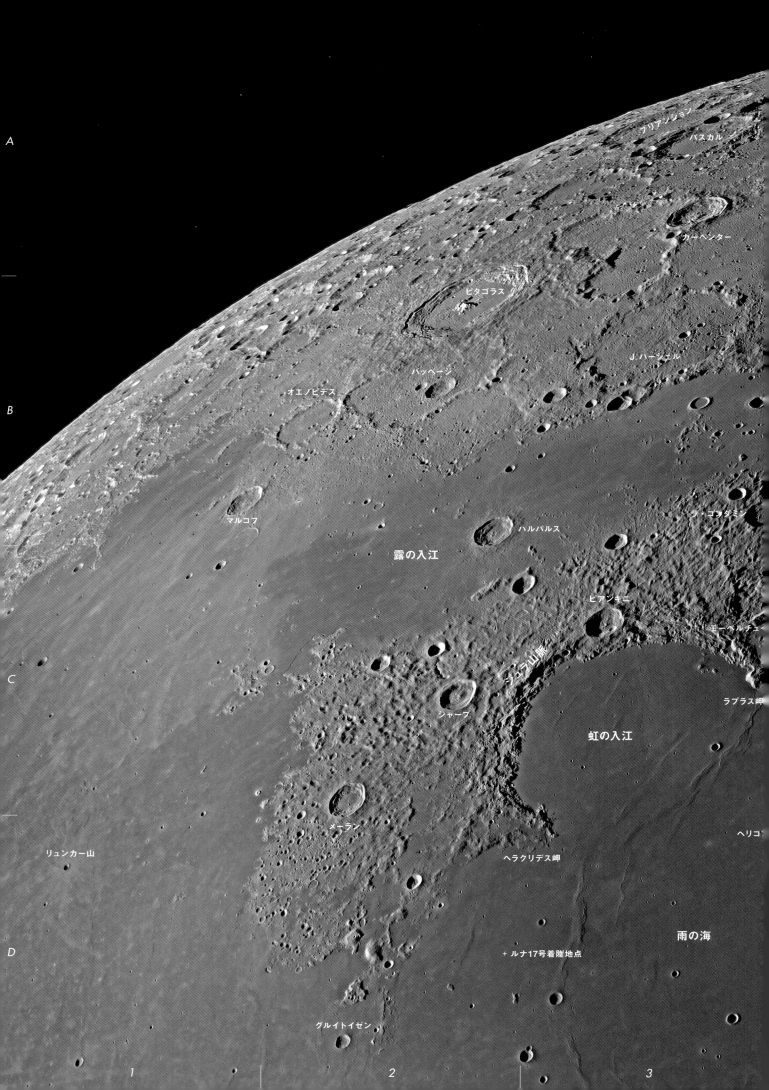

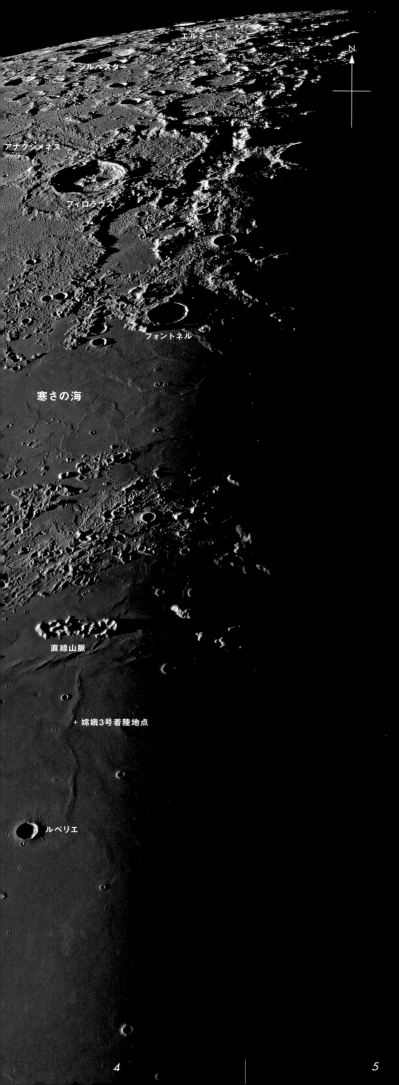
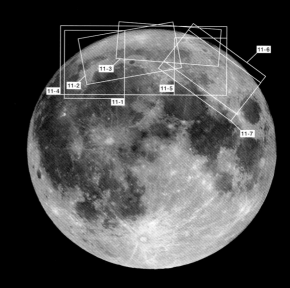

11. 北部高地

11-1 虹の入江から北極まで（満月後）

　望遠鏡で月の極地域を見るのには、月の首振り運動（秤動）に注意する必要がある。この写真の撮影時には、地球から見た月の中心は6.2°南、6.4°西に移動していた。そのため、経度90°Wにあるブリアンション（134km）やエルミート（104km）まではっきりと見えている。

　雨の海の北に広がる寒さの海は東西1,500km、南北250kmの細長い海だ。月のほとんどの海は直径数百kmのベイスン内部に溶岩が堆積した円形の平原で、周囲は崖で囲まれる。しかし氷の海は円形でもなく、崖にも囲まれていない。寒さの海の溶岩が堆積する前の低地は、最古の巨大ベイスン（プロセラルムベイスン、直径3,200km）の北部に相当することが、日本の月探査衛星「かぐや」のデータからわかってきた。

　寒さの海の北側にはクレーターが散在する平原が広がる。海でもなく、クレーターが密集する高地でもない、このような平原は月面のいたるところで見られる。例えば月面中央部のプトレマイオス周辺、南西部のシッカルト周辺などだ。これらの平原はベイスンからの放出物質で削られたり、埋められたりしてできた平原だ。寒さの海の北側の平原はインブリウムベイスン（雨の海の凹地）からの放出物でできている。インブリウムベイスンに近いJ.ハーシェル（165km）はクレーター壁が激しく破壊されているが、そこから500km北にあるパスカル（115km）では破壊の程度は軽微だ。

　北の高緯度で目立つのはピタゴラス（142km）、カーペンター（59km）、フィロラウス（70km）のなどのクレーター。いずれもシャープなクレーター壁を持ち、内部がインブリウムベイスンからの放出物に覆われていないことから、その衝突（38.5億年前）以降にできた新しいクレーターであることがわかる。

168 / 169

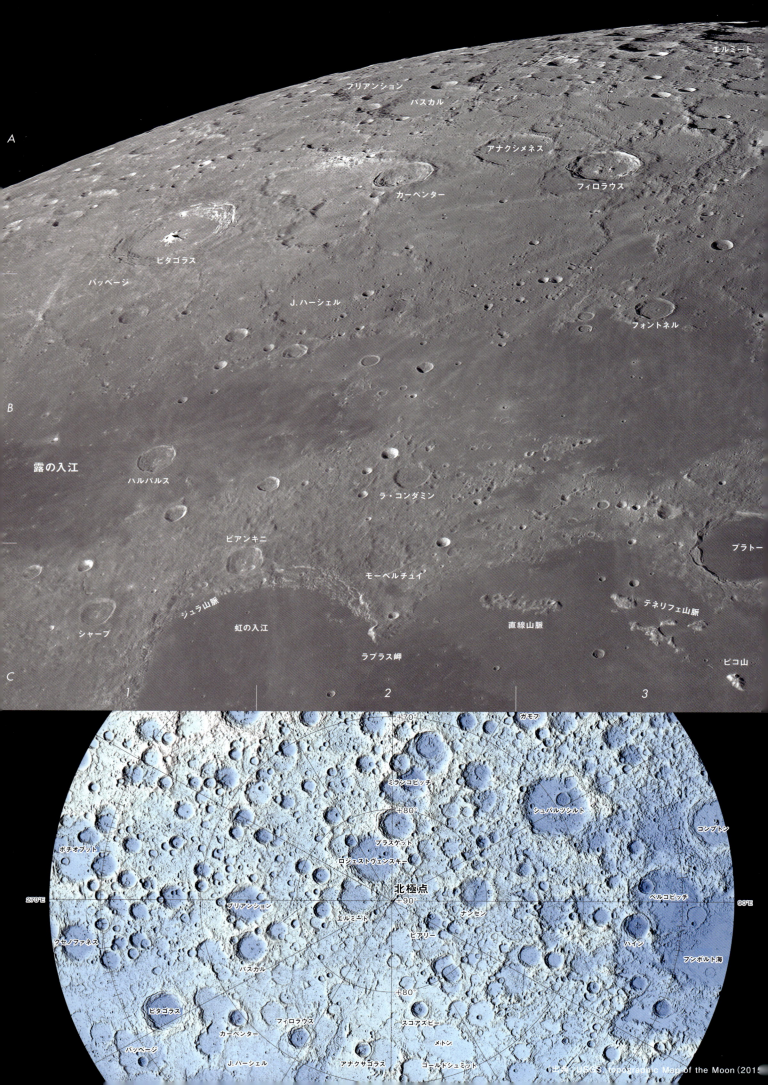

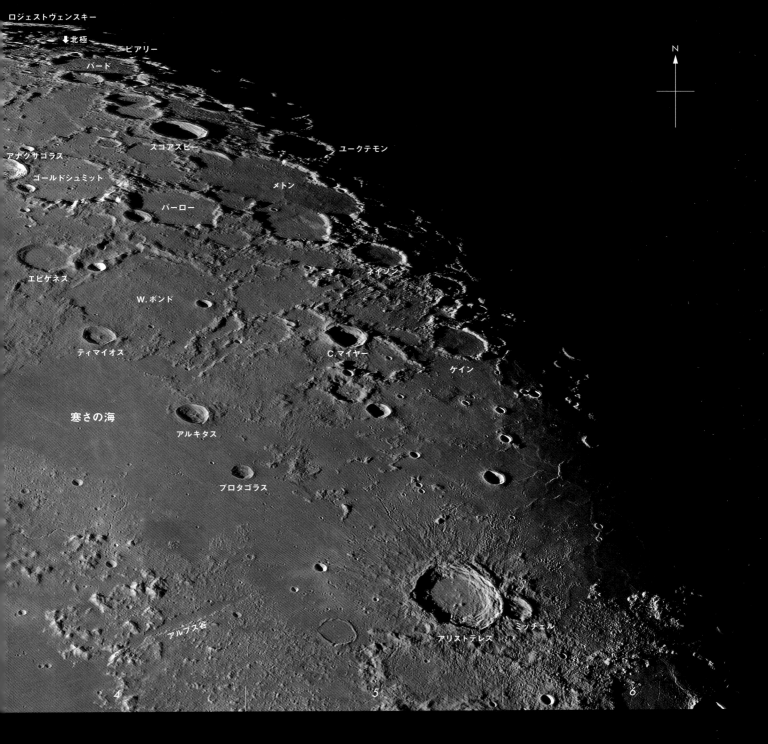

11-2 北極とその周辺（満月後）

　この写真は、月の首振り運動（秤動）によって、北極を越えて7°裏側まで見える観測の好機に撮影したものだ。月の南極点は手前に高い山地があるために直接見ることができないが、北極付近は平坦なので見ることができる。北極はピアリー（直径73km）の北西縁にあり、この写真では裏側にある大クレーター、ロジェストヴェンスキー（177km）まで写っている。

　コペルニクスの南にあるアポロ14号の着陸地点フラ・マウロ丘陵は、インブリウムベイスン中心からの距離が南へ1,100kmで、寒さの海の北にあるW.ボンド(156km)も北東へほぼ同距離にある。W.ボンドの東側の丘陵はフラ・マウロ丘陵そっくりで、W.ボンド～C.マイヤー間やフィロラウス～アナクサゴラス間の尾根と溝状地形は、プトレマイオス周辺のインブリウムベイスンのひっかき傷とよく似ている。さらに北になると、インブリウムベイスンからの影響が少なくなり、他のベイスンや大クレーターからの放出物も重なってメトン内部のようにのっぺりとした平原となる。

　月の北極地域でも、南極地域と同様に地球の極地探検家の名前が付けられている。北極点にあるピアリーの由来は、米国の探検家ロバート・ピアリー（1856-1920）だ。グリーンランド探検で名を馳せ、1909年4月6日、5人の隊員とともに最初に北極点に達した。このニュースを聞いたノルウェーの探検家ロアール・アムンゼンは、北極点を目指すのをやめて南に向かい、1911年12月14日、最初に南極点に立った。アムンゼンの名は南極に近い大クレーターに付けられている。また、リチャード・バード（1888-1957）は北極点と南極点に初めて空から到達した探検家といわれている。

　アムンゼンが南極点に立った58年後の1969年7月21日、アポロ11号の2人の宇宙飛行士は静かの海に人類最初の第一歩を刻んだ。現在、それから50年以上経つが、このようなワクワクする冒険物語がないのは寂しい。

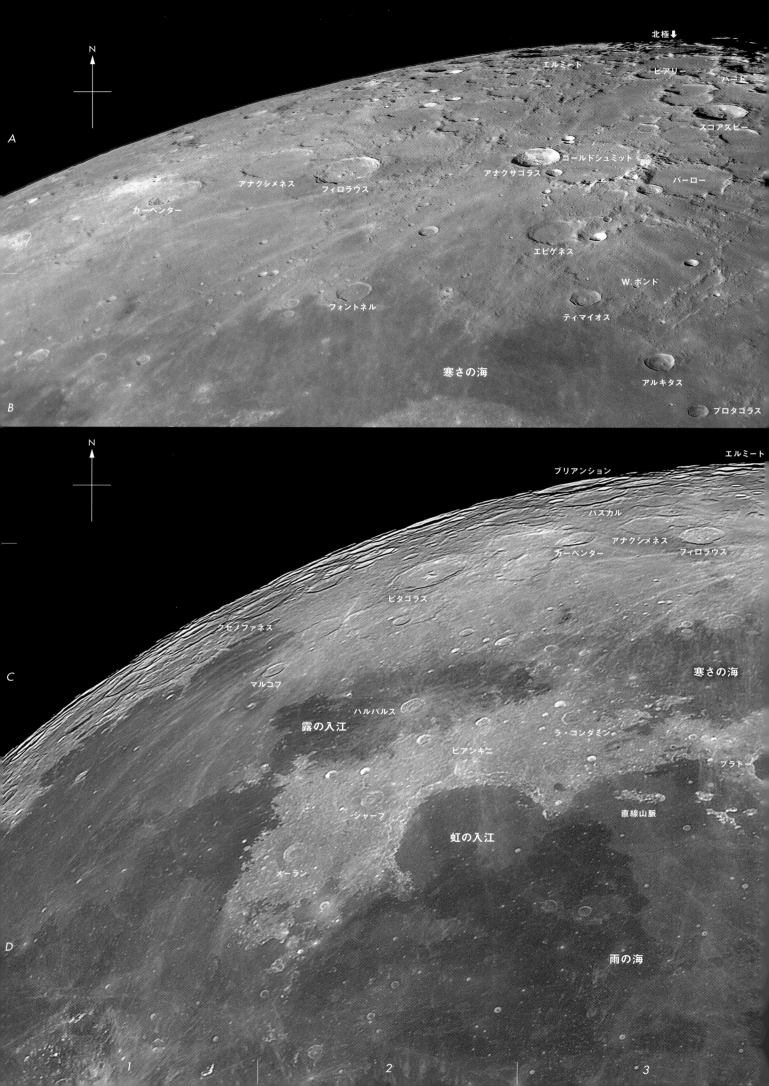

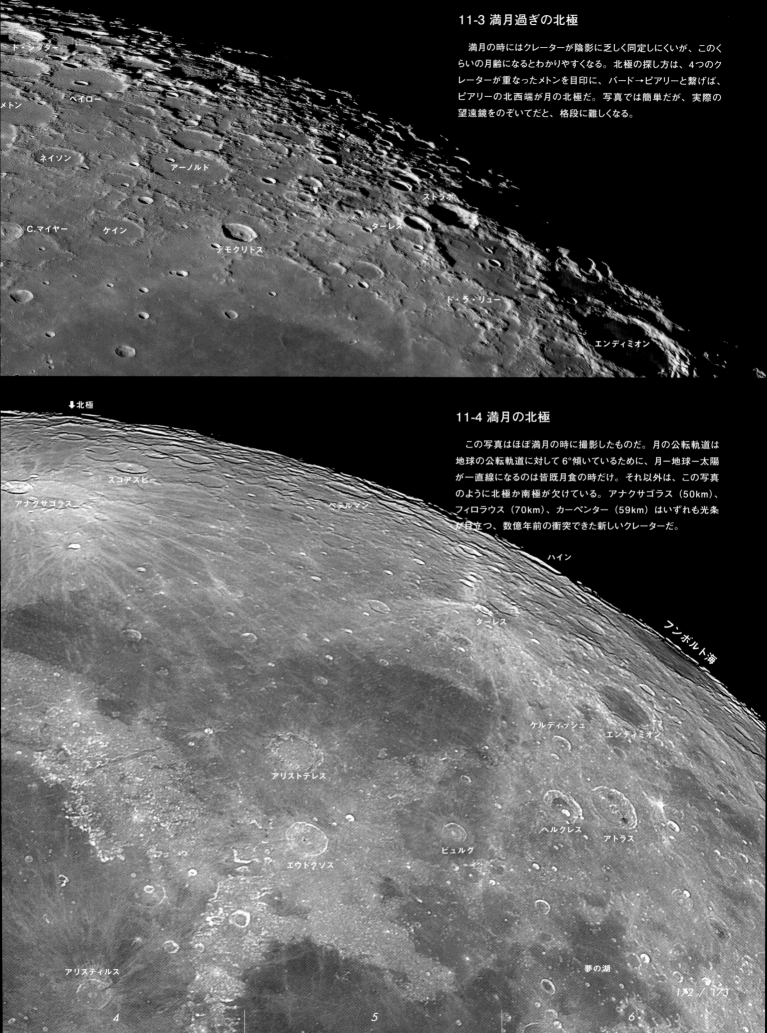

11-3 満月過ぎの北極

満月の時にはクレーターが陰影に乏しく同定しにくいが、このくらいの月齢になるとわかりやすくなる。北極の探し方は、4つのクレーターが重なったメトンを目印に、バード→ピアリーと繋げば、ピアリーの北西端が月の北極だ。写真では簡単だが、実際の望遠鏡をのぞいてだと、格段に難しくなる。

11-4 満月の北極

この写真はほぼ満月の時に撮影したものだ。月の公転軌道は地球の公転軌道に対して6°傾いているために、月ー地球ー太陽が一直線になるのは皆既月食の時だけ。それ以外は、この写真のように北極か南極が欠けている。アナクサゴラス（50km）、フィロラウス（70km）、カーペンター（59km）はいずれも光条が目立つ、数億年前の衝突でできた新しいクレーターだ。

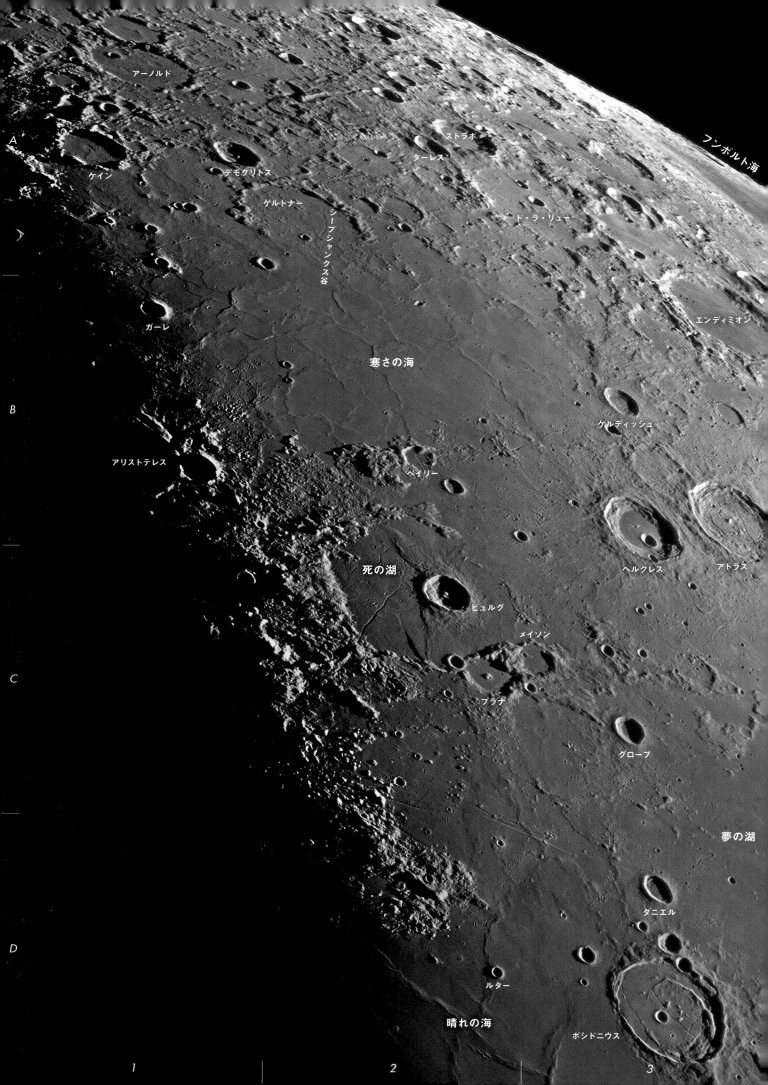

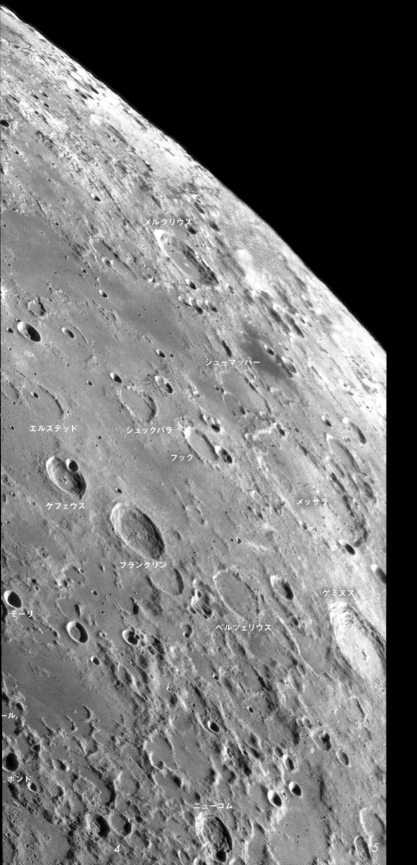

高度が高くなると割れ目の南北端には暗い堆積物が覆っていることがわかる（下写真の矢印）。アルフォンススと同じように、割れ目を通して火山噴火があったことがわかる。

　アトラスのすぐ西にあるのがヘルクレス（69km）。ヘルクレスの内部は溶岩で覆われて平坦で、内部の直径14kmの小クレーターが良いアクセントとなっている。

　アトラスとヘルクレスは隣接し、それぞれ特徴があるので、グッドエーカー、エルガー、スパーなどの名だたる月面観測家がこのペアを称賛している。

　ヘルクレスの西にあるのが死の湖。命名者はイタリアのリッチオリ。ガリレオが望遠鏡を発明してから50年も経つと、望遠鏡による月観測も頻繁に行われるようになり、リッチオリは月のあらゆる地形を命名することに意欲的に熱中した。月の暗く平坦な地域を大きさによって海、入江、沼、湖と付けたのはリッチオリで、現在でも彼の命名がそのまま使われている。死の湖、夢の湖も彼の命名だ。

　死の湖は注意深く観察すればわかるように、直径156kmの古いクレーターの内部に溶岩が堆積したものだ。ほぼ中央に新しいクレーター、ビュルグがあり、いくつかの谷が目立つ。南側にある谷は、最初は谷だが南のクレーター壁付近では西側が落ちた断層になっていることが影の状態からわかる。

　アトラスから北東に眼を向けると、内部が溶岩で覆われたエンディミオン（123km）がある。そのさらに北東にあるのがフンボルト海である。

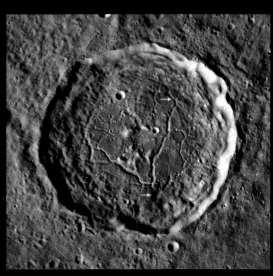

アトラスと内部のDMD

174 / 175

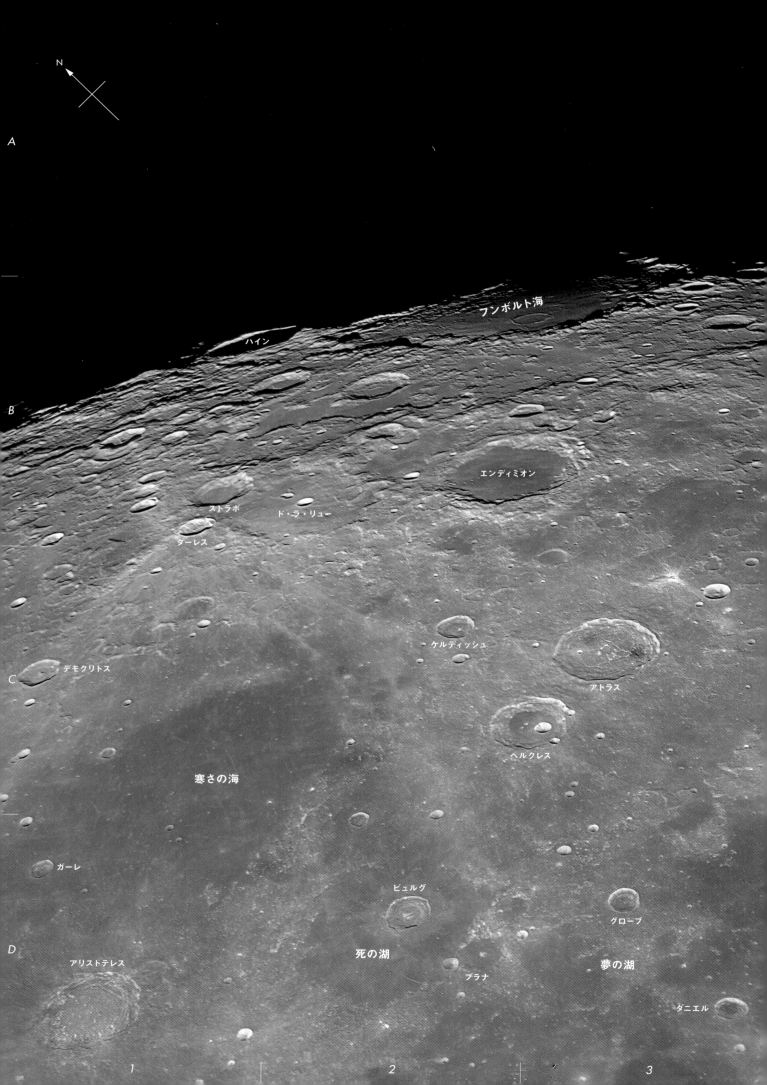

11-6 フンボルト海、ガウス、メッサラ、夢の湖（満月後）

　満月直後のこの地域は一晩中見えているので見やすいはずだが、満月前後は目立つ見どころがないという先入観があり、この地域はほとんど観測されないし、写真にも撮られない。しかしフンボルト海の中心は経度85°で、秤動の条件が良ければ直径300kmのフンボルト海全体を見ることができる。フンボルト海は、直径600kmの外側リングと直径275kmの内側リングからなるフンボルトベイスンの内側リングに溶岩が堆積した平原だ。フンボルト海はドイツの博物学者アレクサンダー・フォン・フンボルト（1769-1859）にちなむ。

　フンボルト海の南には内部を溶岩で覆われた大クレーター、ガウスが横たわっている。この地域には小さな溶岩平原があり、時の湖（Lacus Temporis、直径205km）、希望の湖（Lacus Spei、直径77km）と命名され、1976年にはIAUに承認されたが、ほとんど使われることはない。

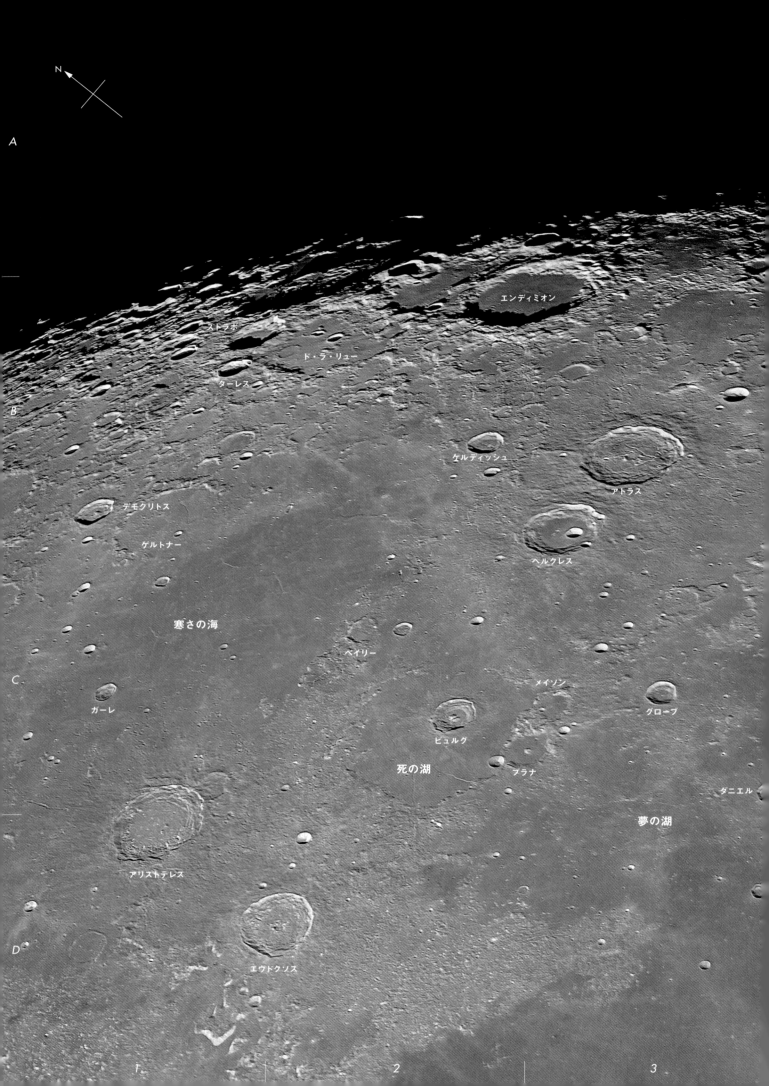

11-7 エンディミオン、メッサラ、クレオメデス（満月後）

11-6からほぼ1日経つとこのような月面になり、地形は陰影に富んで見やすくなる。しかしほぼ同じ地形が見えている上弦前の11-5では太陽光がやや逆光気味で、地形は陰影に富む。この写真では太陽光線がほぼ順光で、11-5にくらべると陰影に乏しく、迫力に欠ける。

太陽高度の高低、順光・逆光、さまざまな条件で月を観測していると思わぬ発見があるので、私は何十年も飽きずに月の写真を撮り続けているのだ。

私の望遠鏡で月を眺めると、視野一杯に広がる月面で集中して見られるのはそのごく一部にすぎない。撮影した写真をゆっくり眺め、疑問が湧いてくれば、いろいろな書籍や文献を読み、LROなどの探査機が撮影した分解能数mに達する画像を見る。1960年代まではプロの研究者でさえできなかったことを、現在ではインターネットによって月の素顔に迫ることができる。素晴らしい時代になったものだ。

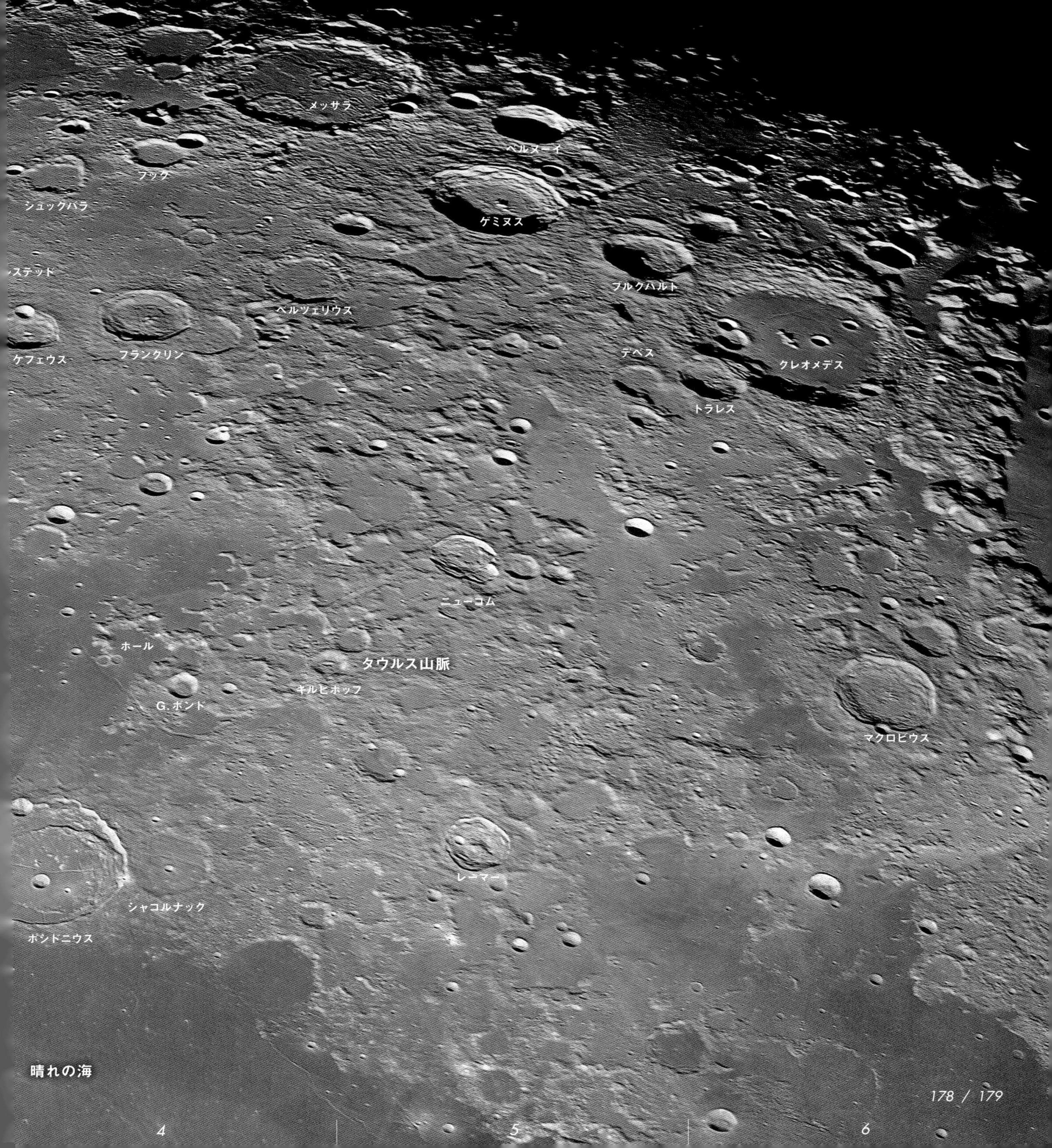

メッサラ
フック
ベルメーイ
シュックバラ
ゲミヌス
ステッド
ブルクハルト
ケフェウス
ベルツェリウス
フランクリン
デベス
クレオメデス
トラレス
ニューコム
ホール
タウルス山脈
キルヒホッフ
G.ボンド
マクロビウス
レーマー
シャコルナック
ポシドニウス

晴れの海

地名解説【北部高地】

寒さの海　1,446km
p.170-B2, 172-C3

1651年、リッチオリがラテン語でMare Frigorisと命名。これは「凍りつくほど寒い海」の意味だが、日本では「氷の海」と呼ばれることが多かった。しかし「寒さの海」の方が原意に近い。

メーラン　4.6km　シャープ　39km　ビアンキニ　38km
p.168-C2・C3, 170-C1

いずれもジュラ山脈にある新鮮なクレーターで、虹の入江の形成後にできた。シャープとメーラン間にある浅く不明瞭なクレーター群は、虹の入江から浅い角度で飛んできた放出物によってできた二次クレーター。メーランの南西にある小クレーター群は、虹の入江から高い角度で飛んできた二次クレーターだ。

ラプラス岬　ヘラクリデス岬
p.168-C3・D3, 170-C2

虹の入江の北東端がラプラス岬、南西端がヘラクリデス岬と名付けられている。どちらの岬も雨の海からの高さは2,000m以上もあるので、欠け際にある時には長く影を引く。

ラ・コンダミン　37km
p.168-B3, 170-B2

ジュラ山脈にある古いクレーター。南西側が虹の入江からの放出物に覆われ、虹の入江の衝突前からあったことがわかる。モーペルチュイは激しく打撃を受け、原形を留めない。

ピタゴラス　142km
p.168-B2, 170-A1

北極地域で目立つ、エラトステネス代の大型クレーター。高緯度にあるので、望遠鏡では斜め下を見下ろすようで、月の大型クレーターを立体的に感じることができる。段丘状の内壁、複雑な中央丘群など見応えがある。

ハルパルス　39km
p.168-B2, 170-B1

寒さの海〜露の入江の境界部にあるコペルニクス代の新鮮なクレーター。コペルニクスやステヴィヌスとほぼ同時期の8億年前にできたと推定されている。

アナクサゴラス　50km　フィロラウス　70km　カーペンター　59km
p.170-A2・A3, 172-A1・A2

いずれも70°N付近にあるコペルニクス代の新鮮なクレーター。この中で最も新しいのが数億年前の衝突でできたアナクサゴラスで、明るい光条を放つので見つけやすい。

J.ハーシェル　165km　W.ボンド　156km
p.170-B2, 171-B4

いずれも40〜39億年前の古いクレーターで、38.5億年前のインブリウムベイスンの衝突によって激しく破壊されている。

メトン　130km
p.171-A5, 172-A4

4個以上の古いクレーターの重なりが特徴的で、その内部には平原物質が堆積している。メトンは紀元前5世紀に活躍したギリシャの天文学者で、19太陽年と235朔望月がほぼ等しいというメトン周期を発見した。

ピアリー　79km
p.170-A4, 172-A3

北極点にあるクレーター。米国の探険家ロバート・ピアリー（1856-1920）にちなむ。グリーンランド探険で名を馳せ、1909年4月6日、5人の隊員とともに最初に北極点に達した。このニュースを聞いたノルウェーの探検家ロアール・アムンゼンは、北極点を目指すのをやめて南に向かい、1911年12月14日、最初に南極点に立った。

アトラス　87km　ヘルクレス　69km
p.174-B3, 176-C3

隣接して双子クレーターのように見えるので人気があるが、内部の様子は異なる。アトラスは内部が盛り上がり割れ目のあるクレーター（FFC）で深さは2.3kmなのに対し、ヘルクレスのクレーター底には溶岩が堆積し、深さは3.2kmに達する。アトラスの割れ目の2ヵ所には火山噴火の跡を示す暗斑がある。

フンボルト海　231km
p.174-A3, 176-B3

フンボルトベイスン（外部リングは直径600km）の内部リングに溶岩が堆積した海。海の中心は81°Eなので、秤動の条件が良いと海全体を見ることができる。北縁にはコペルニクス代の新鮮なクレーター、ハイン（87km）がある。

エンディミオン　123km
p.176-B2, 178-B3

アルキメデスやプラトーのように、内部を溶岩で埋められた大型クレーター。クレーターの縁から溶岩面までは3.2kmと深い。

ガウス　177km
p.177-B5

北東縁にある大型クレーター。内部を埋めているのは溶岩ではなく、平原物質。クレーター底には直径35kmのクレーターをはじめとして4つの小型クレーター、山塊、谷などがあってにぎやか。名前はドイツの数学者、ガウス（1777-1855）にちなむ。

シープシャンクス谷　200km
p.174-A2

寒さの海の北にある、細く直線的な地溝。最大幅2km、深さ150mで、西に行くほど細くなる。見るには口径20cmが必要。

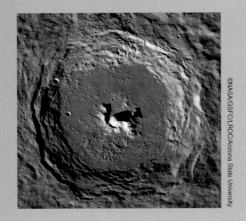

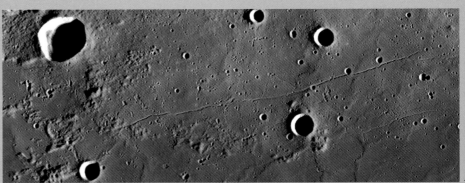

シープシャンクス谷

クレーター年代学で若い年代を調べる

column 11

　40億～30億年前の年代は、クレーター年代学で1,000万年の誤差で推定できることは7章で述べた。2020年12月1日、中国の嫦娥5号は嵐の大洋、リュンカー付近の新しい溶岩の上に着陸し、溶岩片を持ち帰った。計測された放射性元素による年代は19.6～20.3億年前で、エラトステネス代(31億年～10億年前)のクレーター密度年代のカーブ (p.135) の真ん中に放射年代のくさびを打ち込むことに成功した。

　では、それよりも若い10億年前から現在までの若いクレーターの年代はどうやって決めるのだろう？ 地球-月系は、同じ衝突の歴史をたどってきたと考えられる。地球ではプレートの移動や雨風による侵食・堆積などがあるために、地球の衝突クレーターからクレーター密度年代をたどれるのは5億年前までである。現在の衝突頻度は、望遠鏡による小惑星や彗星の観測によって求められるが、どのくらい過去まで遡れるかの保証はない。

　そこで役立つのは、月の若いクレーターのクレーター密度年代だ。月にはティコやコペルニクス以外にも、明るい光条や新鮮な形状を持つアリスタルコス、ケプラー、ハルパルス、アリスティルス、オートリクスなどのクレーターがある。これらの若いクレーター周辺には、衝突の熱によって月面が融けて固まったインパクトメルトの平坦地が分布している。その上に分布する直径100m以下の衝突クレーターまで数えることによって、クレーター密度年代を決めることができる。

　しかし2010年まで、100m以下の衝突クレーターが数えられるのはアポロ15・16・17号の撮影した画像しかなく、それも月の赤道部分に限られていた。2007年～2009年、月の極軌道を周回した日本の月探査衛星「かぐや」に搭載されていた地形カメラは、月全面で10m分解能の画像を取得した。この画像によって、若いクレーターのクレーター年代学が可能になった。

　東京大学の諸田智克は「かぐや」地形カメラのデータを使って月の直径15km以上の若いクレーター59個のクレーター密度年代を調べた。コペルニクスの放射年代では8億年の年代が得られているが、クレーター密度年代では6.6億年で、1.4億年にずれがあることに気づいた。ずれの原因は、最近30億年間の衝突頻度が一定であるという前提が誤りで、衝突頻度が8億年前の短期間だけ急増し、それ以外は一定というスパイクモデルで説明した。スパイクモデルによると、若いクレーターのうち17個はコペルニクスとほぼ同時期の衝突によってできたことがわかった。

　この同時期の衝突は、8億年前に小惑星帯で起こった衝突でできた破片によってもたらされたものだと推定されている。破片といっても最大のものはコペルニクスを作った衝突物質で、6,550万年前に恐竜を絶滅させたチクシュルーブクレーターの衝突物質とほぼ同じ大きさになる。

　クレーター密度年代はさらに新しい時代の推定にも役立つ。一般的には直径20kmサイズのクレーターは3,000万年に1度の頻度で形成される。直径22kmのきわめて明るい光条を持つジョルダーノ・ブルーノは、中世の古文書には月が割れるほどの閃光が走ったとの記録が残されていることから、この閃光の原因となった衝突でできたと推定されていた。しかし、小クレーターの解析によるクレーター密度年代は700万年前、中世の閃光とは関係のないことがわかった。

コペルニクス北西のインパクトメルト上の小クレーター

700万年前の衝突によってできたジョルダーノ・ブルーノ

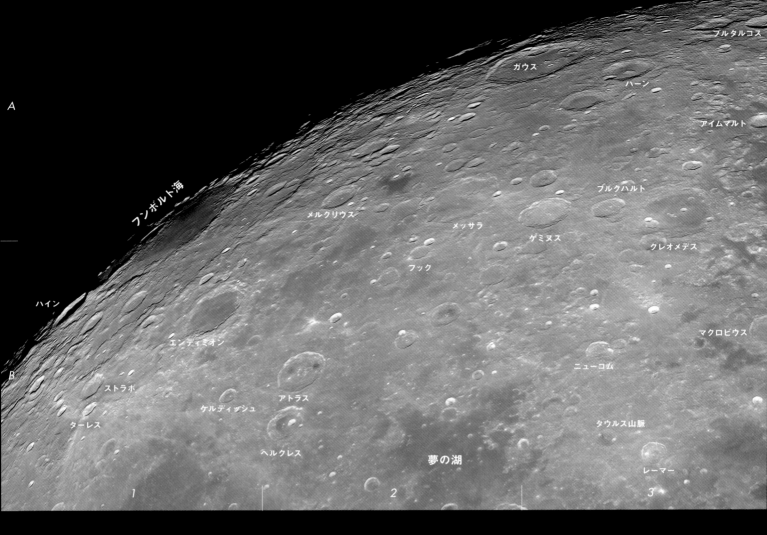

12. 東縁部

12-1 東縁部の概観（満月後）

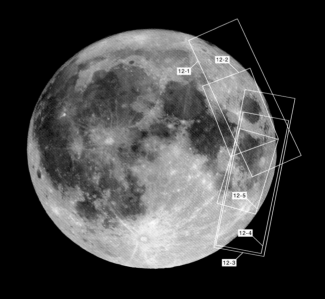

　上の写真の欠け際に写っているのは 70°N 〜 20°S までの東縁部。さらに南側の 80°S までは p.187 の写真がカバーしている。危機の海よりさらに東の東縁部にはフンボルト海、縁の海、スミス海、南の海がある。さらに裏側になると、海と名の付くのはモスクワの海（277km）と賢者の海（318km）の 2 つだけ。あとはクレーターだらけの高地となる。私たちに向いている月の表側が海、山脈、高地など変化に富んだ現在の姿でなければ、人類が月に望遠鏡を向けることも、月に行こうと企てることもなかったかもしれない。

　フンボルト海（直径 600km と 275km の二重リング）とスミス海（840km）はくっきりとした輪郭を持ち、地球からは真横から見る形になるので巨大なクレーターのように見える。このほかガウス（177km）、ネーパー（137km）、フンボルト（189km）などの大クレーターも秤動によって見え隠れするので、好期に恵まれると月面飛行しているような光景に出会える。

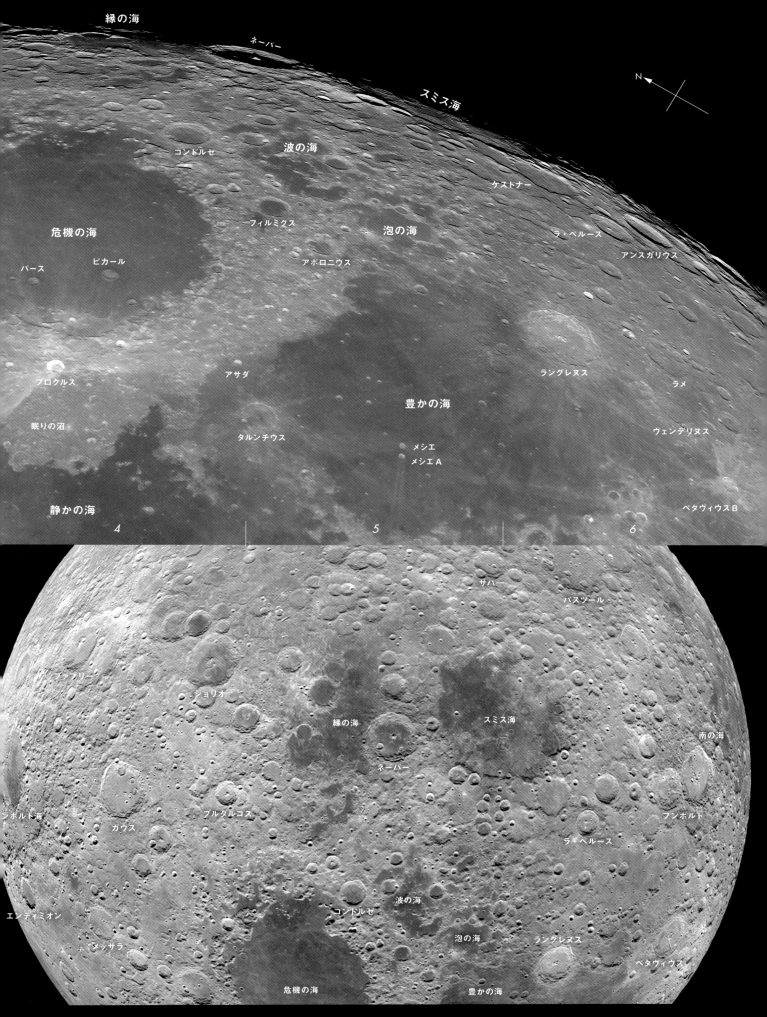

緯度10°N・経度80°を中心に展開した月の東縁部

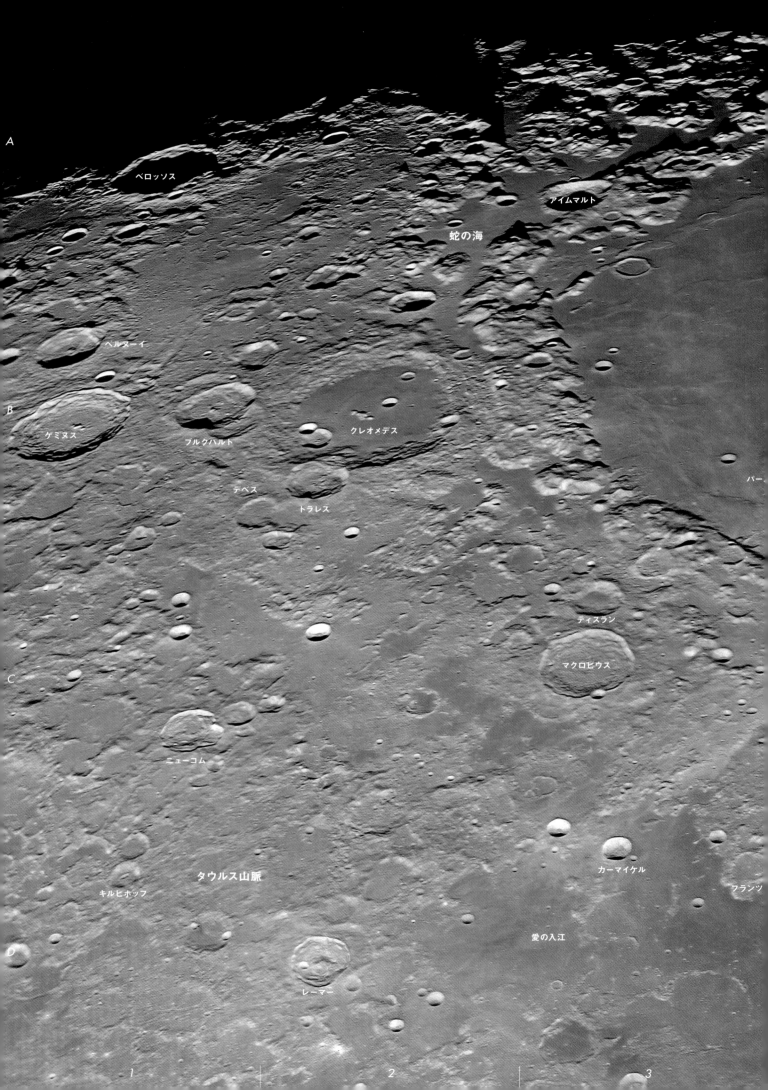

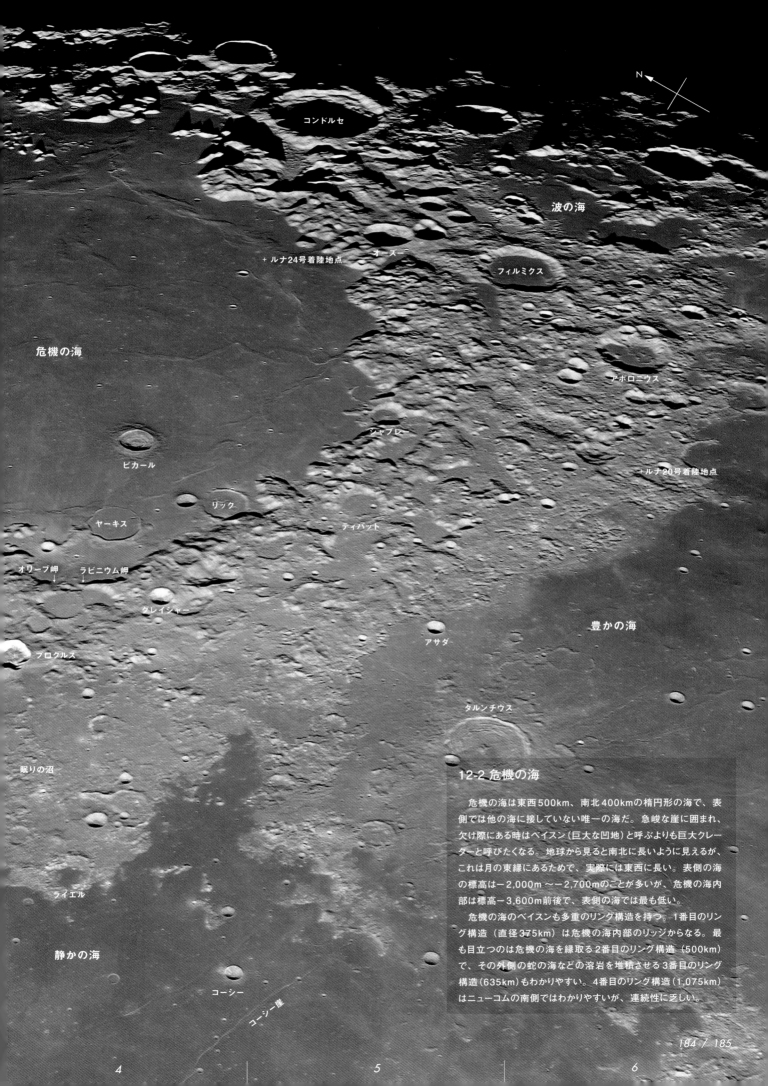

12-2 危機の海

　危機の海は東西500km、南北400kmの楕円形の海で、表側では他の海に接していない唯一の海だ。急峻な崖に囲まれ、欠け際にある時はベイスン（巨大な凹地）と呼ぶよりも巨大クレーターと呼びたくなる。地球から見ると南北に長いように見えるが、これは月の東縁にあるためで、実際には東西に長い。表側の海の標高は－2,000m～－2,700mのことが多いが、危機の海内部は標高－3,600m前後で、表側の海では最も低い。

　危機の海のベイスンも多重のリング構造を持つ。1番目のリング構造（直径375km）は危機の海内部のリッジからなる。最も目立つのは危機の海を縁取る2番目のリング構造（500km）で、その外側の蛇の海などの溶岩を堆積させる3番目のリング構造（635km）もわかりやすい。4番目のリング構造（1,075km）はニューコムの南側ではわかりやすいが、連続性に乏しい。

184 / 185

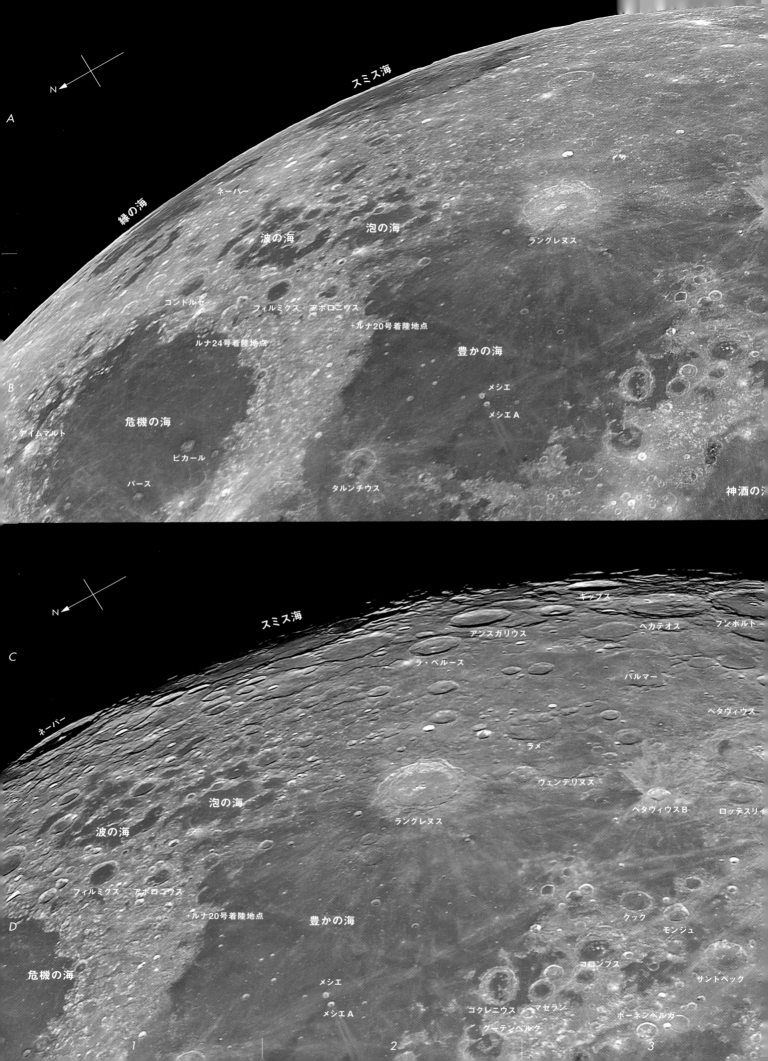

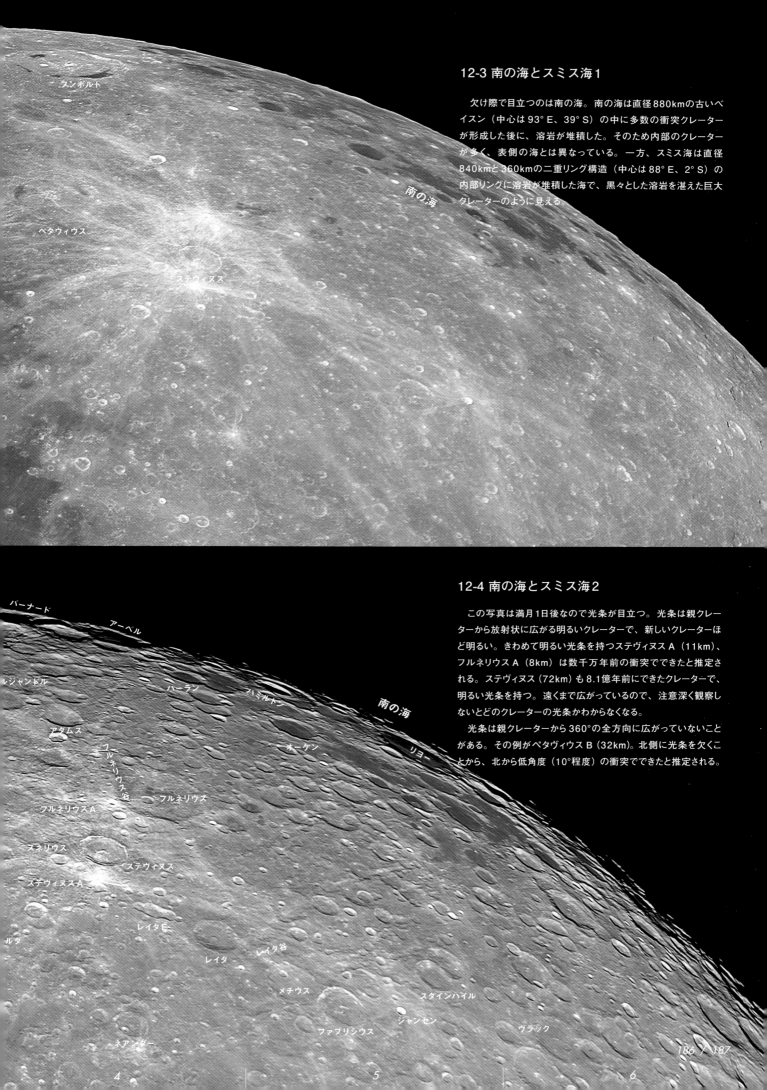

12-3 南の海とスミス海1

欠け際で目立つのは南の海。南の海は直径880kmの古いベイスン（中心は93°E、39°S）の中に多数の衝突クレーターが形成した後に、溶岩が堆積した。そのため内部のクレーターが多く、表側の海とは異なっている。一方、スミス海は直径840kmと360kmの二重リング構造（中心は88°E、2°S）の内部リングに溶岩が堆積した海で、黒々とした溶岩を湛えた巨大クレーターのように見える。

12-4 南の海とスミス海2

この写真は満月1日後なので光条が目立つ。光条は親クレーターから放射状に広がる明るいクレーターで、新しいクレーターほど明るい。きわめて明るい光条を持つステヴィヌスA（11km）、フルネリウスA（8km）は数千万年前の衝突でできたと推定される。ステヴィヌス（72km）も8.1億年前にできたクレーターで、明るい光条を持つ。遠くまで広がっているので、注意深く観察しないとどのクレーターの光条かわからなくなる。

光条は親クレーターから360°の全方向に広がっていないことがある。その例がペタヴィウスB（32km）。北側に光条を欠くことから、北から低角度（10°程度）の衝突でできたと推定される。

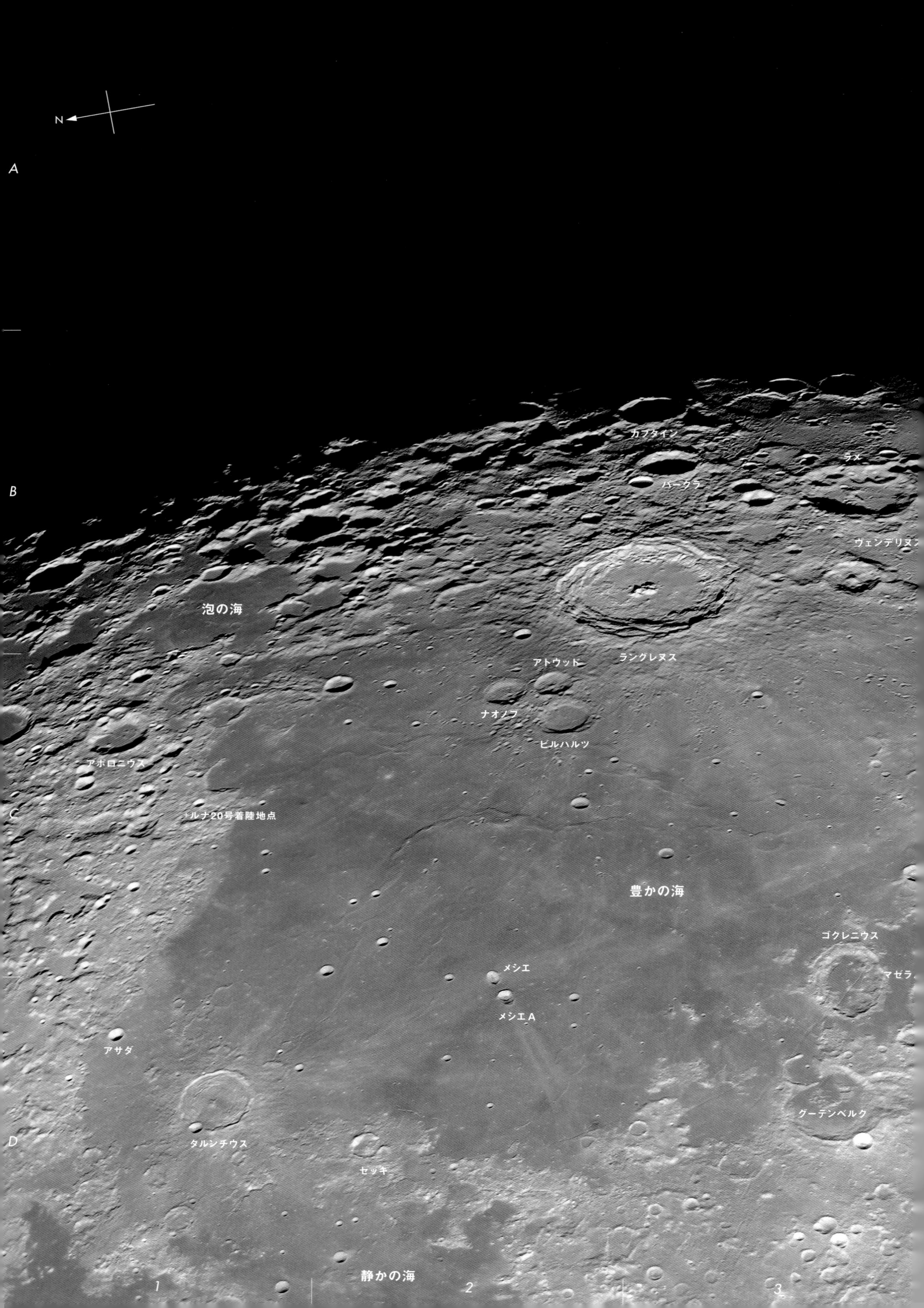

N ←

A

B 　カプタイン
　　　　　ラメ
　　バーグラ
　　　　　　ヴェンデリヌス

泡の海
　　　　　　　　　　ラングレヌス
　　　　　アトウット
　　　　ナオノフ
　　　　　ビルハルツ

アポロニウス

C ・ルナ20号着陸地点

　　　　　　　　　　　豊かの海

　　　　　　　　　　　　　　ゴクレニウス
　　　　　　　　　　　　　　　マゼラ
　　　　メシエ
　　　　メシエA

アサダ
　　　　　　　　　　　　　　クーテンベルク
D 　タルンチウス
　　　　セッキ

　　　　　　静かの海

1　　　　　2　　　　　3

12-5 豊かの海、フンボルト、ペタヴィウス

「豊かの海はどこ?」と質問されてすぐ答えられる人は少ない。表側の東縁に位置し、はっきりした山脈に囲まれていないことが、豊かの海の存在感のない理由だ。雨の海・晴れの海・神酒の海・湿りの海・危機の海は円形で周囲がはっきりとした山脈に囲まれ、その内部に暗い溶岩が堆積しているので海だとわかりやすい。これらの海は直径数百 kmの巨大クレーター（ベイスン）内部に溶岩が堆積した平原だ。しかし、豊かの海の器になったベイスンは形成年代が古いために周囲の山脈が残っていないのか、あるいはそんなベイスンは元々なく、危機の海と神酒の海の間にある低地の溶岩の堆積だけかもしれない。

豊かの海の東側にはラングレヌス（132km）、ペタヴィウス（184km）、さらにその東の東縁にはフンボルト（189km）など見応えのある大型クレーターが並んでいる。

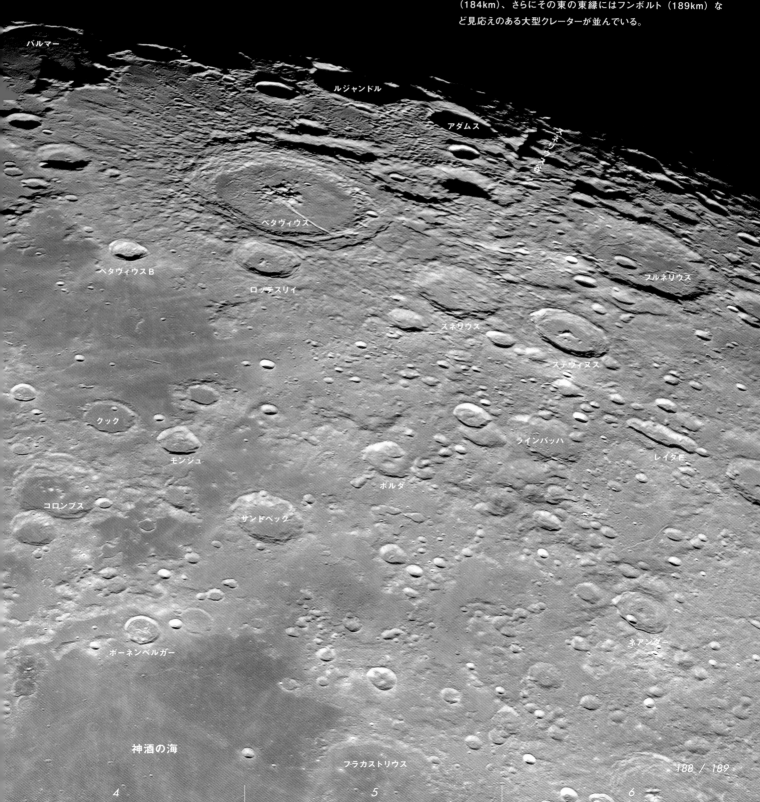

188 / 189

地名解説【東縁部】

ラングレヌス　132km
p.186-C2, 188-B3

豊かの海の縁にあるコペルニクスを一回り大きくしたようなクレーター。内壁は階段状、光条や二次クレーターを豊かの海に放つ。光条や二次クレーターの保存状態から、衝突によってできたのは20億年前頃だと推定される。ラングレヌス、ペタヴィウスともこの位置にあると斜め上から見下ろすことになり、立体感があって非常に荘厳。ラングレヌス（1598-1675）は1645年に最初に印刷された月面図を出版した月面観測家。ラングレヌスは、シュレーターが1791・1802年に命名して現在も使われている68の地名の1つ。

ペタヴィウス　184km
p.186-C3, 189-B5

複雑な中央山塊があり、そこから南西と北に放射状に直線的な谷が延びる。この谷は地下浅くまで上昇したマグマがクレーター底を押し上げてできたもので、マグマはクレーターの南北の縁から溶岩としてあふれ出ている。ラングレヌスのような光条はなく、二次クレーターも目立たないので、衝突年代は30数億年前と推定される。

メシエ　14km　　メシエA　11.5km
p.186-B2, 188-D6

低角度の衝突でできたのは東から浅い角度で侵入・衝突した小天体がまずメシエを作り、一部が飛び跳ねてメシエAができたことが衝突実験から明らかになった。メシエは蝶が左右に翅を拡げたような光条が見られ、メシエAはコメットテイルと愛称される光条を持つ。

フンボルト　189km
p.187-A4, 186-C3

東縁にある大クレーター。直径189kmに対して深さは3.5kmしかない。中央山塊の高さは1.5km。p.187の写真を見ると、月の大クレーターがいかに浅いかよくわかる。フンボルト内部は変化に富み、中央山塊から放射状谷が、それを取り巻くようにいくつもの環状谷が走る。南西と北東には溶岩があふれ出している。月の縁にあって好期に恵まれないと詳細が観察できないことが、かえってフンボルトの魅力を高めている。こちらのフンボルトはヴィルヘルム・フォン・フンボルト（1767-1835、言語学者）にちなみ、フンボルト海のフンボルトとは別人である。

プロクルス　25km
p.183-B4, 185-C4

危機の海西側にあり、220°の扇型に開いた明るい光条を持つクレーター。このような扇状の光条は斜め衝突によってできる。衝突実験によると、南西から10°程度の浅い角度の衝突によってこのような光条ができることがわかっている。クレーター密度年代は1.25億年前ときわめて新しい。光条のない南西側が相対的に暗く見えるので、起伏があるのに「眠りの沼」と名付けられている。

アサダ　12km
p.185-C5, 188-D1

豊かの海の北端にある、日本人の名前が付いたクレーター。江戸時代の医師・天文学者・数学者である麻田剛立（あさだごうりゅう）（1734-1799）は1778（安永7）年、日本人で初めて月のクレーターの観測記録を残した。アサダは小口径の望遠鏡でも存在は確認できるので、見ておきたい。

ナオノブ　34km
p.188-C2

ラングレヌスの北西にあるクレーターで、江戸時代の和算学者、安島直円（あじまなおのぶ）（1732-1798）にちなんで命名された。すぐ近くあるビルハルツ（43km）、アトウッド（29km）とよく似ているので、この3つは同時衝突でできたクレーターかもしれない。月の表側で日本人名が付いているのは、アサダとナオノブの2つのみ。なお、月の裏側には日本の天文学者にちなんだHatanaka（畑中武夫 1914-1963、26km）、Hirayama（平山清次 1874-1943、平山信 1867-1945、132km）、Kimura（木村栄 1870-1943、28km）、物理学者にちなんだMurakami（村上春太郎 1872-1947、45km）、Nishina（仁科芳雄 1890-1951、65km）がある。

クレオメデス　125km
p.182-A2, 184-B2

危機の海の北にある大クレーター。内部は溶岩に埋められ、中央丘がわずかに埋め残されている。クレーター底には谷があるが、大口径でないと見るのは困難。クレオメデスは1世紀頃に活躍したギリシャの天文学者。

波の海　245km　　泡の海　143km
p.186-A1, 186-D1

いずれも危機の海の南東にある溶岩平原。海と呼ぶほどは大きくない。

ネーパー　137km
p.183-A5, 186-C1

縁の海の南部にある大クレーター。内部は溶岩に埋められ、中央丘がわずかに顔を出す。深さは4kmあり、内壁も段丘状なので、縁にあるが見つけやすい。

縁の海　358km
p.183-A4, 186-A1

名前のように、東の縁に位置する海。直径580kmのマージニスベイスンに溶岩が堆積した平原。マージニスベイスは月で最も古いベイスンの1つで、その内部に堆積する溶岩の上にはクレーターが多いことから、縁の海は、南の海とともに月面では最も古い海の1つと考えられている。

オニール橋の謎

column 12

　1953年7月、J.オニールは口径10cmの屈折望遠鏡によって危機の海西岸にある小さな入江から扇状の光斑がゆっくりと後退しているのを観測した。彼はこれを2つの岬の間にかかる全長19kmの天然橋があり、その下に差し込んだ太陽光が生み出した現象だと解釈した。

　J.オニールはニューヨーク・ヘラルド・トリビューン新聞の科学担当編集者だったこともあり、この発表は話題を呼び、翌月27日にはイギリスの月面観測の大家H.P.ウィルキンスは口径15インチ（38cm）反射望遠鏡でオニール橋の存在を確信させるスケッチを残した（図1）。彼はオニール橋の存在をBBCラジオでも語り、翌1954年夏には米国ウイルソン山の60インチ（1.52m）反射望遠鏡の観測でもオニール橋の存在を確信している。

　H.P.ウィルキンスは伝統あるアマチュアのBAA（英国天文協会）の月面課長（1946～1956）だったこともあり、彼は直径300インチ（7.5m）の大月面図の作者としても知られている。また、月面観測のために当時ヨーロッパでは最大のパリ郊外にある33インチ（84cm）屈折望遠鏡に足しげく通っていた。しかし、大月面図は線画でやたらと細かくは描かれてはいるが、何が描かれているのかわかりにくく、見落としや間違いも多く、評判は良くなかった。当時もオニール橋の存在を否定する月面観測者は多く、プロの研究者には相手にもされなかったのが実情で、そもそも全長19kmの天然橋は力学的に考えても無理があるのは明白だ。

　では J.オニールやH.P.ウィルキンスは何を見たのだろう。図2はこの付近を口径35cm反射で撮影した写真、図3はLROのワイドカメラで撮影した写真である。オニール橋の位置は直径7kmのクレーターの西側外壁が太陽光に照らされた場所で、オニール橋の下から差し込んだ光斑はこのクレーターの東側内壁だったと見るのがよさそうだ。1950年代前半は探査機による月観測は夢物語で、月を専門とするプロの研究者はほとんどおらず、月観測は熱狂的なアマチュアによって支えられた時代だった。オニール橋はそんな時代の物語であった。

■ 望遠鏡観測で作られた最高の月面図

　19世紀後半になると、月面観測では現在の望遠鏡と見劣りしない性能の望遠鏡が設置されるようになった。しかしよく見えすぎるために、例えばヒギヌス谷、ガッセンディなど特定の地形は良いスケッチが残せても、月全体をカバーする月面図は出現が難しかった。ようやく出版されたのは1967年だ。

　当時、月周回衛星からの月画像は得られていないのに、アポロ計画の月着陸が現実味を帯びてくる。そのような状況で作られたのが、アメリカ空軍地図情報センターで出版された100万分の1月面図だ。表側が110枚に分割され、コペルニクスの直径は約10cmになる。使用されたのは、ローウェル、アメリカ海軍、アリゾナ大学のカタリナ、リック、マグドナルド、ピクディミディの写真に加えて、ローウェル天文台の20インチと24インチ望遠鏡での眼視観測で補われている。エアブラシで美しく、ほぼ正確に描かれた月面図は *https://www.lpi.usra.edu/resources/mapcatalog/LAC/* で見ることができる。

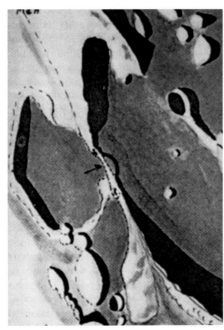

図1　ウィルキンスによるオニール橋のスケッチ

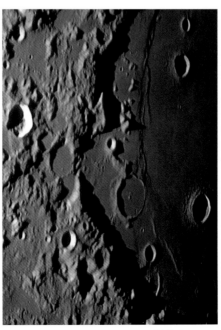

図2　35cm望遠鏡によるオニール橋付近

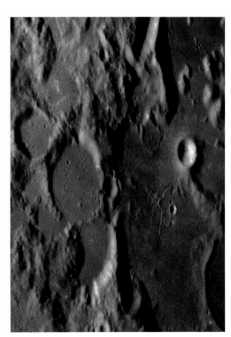

図3　LROによるオニール橋付近

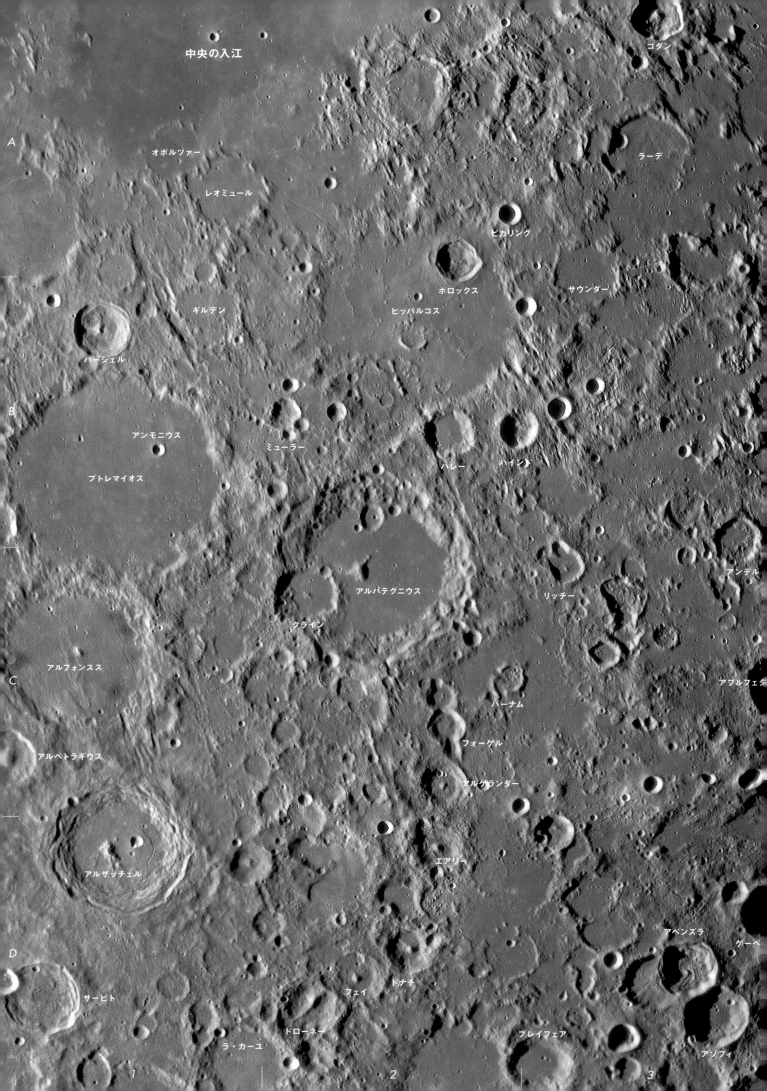

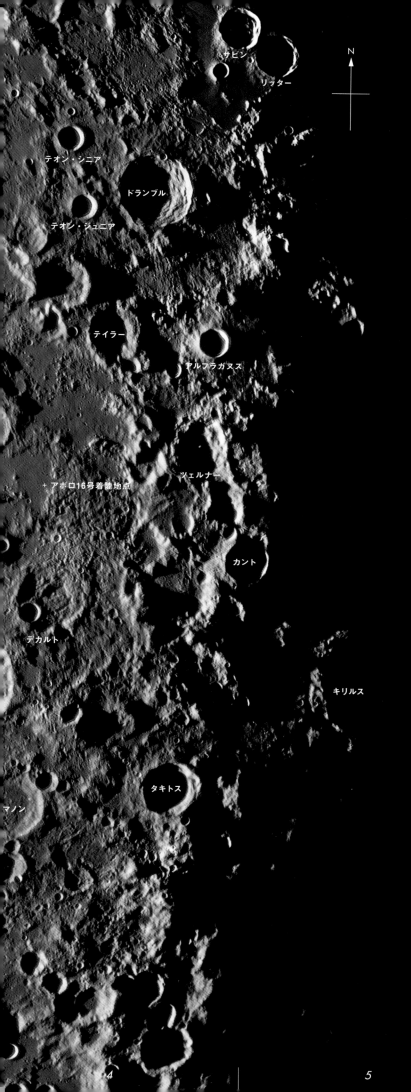
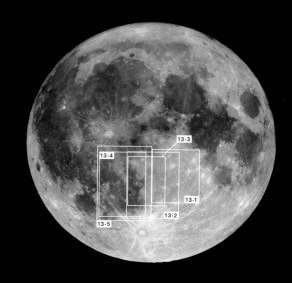

13. 雲の海とその東部

13-1 Great Peninsula（満月後）

　この写真の地域をさらに外側まで広げると（例えば写真p.28-29）、雲の海、雨の海、晴れの海、静かの海、神酒の海に囲まれた巨大な半島のように見えてくる。アリゾナ大学のD. Alterはこの地域を"Great Peninsula"（巨大な半島）と名付けている。

　月の海にはそれぞれ名前があるのに、高地には名前がない。実は、現在も使われている月の海の名付け親でもあるリッチオリは1651年、高地に11の名前を付けている。"Great Peninsula"の地域は"Tera Sanitatis"（健康の大陸）。しかし高地は海のようにはっきりした境がないので、使われなくなった。

　望遠鏡で月を眺めると、この地域はクレーターも多いが、平原が意外に多いことに気付く。例えばプトレマイオス、ヒッパルコス、アルバテグニウス内部は平原で覆われているが、海のようには暗くはない。クレーター間にもこのような平原が広く分布し、ケイリー平原と呼ばれている。ケイリー平原を作る堆積物は、アリアデヌス谷の南にあるクレーター、ケイリー（直径14km）(p.94)を模式地（基準となる場所）として、ケイリー層と呼ばれる。

　19世紀末、アメリカ地質調査所の初代所長であったG. ギルバート（1843-1918）は、これらの谷がインブリウムベイスン（雨の海の凹地）形成時に飛び散った巨大岩片によるひっかき傷であることを見破り、「インブリウムのひっかき傷」と名付けた。この写真でも、雨の海に近いヒッパルコスは気の毒なほどかつてのクレーター壁が破壊されて、ハーシェル東の深い溝は巨大岩片の威力を感じさせる。

　インブリウムベイスン形成後にできたアルザッチェル、アブルフェダ、ドランブル等のクレーターの新鮮さは、それ以前のクレーターとくらべると一目瞭然だ。

192 / 193

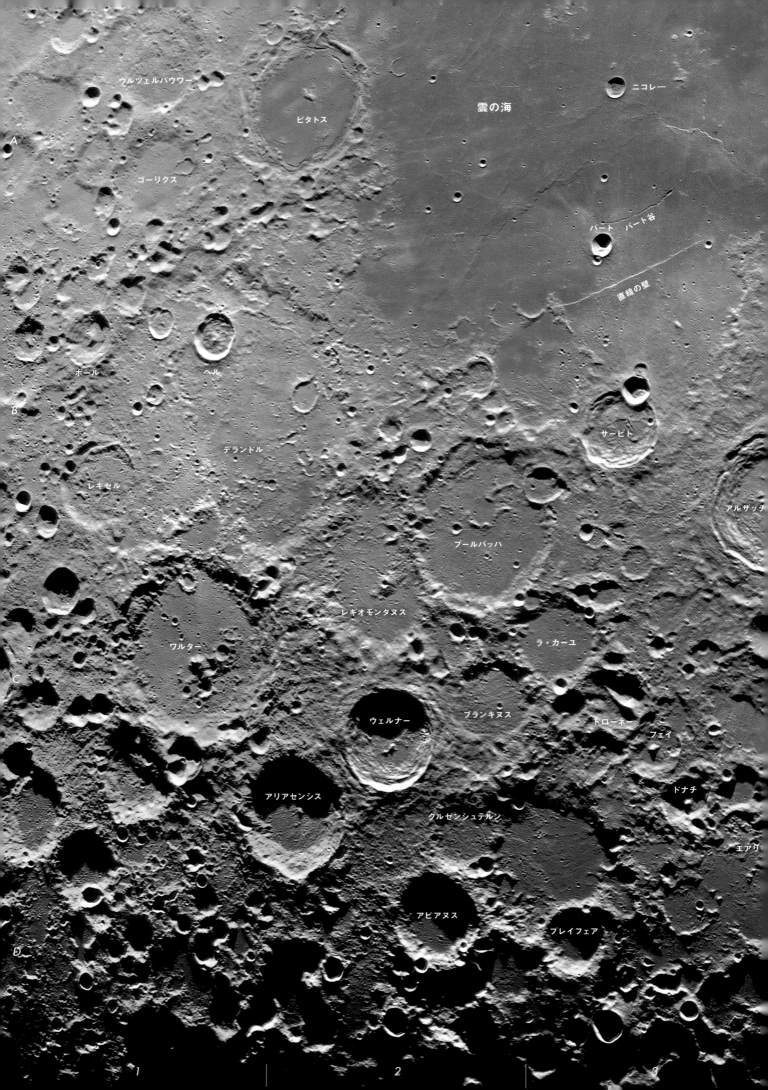

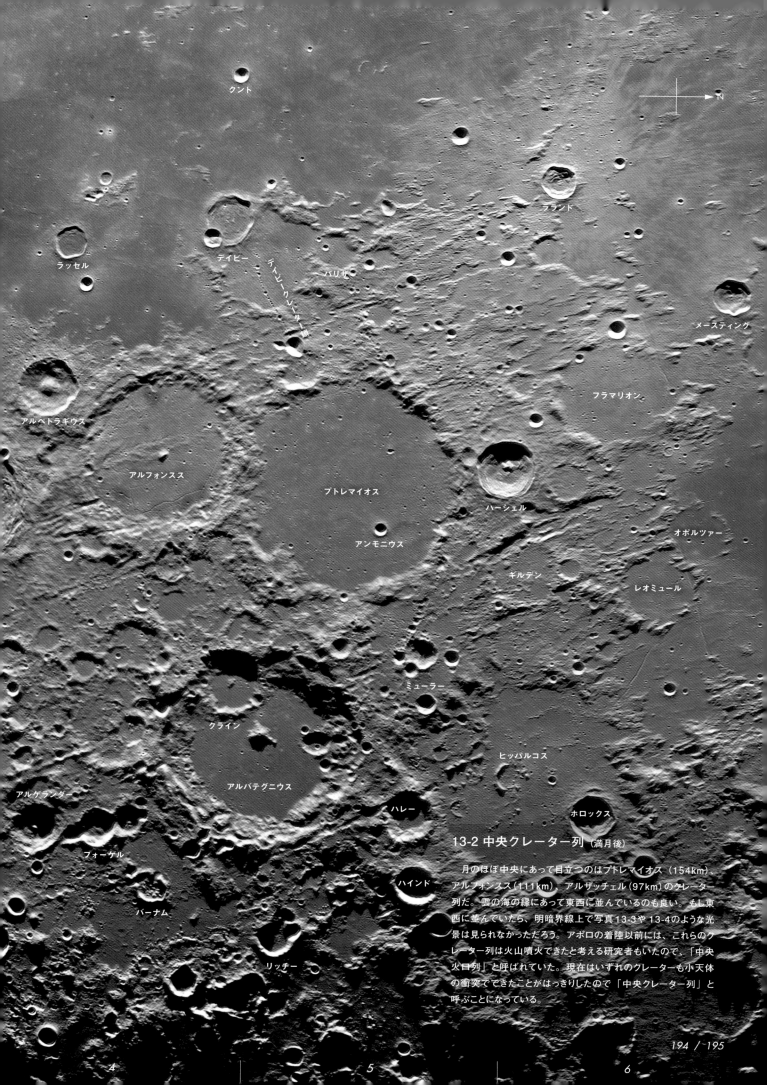

13-2 中央クレーター列 (満月後)

　月のほぼ中央にあって目立つのはプトレマイオス (154km)、アルフォンスス (111km)、アルザッチェル (97km) のクレーター列だ。雲の海の縁にあって東西に並んでいるのも良い。もし東西に並んでいたら、明暗界線上で写真13-3や13-4のような光景は見られなかっただろう。アポロの着陸以前には、これらのクレーター列は火山噴火できたと考える研究者もいたので、「中央火口列」と呼ばれていた。現在はいずれのクレーターも小天体の衝突でできたことがはっきりしたので「中央クレーター列」と呼ぶことになっている。

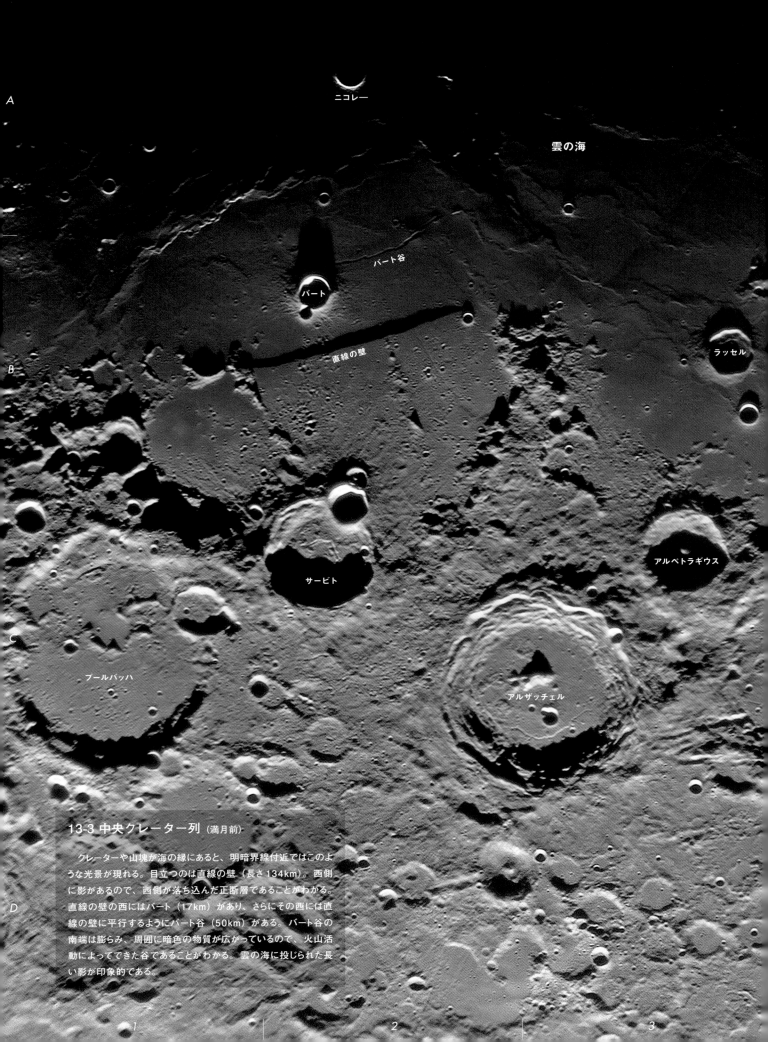

13-3 中央クレーター列 (満月前)

　クレーターや山塊が海の縁にあると、明暗界線付近ではこのような光景が現れる。目立つのは直線の壁 (長さ134km)。西側に影があるので、西側が落ち込んだ正断層であることがわかる。直線の壁の西にはバート (17km) があり、さらにその西には直線の壁に平行するようにバート谷 (50km) がある。バート谷の南端は膨らみ、周囲に暗色の物質が広がっているので、火山活動によってできた谷であることがわかる。雲の海に投じられた長い影が印象的である。

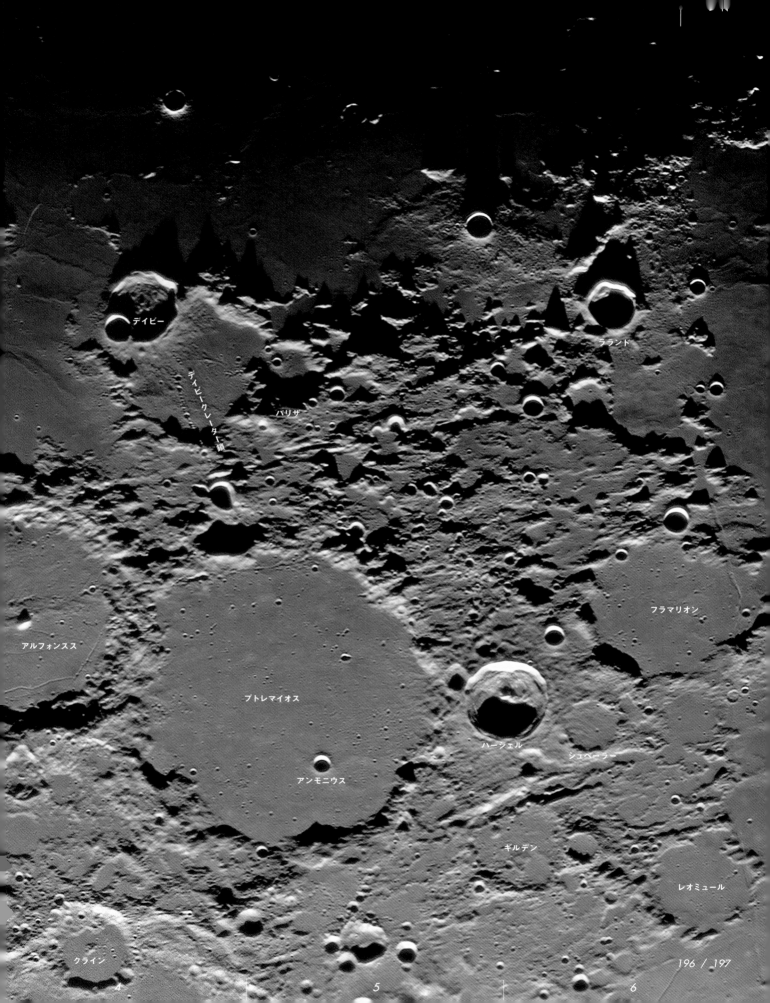

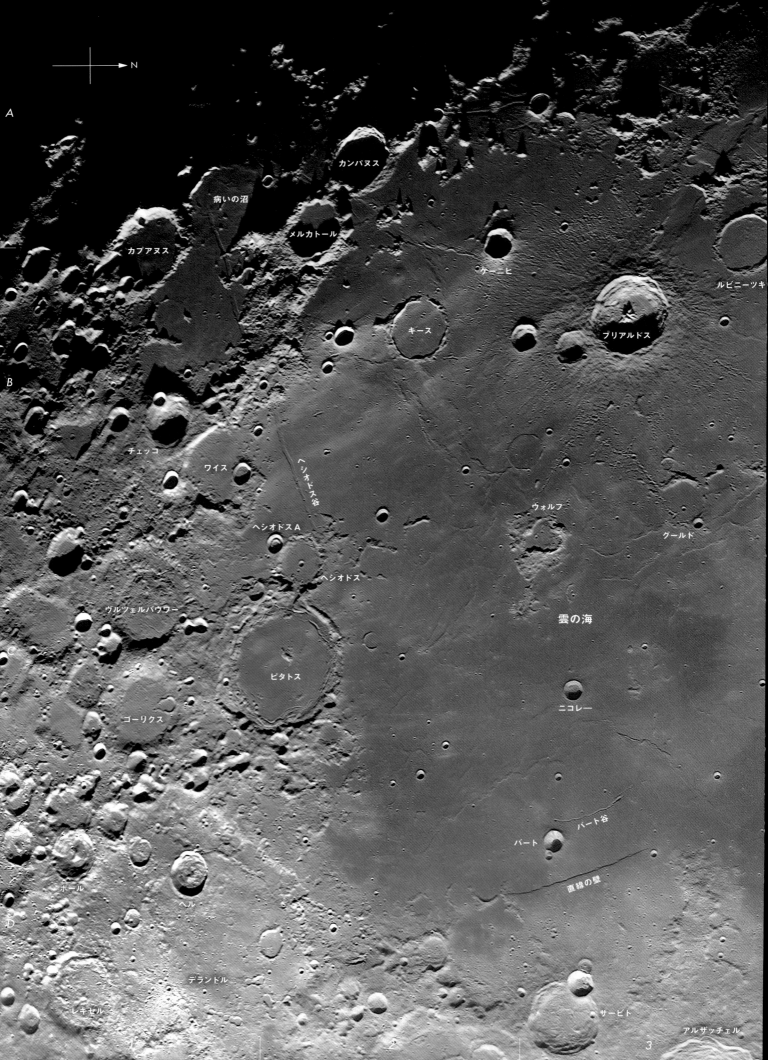

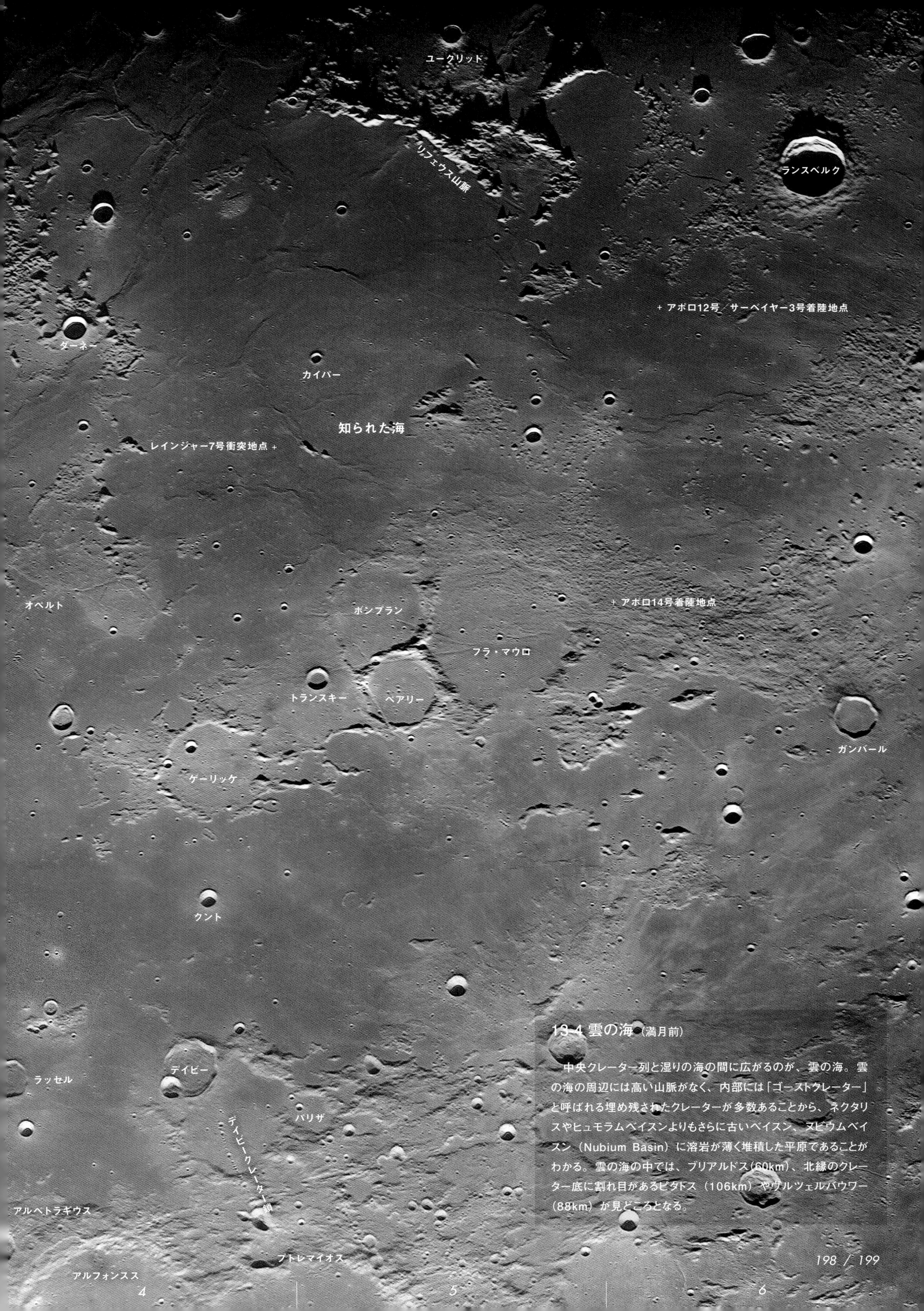

ユークリッド

リフェウス山脈

ランスベルク

+ アポロ12号　サーベイヤー3号着陸地点

ダーネー

カイパー

知られた海

レインジャー7号衝突地点 +

オベルト

+ アポロ14号着陸地点

ボンブラン

フラ・マウロ

トランスキー　ベアリー

ガンバール

ゲーリッケ

クント

13-4 雲の海 （満月前）

　中央クレーター列と湿りの海の間に広がるのが、雲の海。雲の海の周辺には高い山脈がなく、内部には「ゴーストクレーター」と呼ばれる埋め残されたクレーターが多数あることから、ネクタリスやヒュモラムベイスンよりもさらに古いベイスン、ヌビウムベイスン（Nubium Basin）に溶岩が薄く堆積した平原であることがわかる。雲の海の中では、ブリアルドス（60km）、北縁のクレーター底に割れ目があるピタトス（106km）やウルツェルバウワー（88km）が見どころとなる。

ラッセル　デイビー

パリザ

ディビークレーター列

アルペトラギウス

アルフォンスス　　　プトレマイオス

198 / 199

4　　　　　　　　　5　　　　　　　　　6

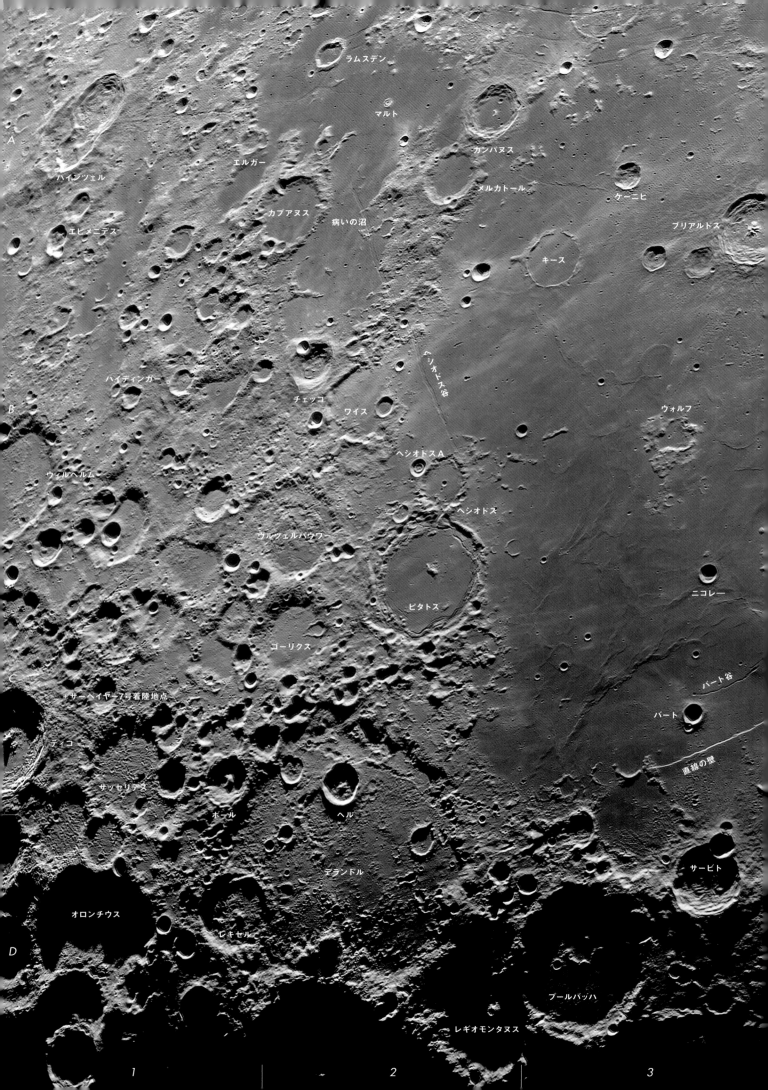

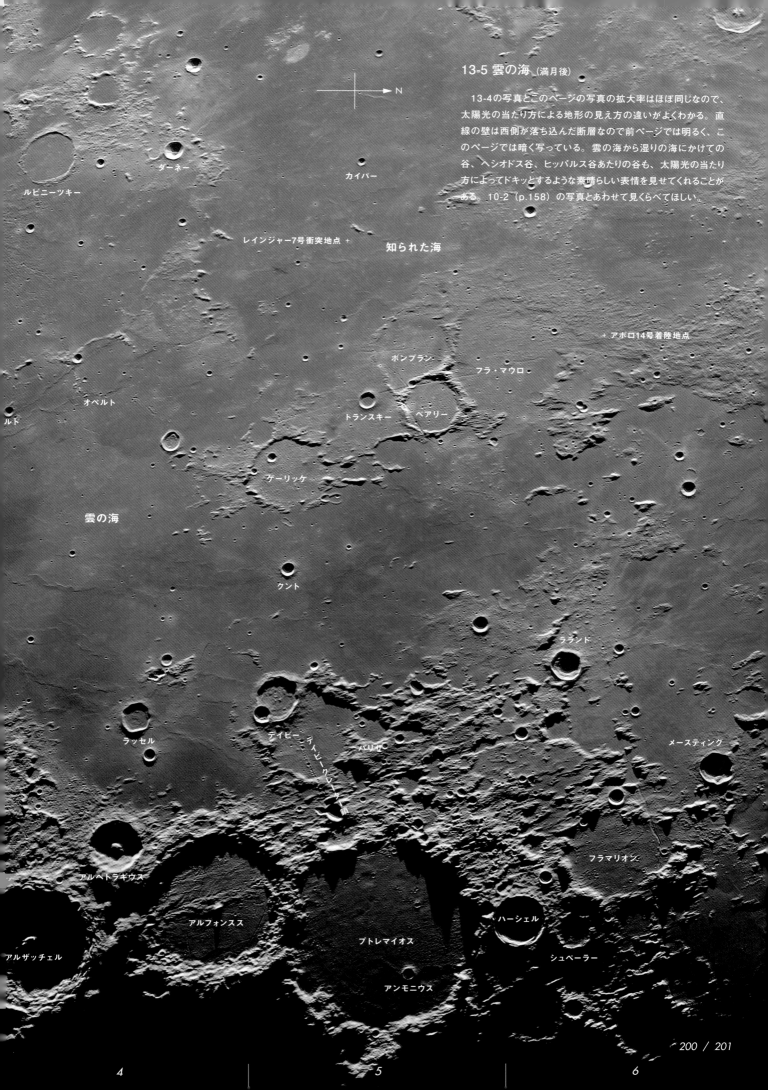

13-5 雲の海（満月後）

13-4の写真とこのページの写真の拡大率はほぼ同じなので、太陽光の当たり方による地形の見え方の違いがよくわかる。直線の壁は西側が落ち込んだ断層なので前ページでは明るく、このページでは暗く写っている。雲の海から湿りの海にかけての谷、ヘシオドス谷、ヒッパルス谷あたりの谷も、太陽光の当たり方によってドキッとするような素晴らしい表情を見せてくれることがある。10-2（p.158）の写真とあわせて見くらべてほしい。

地名解説【雲の海とその東部】

プトレマイオス 154km
p.197-C5, 201-D5

インブリウムベイスンからのひっかき傷のために六角形に見える。内部の平原はインブリウムベイスンからの堆積物で埋められているため浅く、深さ1,100m。太陽高度の低い時には、プトレマイオスA（9km）の北側にえくぼのようなプトレマイオスB（19km）が見られる。

アルフォンスス 111km
p.195-B4, 197-C4

プトレマイオスの後にできたクレーター。クレーター壁の縁には細い谷があり、その上には5個の暗斑がある。暗斑は爆発的噴火で吹き飛ばされた砕屑物起源で、暗斑の中には火口が見られる。1956年10月26日、イギリスの観測家アルターはウィルソン山の150cm望遠鏡でこの地域を撮影後、北東壁近くの谷が他の場所よりもぼやけていることに気付き、その原因が谷から発生したガスだと推定した。この観測に影響されたソ連のコジレフはこの地域の観測を続け、1958年11月3日に炭素ガスの吸収を占めるスペクトル観測を得た。現在でも彼らが何を観測したかはわからないが、アポロ着陸の直前までは、アルフォンススをめぐる衝突説と火山説の熱い論争が続いていたのである。

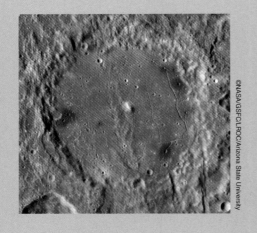

アルザッチェル 97km
p.194-B3, 196-C3

中央クレーター列では最も新しく、深さは3.6kmと最も深い。

アルペトラギウス 39km
p.195-B4, 201-D4

アルフォンススの南西にあるクレーター。丸い大きな中央丘があり、まるで鳥の巣の中にある卵のようだと形容される。

デイビークレーター鎖 45km
p.197-B4, 201-C5

プトレマイオスの西にあるクレーター列で、直径3km以下の小クレーター20個以上が連なる。火山噴火による火口列と考えられていた。しかし1994年のシューメーカー・レビー第9彗星の木星衝突があってから、分裂した彗星核が衝突してできたと考えられるようになった。

ヒッパルコス 138km
p.192-B2, 195-C6

プトレマイオスよりもさらに古いクレーターで、欠け際付近にないと目立たない。クレーター内の北東部にあるホロックス（30km）が良いアクセントとなっている。

ブリアルドス 61km
p.198-B3, 200-A3

ブリアルドスは、ティコをソフトにしたようなエラトステネス代のクレーター。すぐ北にあるのがブリアルドス形成前にあったブリアルドスA（25km）、少し離れた所にあるのが衝突後にできたブリアルドスB（21km）。

デランドル 256km
p.194-B1, 200-D2

雲の海の南にある大型クレーター。古いクレーターなので内部には多数のクレーターがあり、荒れている。かつては内部にヘル（33km）があることからヘル高原と呼ばれていた。ヘルはハンガリーの天文学者ヘル（1720-1792）にちなむ。しかしその名は地獄（Hell）を連想させ、欠け際にある時のイメージそのものだ。

ワルター 128km
p.116-D1, 194-C1

デランドルの東隣にある古い大型クレーター。この付近には直径100km級のネクタリス代、先ネクタリス代のクレーターが多数あるので、特徴がないと覚えにくい。

プールバッハ 115km
p.194-B2, 196-C1

海と高地の境界にあるので覚えやすい。すぐ南にあるレギオモンタヌス（108km）に重なっている。

ピタトス 106km
p.194-A2, 198-C2

形成直後はティコのようなクレーターで、深さも5km程度だったが、現在の深さは約1km。雲の海の溶岩がクレーター底を持ち上げ、あふれ出たために現在のように浅いクレーターになったと考えられる。クレーター縁を取り巻く谷が印象的。

ヴルツェルバウワー 88km
p.198-C1, 200-B2

元々のクレーターが古く、雲の海からの溶岩の侵入が不十分だと、このような形になるのだろうか。奇妙なクレーター底を持つ。

ヘシオドス谷 317km
p.198-B2, 200-B2

ヘシオドス（42km）の南縁に端を発する幅3km、深さ100mの地溝。海と高地を横切る。

ヘシオドスA 14km
p.198-C3, 200-B2

ヘシオドスに隣接する同心円状にクレーターが重なる奇妙なクレーター。同時衝突では説明できないので、地下のマグマの活動が原因だと考えられる。病いの沼にあるマルト（6km）も同様の起源か。

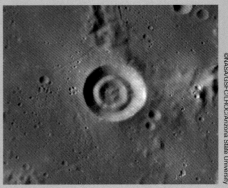

キース 45km　ルビニーツキー 43km
p.198-B2・3, 200-A3・201-A4

雲の海には、溶岩に埋もれかけたクレーターが多数ある。キースとルビニーツキーは周囲もクレーター内も溶岩に埋められ、リムだけが残されたクレーター。ウォルフ（25km）の東にあるウォルフT（27km）はほとんどすべてが埋められたクレーター。

月の表面を形作った衝突と火山活動

column 13

月の中央部で目立つのは、南北に並ぶプトレマイオス（直径153km）・アルフォンスス（118km）・アルザッチェル（97km）のクレーター列。新鮮な地形からアルザッチェルが一番新しいことはわかるが、プトレマイオスとアルフォンススの新旧は不明瞭だ。

アポロ月着陸の2年前、『月の科学』（NHKブックス）が出版された。当時、月の地質学についてまとめて書かれた本はほとんどなかったので、高校2年生だった私は発行されたばかりの本書を繰り返し読んだことを覚えている。この本で、火山地質学者の久野久は「月のクレーターの大部分は隕石の衝突でできたクレーターだが、プトレマイオスとアルフォンススはクレーター壁を共有しているので火山性のカルデラと考えたい」と推測した。久野久は1969年7月21日のアポロ11号月着陸のテレビ番組でも解説者として5時間も出演し、持ち帰った月の石の研究者リストに名を連ねるほどの世界的な火山学者だったが、アポロ着陸の2週間後の8月6日に胃癌で急逝された。59歳だった。

その後の月研究の進展によって、次のことが明らかになった。p.195の写真には北北西〜南南東の溝や尾根状の地形が多数見られ、プトレマイオスとアルフォンススのクレーター壁も同様な溝や尾根が認められる。尾根と溝は北側にあるインブリウムベイスン（雨の海の凹地、38.5億年前の巨大衝突で誕生）からの放出物によって削り取られてできた地形だったのだ。形成順に並べると、プトレマイオス→アルフォンスス→インブリウムベイスン→アルザッチェルで、いずれも小惑星級の天体の衝突で形成された。

1960年代半ばまで、月の地形・地質を調べる主な手段は地上からの望遠鏡観測だった。当時の望遠鏡の分解能は1km程度、本書で撮影されている月面写真程度である。しかしその後、60年代後半にはルナ・オービター、70年代にはアポロ軌道船によって、月全体では分解能100m程度、赤道域では20m程度の画像が得られるようになった。

2007年以降には日本の「かぐや」や米国のLROによって、メートルオーダーの画像や標高データが得られるようになった。地質や地形の研究者が地球の火山を研究する時、まず空中写真判読によって地形情報を収集するが、現在では同じ精度で月の地形を研究することができるようになった。

それによって、月のクレーターの大部分は小天体の衝突によってできたことがわかったが、一方でヒギヌスのような火山性クレーターがどのようにできたのかもわかってきた（p.137参照）。溶岩の噴出でできた平坦な海には、望遠鏡観測時代からドームと呼ばれた直径10km以下の小型楯状火山ばかりでなく、直径数百kmもあるが高さが数キロしかない大型楯状火山も発見された（p.155参照）。

また、日本の「かぐや」やインドの「チャンドラヤーン」によるスペクトル観測によって、玄武岩質の楯状火山ばかりではなく、SiO_2に富む珪長質な火山の詳細もわかってきた。

月の表面を形作った主役は、やはり衝突と火山の両方だったのである。

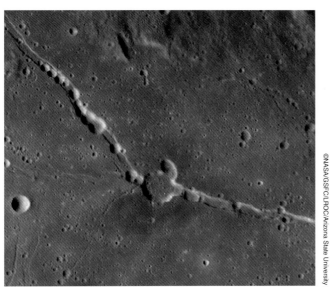

ヒギヌス谷の火山性クレーター。ヒギヌスクレーター（直径9km）から北西と東南東にそれぞれ幅2〜3km、長さ100kmの地溝が延びる。北西の地溝上には直径2〜4kmの小クレーターが連なる。

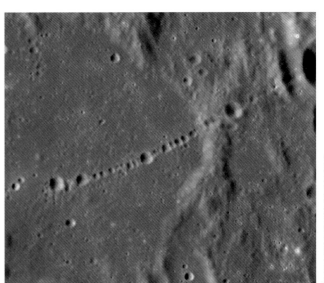

デイビークレーター鎖。隣接クレーター間には、ほぼ同時に衝突したことを示す尾根上の地形が横方向に延びていることがわかる。このようなクレーター鎖は、木星の衛星ガニメデ、火星の衛星フォボスにも見つかっている。

14-1 オリエンタレベイスン

月の首振り運動（秤動）によってオリエンタレベイスンが見やすい時期がある。このページの写真は満月直前、次のページ 14-3 はその1日前に撮影したもので、いずれもこの地域が5°余分に見えていた好期だった。

上の写真ではグリマルディ（235km）、シッカルト（212km）などの大クレーターとくらべると、オリエンタレベイスンの巨大さが実感できる。三重リングの外側はコルディレラ山脈（964km）、中間がアウタールック山脈（620km）、内側がインナールック山脈（480km）と呼ばれ、その内側に東の海がある。下の写真はその1日前、オリエンタレベイスンからの放出物によってどのように地形が影響を受けたかがわかる。

東の海は中心経度が 95° W、つまり月の西端よりもさらに5°裏側に回り込んだ位置にある。月の西縁にあるのに「東の海」と呼ぶのは、次のような事情だ。昔の天文学者は月が沈んでいく方を西、その反対側を東とした。しかしアポロの着陸が現実味を帯びてきた1960年代、月面に立った宇宙飛行士が南を向いた時に右側が東だと混乱することに気付いた。そのため、1970年頃までにはそれまでの「東」を「西」に変更したためだ。

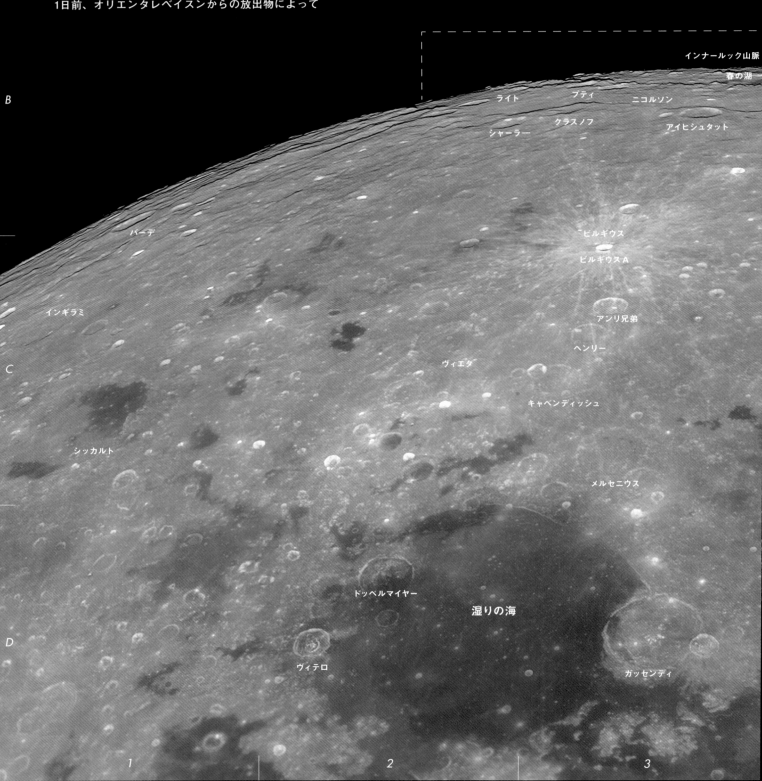

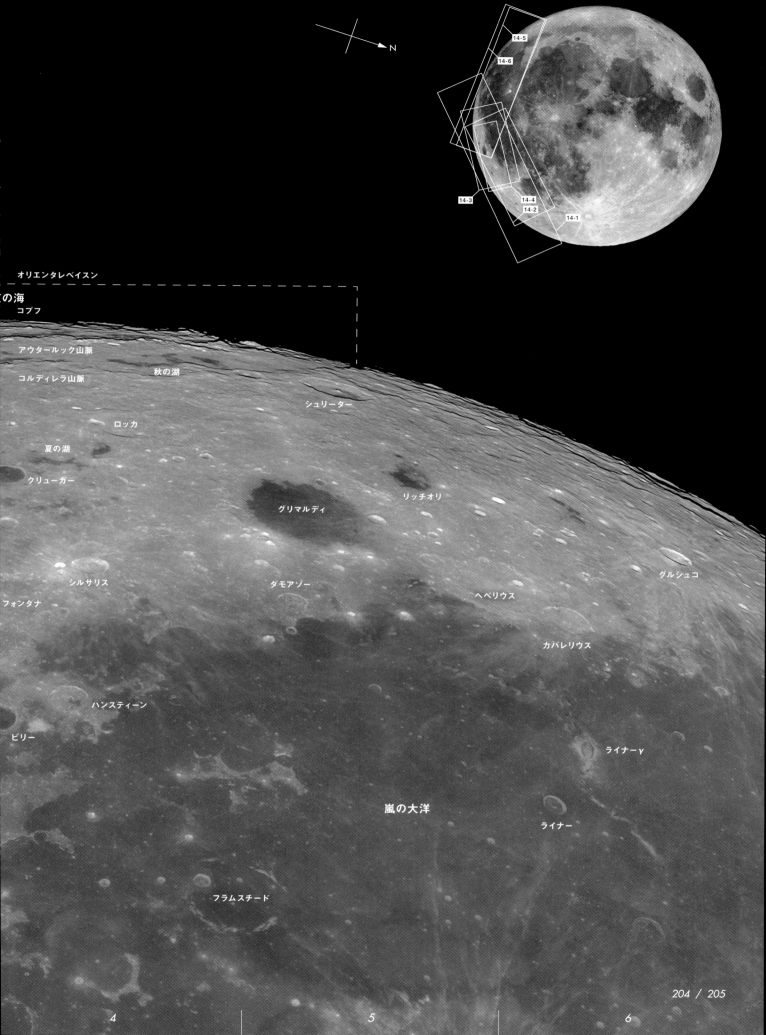

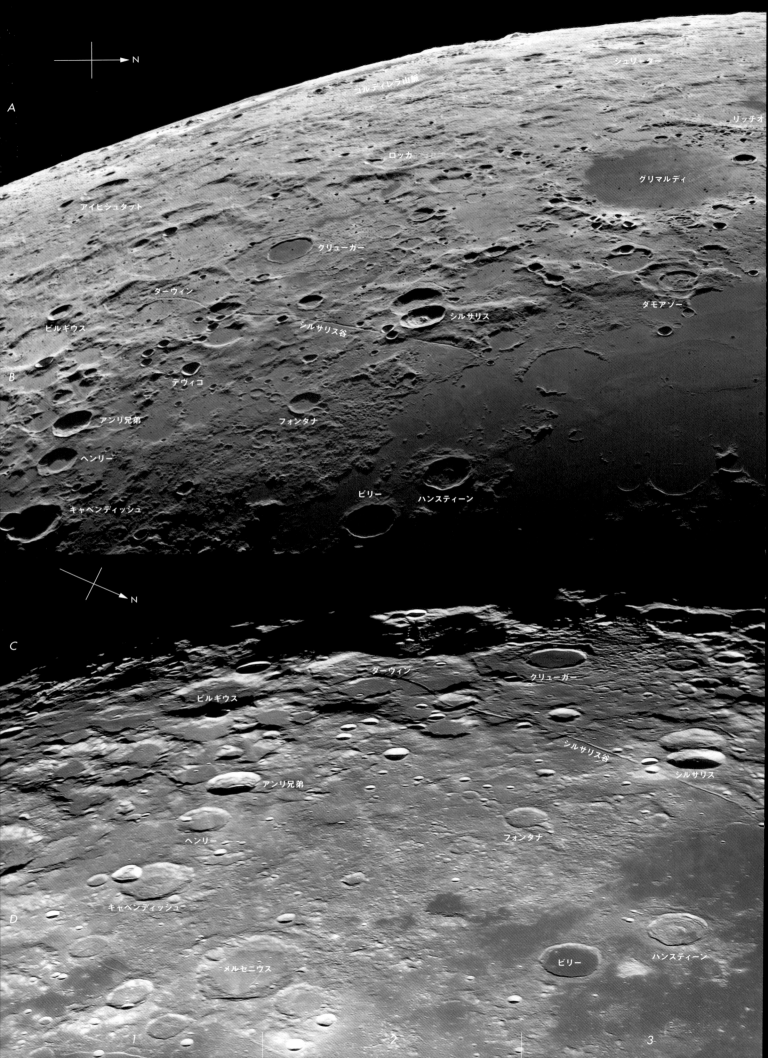

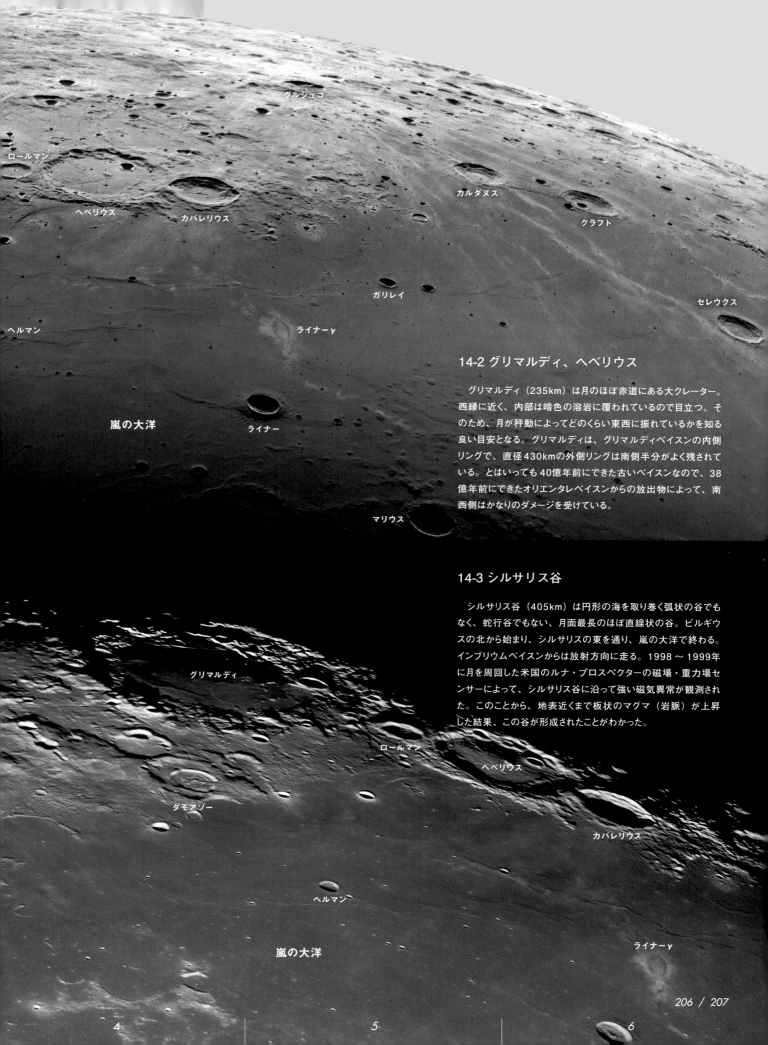

14-2 グリマルディ、ヘベリウス

　グリマルディ（235km）は月のほぼ赤道にある大クレーター。西縁に近く、内部は暗色の溶岩に覆われているので目立つ。そのため、月が秤動によってどのくらい東西に振れているかを知る良い目安となる。グリマルディは、グリマルディベイスンの内側リングで、直径430kmの外側リングは南側半分がよく残されている。とはいっても40億年前にできた古いベイスンなので、38億年前にできたオリエンタレベイスンからの放出物によって、南西側はかなりのダメージを受けている。

14-3 シルサリス谷

　シルサリス谷（405km）は円形の海を取り巻く弧状の谷でもなく、蛇行谷でもない、月面最長のほぼ直線状の谷。ビルギウスの北から始まり、シルサリスの東を通り、嵐の大洋で終わる。インブリウムベイスンからは放射方向に走る。1998～1999年に月を周回した米国のルナ・プロスペクターの磁場・重力場センサーによって、シルサリス谷に沿って強い磁気異常が観測された。このことから、地表近くまで板状のマグマ（岩脈）が上昇した結果、この谷が形成されたことがわかった。

206 / 207

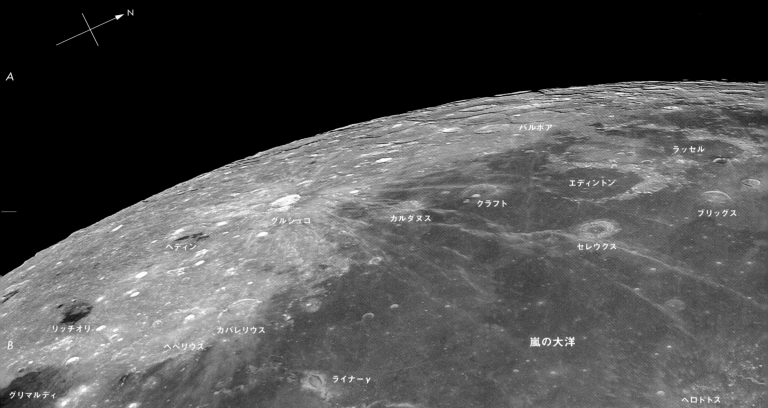

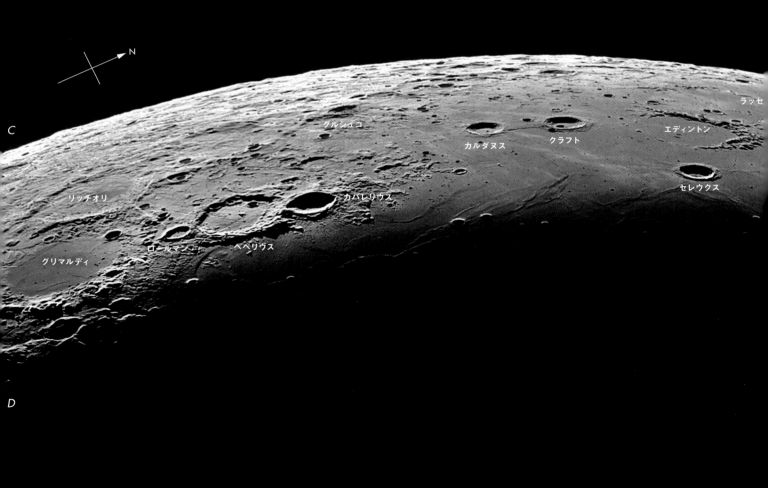

14-4 嵐の大洋西縁部（満月前）

　嵐の大洋の西縁は、この写真のように秤動の具合によっては高地との境界がわかりやすい時がある。この境界と寒さの海の北の境界、プトレマイオス〜ヒッパルコスと中央の入江の境界などを根拠に、ホイテッカー（1980）は雨の海南部を中心とした直径3,200kmの巨大なプロセラルムベイスンの存在を提言した。南極-エイトケンベイスンでさえ直径2,500kmなので、超巨大ベイスンということになる。ただし形成年代はさらに古く、形成当時は月内部が高温だったためにリムには高低差のある山脈はできず、形成後の衝突によって明瞭な地形は残されていない。

14-5 嵐の大洋西縁部（満月後）

　満月直前の上の写真と新月直前の下の写真をくらべながら、地形を対比させるのは興味深い。上弦と下弦の欠け際では太陽光が当たる方向が違うだけだが、西縁部では満月直前では順光、新月では逆光なので、地形の見え方が大きく異なる。加えて秤動によって、下の写真では北側が見にくくなっている。順光では明るさの違いが目立つが、逆光では微妙な地形の高低差が浮き彫りになる。1966年2月3日、ソ連は8回の失敗の後、カバレリウスの北に、無人探査機ルナ9号で世界最初の月着陸を成功させた。

地名解説【西縁部】

グリマルディ　235km
p.205-C5, 206-A3・207-C4

約40億年前にできた古いクレーターで、内部を暗い溶岩で埋められているため見つけやすい。グリマルディ（1618-1663）はイタリアの数学者・物理学者で、1651年に直径28cmの月面図を製作した。

リッチオリ　139km
p.206-A3, 208-C1

グリマルディの西に隣接する。オリエンタレベイスンからの放出物によって激しく痛めつけられているためにわかりにくい。リッチオリ（1598-1671）はグリマルディの製作した月面図に地名を付けた。リッチオリの命名した地名のうち、現在も使われているのは133のクレーター、7つの海、3つの入江、2つの沼、2つの湖。リッチオリは自分自身の名前のクレーターもちゃっかり命名している。

ヘベリウス　115km
p.207-A4・C6, 208-C1

古いクレーターだが、オリエンタレベイスンからの距離がリッチオリよりも250km遠いために、その放出物の影響は少ない。ヘベリウスはポーランド、ドイツの月観測者（1611-1687）。1647年に直径29cmの月面図を発表し286の地名を付けたが、現在同じ場所で使われているのはアルプス山脈、アペニン山脈など4つ。違う場所で使われているのがコーカサス山脈、ヘームス山脈など6つしか残っていない。

シッカルト　212km
p.160-A3, 204-C1

古いが形の整った美しいクレーター。内部は海の溶岩で覆われている部分とそうでない部分がある。オリエンタレベイスンからの放出物によってできた二次クレーター群がクレーターに見られる。

コルディレラ山脈　574km
p.205-B3・4, 206-A2

オリエンタレベイスンで最も顕著な、外側のリング構造。コルディレラはスペイン語で「山脈」の意味。コルディレラ山脈は奇妙な名前だが、ドイツの月面観測家メードラーによって1837年に命名された。

カルダヌス　49km　　クラフト　51km
p.207-A6, 208-C2・208-C3

嵐の海の西縁にある、似たような2つのクレーター。2つのクレーターを結ぶ谷はLROの画像では明らかに二次クレーターだが、その供給クレーターは不明。

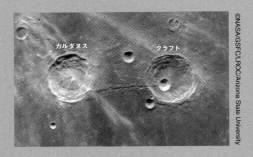

ラッセル　103km　　エディントン　118km
p.208-A3・C3

いずれも溶岩に埋め立てられ、クレーターのリムだけが残っている古いクレーター。

リヒテンベルク　20km
p.209-A4・C4

アリスタルコスの北西600kmにある新鮮なクレーター。光条は北西側120°の扇形にあり、反対側は新しい溶岩に覆われている。光条は10億年を過ぎるとわからなくなるので、この溶岩は10億年前よりも新しい、月で最新の火山活動の産物と推定されていた。しかし月周回衛星「かぐや」の地形カメラで測定されたクレーター密度年代は23.4億年前。溶岩が新しかったのではなく、光条が消えにくかったのだ。

ビリー　46km　　ハンスティーン　45km
p.206-B2・D3

ほぼ同じ大きさの、異なったタイプのクレーター。ビリーは内部を完全に溶岩に埋められているが、ハンスティーンはクレーター底をマグマに持ち上げられた構造を持つ（FFC）。隣接する明るい山塊はハンスティーン山（通称Arrow）で、シリカに富む溶岩からなる。

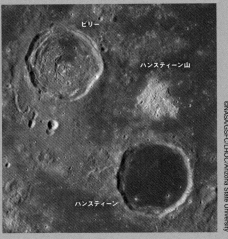

グルシュコ　42km
p.205-C6, 208-B2

2006年にオルバースからグルシュコに改名。月の表側で直径30km以上のクレーターとしてはアリスタルコス（1.59億年前）に次いで若いクレーター。クレーター密度年代によると、2.23億年前の衝突でできた。

ビルギウスA　19km
p.204-C3

月の南西縁にあるビルギウスのリム上にある。直径10km以上では月表側では最新のクレーター。クレーター密度年代によると5600万年前の衝突でできた。

クリューガー　45km
p.206-B2・C3

高地にあって、クレーター内部に暗色の溶岩が堆積しているので目立つクレーター。周囲には、オリエンタレベイスンからの放出物によって埋められなかった溶岩が点在する。

オリエンタレベイスン発見記

column 14

　1960年代が終わらないうちに人類初の月着陸を目指すアメリカには、1965年まで分解能1kmの地上からの望遠鏡写真しかなかった。このため、月の詳細な地形を撮影するために計画されたのが無人探査機ルナ・オービターだ。

　月を周回しながら撮影したフィルムを機内で現像するシステムのため、ルナ・オービターは空飛ぶDPE店と呼ばれた。現像されたフィルムはスキャナーで読み取られ、地球に送られた。1966年8月から打ち上げられたルナ・オービター1～3号でアポロ着陸候補地点の10m分解能での撮影に成功したため、1967年5月に打ち上げられた4号では、月の表側全面を重点的に数百m分解能で撮影された。その187枚目に写っていたのが下の写真である。真正面には黒々とした東の海、それを取り巻く三重構造の巨大クレーター、オリエンタレベイスンの鮮明な画像は世界中の月研究者を驚かせた。

　東の海は中心経度が95°W、つまり月の西端よりもさらに5°裏側に回り込んだ位置にある。1962年、アリゾナ大学の大学院生だったW.ハートマンは、地上から撮影された月写真を球面に投影し、東の海が山脈に囲まれた三重のリング構造であることを突き止めてはいたが、ルナ・オービター4号の画像は鮮烈だった。東の海 (Mare Orientale) にちなんで、この三重構造はオリエンタレベイスンと呼ばれるようになる。

　海の溶岩の容器となったベイスンの大部分は40億～38億年前の重爆撃期にできたもので、オリエンタレベイスンの形成はその最後を飾るものだ。ルナ・オービターの写真では、周囲1,000km以上にわたってそれ以前にあったクレーターを破壊し、放出物や二次クレーターをまき散らしている様子が読み取れる。望遠鏡で見ても、月表側の北西部がクレーターだらけの典型的な高地なのに対して、北西部のなだらかな地形は、オリエンタレベイスンの形成時に作られたものである。

　表側の海とは違って、オリエンタレベイスン内部は一部しか溶岩に覆われていない。2007年に打ち上げられた「かぐや」によるクレーター密度年代による溶岩の年代では、東の海が38～30億年前、春の海と秋の海では22～20億年前と大きな違いがあった。

　下の写真では、オリエンタレベイスンの外側にも点々と小さな海が分布することがわかる。月の地形が見やすいのは明暗界線付近だが、これらの小さな海の分布を見るのには影の少ない満月頃が良い。

1967年5月、ルナ・オービター4号が撮影した真上からのオリエンタレベイスン。表側の多くのベイスンにも多重構造があるが、溶岩で埋められているためにはっきりしない。オリエンタレベイスンは溶岩が少ないために、三重リング構造が明瞭だ。

さらに月を知りたい人のために

月はどのように見えるか？ ─欠け際と傾き─

月のどこが欠け際か─明暗界線を調べる

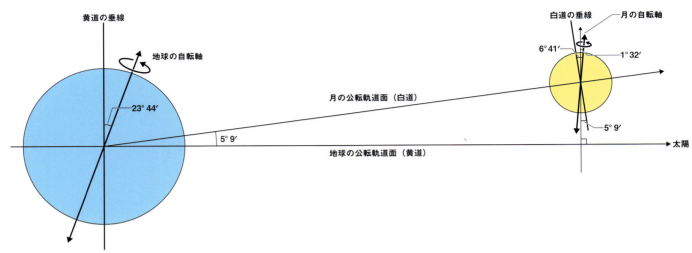

図1 地球の公転軌道面（黄道）・自転軸、月の公転軌道面（白道）・自転軸の関係。

■ 月の自転と公転

　地球から見る月の動きを理解するには、地球の公転軌道面（黄道）・地球の自転軸、月の公転軌道面（白道）・月の自転軸の関係を知ることがポイントだ。この関係を**図1**に示す。地球では自転軸と地球の公転軌道面（黄道）の極が23°44′傾いているために、季節の変化が生じる。月では自転軸と公転軌道面（白道）は6°41′傾いているが、自転軸は太陽光がやってくる黄道面に対しては1°32′しか傾いていない。このため季節変化が生じない。最近、月の南極の氷が話題になっているのは、月の南極にある深いクレーターの内部は太陽光によって永久に照らされないので、氷の存在する可能性が高いためである。

■ 月面余経度・月面緯度

　このように、月では地球のような太陽光の季節変化をほぼ無視できるので、太陽光の当たり方もシンプルだ。月面上で太陽が真上から照らす地点の月面経度、月面緯度をl、bで表す。lは0〜360°、bは0〜1°32′の値をとる。しかし、観測者の知りたいのは月面の明暗界線の経度なので、月面余経度Yを導入し、下記の式で定義する。

$Y = 90° - l$ （ただし $l > 90°$ の時は $Y = 450° - l$）

これは西回りに計った日の出の明暗界線（欠け際）の経度

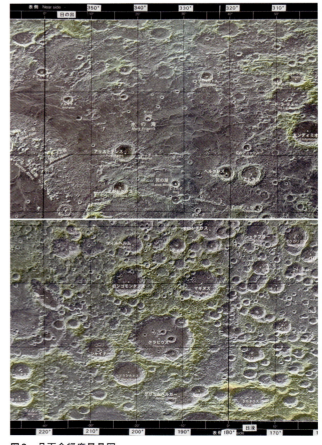

図2 月面余経度早見図

ということになる。月面緯度は最大でも±1.5°程度なので、あまり気にしなくてよい。新月から満月までは私たちが見ているのは日の出の明暗界線、満月から新月までは日没の明暗界線になる。

■ 天文年鑑と月面図から明暗界線を求める

『天文年鑑』には毎日9時の月面余経度Yの数値が載っているが、実際に上式に当てはめて計算し、月面図でその場所を調べるのは手間がかかる。その原因は、月の経度が東回りに定義されるのに、明暗界線の移動は西回りに進むためだ。

それならば月面図に「東回りの経度」を書き込めば、余経度Yの東回りの経度が日の出の地域、それから180°離れた経度が日没の地域となる。実際に参考文献にある月面図

図3　月面図からの明暗界線の調べ方

に私がテプラで「東回りの経度」を貼り込んだのが図2で、貼り込むのは表側だけで十分だ。この東回りの経度と『天文年鑑』の観測月日の月面余経度で合わせれば、明暗界線の地域がわかる。

月の首振り運動—秤動

次は、地球から見た月の傾きだ。月は自転周期と公転周期が等しいので、いつも地球に同じ面を向けている。しかし詳しく見ると、上下左右にわずかながら首振り運動をする。この首振り運動を秤動（ひょうどう）と呼ぶ。秤動には「経度の秤動」、「緯度の秤動」、「日周運動による秤動（日周秤動）」の3つがある。

■ 経度の秤動

月の公転軌道が楕円であることから生ずる秤動だ。月は地球と月の共通重心の周りを、離心率0.0549の楕円軌道に沿って公転している。地球－月間の距離は近地点で約35万6,000km、遠地点で約40万7,000kmで、その差は約4万kmになる。月は公転軌道面を遠地点ではゆっくり、近地点ではすばやく動くのに対して、月の自転周期は一定だ。

このため、図4のように近地点から遠地点に向かう時には月の東縁がさらに見え、遠地点から近地点に向かう時には西縁がさらに見えることになる。この「経度の秤動」によって、月の東西方向は最大7°54′余分に見えることになる。経度の秤動の周期は27.32158日（分点月）となる。

■ 緯度の秤動

月の自転軸は、月の公転軌道面（白道）に対して6°41′傾いている（図5）。このため、27.21222日の周期（交点月）で月の北極側を地球に向けたり、南極側を地球に向けたりする。厳密には観測地の緯度も影響するが、ほぼ無視できる。緯度の秤動は最大で南北方向に6°41′となる。

■ 日周運動による秤動（日周秤動）

観測者は地球の表面にいるので、月の出と月の入りでは月の向きが変化する。これが日周秤動で、日周秤動の最大は1°程度となる。

この3つのうち、特に大きいのは経度の秤動（最大7°54′）と緯度の秤動（6°41′）だ。この2つの秤動によって月周辺部の見え方はかなり変わってくる。そのため、毎年発行される『天文年鑑』では「月の首振り運動（秤動）」の項目で毎月のグラフ（図6）が掲載されている。このグラフから月周辺部の観測好機を調べることができる。

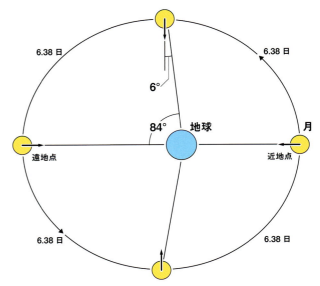

図4　経度の秤動

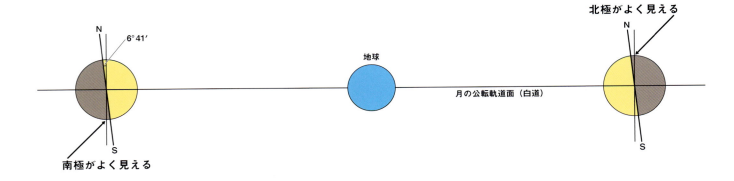

図5　緯度の秤動

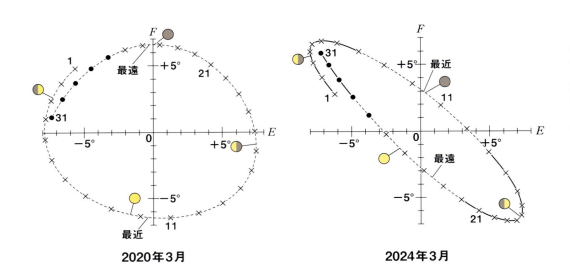

図6　『天文年鑑』掲載の2020年3月（左）と2024年3月（右）の秤動グラフ。経度方向の秤動を E、緯度方向の秤動を F で示す。E が正の時は東側（豊かの海のある側）、F が正の時は北側（雨の海のある側）が地球に向いている。地球の方に向いていても太陽光に照らされていなければ観測できないので、観測の好機は太線で示してある。後述するスマートフォンやパソコンでも秤動グラフはあるが、『天文年鑑』の秤動グラフは1年間の観測好機が一目瞭然の点で、優れている。

■ スマートフォンやパソコンで明暗界線と秤動を調べる

　現在では、スマートフォンやタブレットのアプリを使って、またパソコンのウェブサイトにアクセスして、明暗界線の位置や秤動の様子を簡単に調べることができる。

　私がiPhoneのアプリで使っているのは「月齢カレンダー」。初期画面で1ヵ月のカレンダーが表示され、目的の日をクリックするとその日の満ち欠け（明暗界線）が表示される。この満ち欠けには月の秤動も反映されている。同じくiPhoneのアプリの「Moon Atlas」（図7）はもう少し詳しく調べる場合に便利だ。「Moon Atlas」にはタブレットやPC用のソフトもあり、それぞれ画面の大きさによって情報量は増えてくる。

　さらに詳しく調べるには、パソコンでウェブサイトにアクセスする。天文の汎用ソフトでは月のサイトにたどり着くのに手間がかかるので、月専用ソフトが良い。お薦めは「Virtual Moon Atlas8.2」（図8）。明暗界線や地球から見た秤動を反映した月面を表示するだけでなく、全面モードにすると月の裏側や南北極からの地形も見ることができ、地名も表示できる。表示される月面図は口径10cmの望遠鏡程度あるので、月周辺部の撮影をする時にも役立つ。月の赤緯・赤径、出没時刻、正中時刻、視直径など、観測に必要な月のデータはこれだけでほぼ間に合う。起動画面で「AtLun」をクリックすると、図8のウインドウが表示される。基本的なボタンの機能は図8に示した。「Virtual Moon Atlas」にMac版がないのは残念。

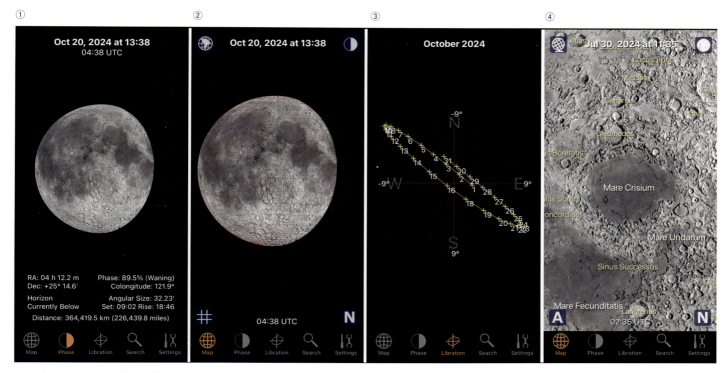

図7 「Moon Atlas」の画面 ①位相モード。秤動を反映した欠け際の位置、余経度、距離、月の出、月の入りの時刻、現在位置などが表示される。②地球から見た月面図。拡大可で地名（ラテン語）も表示できる。③秤動図。ほぼ『天文年鑑』の秤動図と同じ。④全球モード。月面の任意の位置上空からの月面図が表示される。秤動で月縁のどこが見えているか確認するのも役立つ。

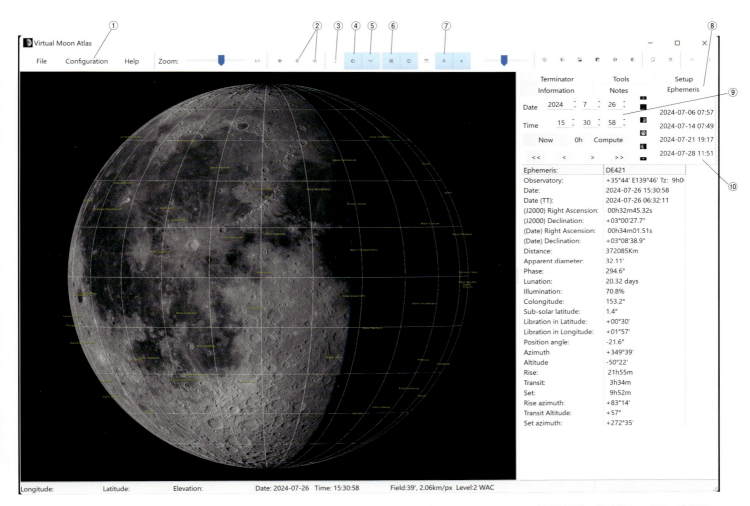

図8 「Virtual Moon Atlas8.2」の画面 ①設定（観測地など） ②南北鏡対称の入れ替え ③全球モード ON/OFF（裏面も可） ④位相 ON/OFF ⑤秤動 ON/OFF ⑥経線・緯線 ON/OFF ⑦地名 ON/OFF ⑧天体暦（Ephemeris）の表示 ⑨年月日・時分の設定 ⑩最寄りの新月・上弦・満月・下弦の日時
Virtual Moon Atlas8.2ダウンロードサイト　*http://ap-i.net/avl/en/start*

月を撮影するための機材

望遠鏡＋PCカメラ

　月を撮影するためのレンズに相当するのが望遠鏡だ。月の視直径は約30′（0.5°）、レンズの焦点距離の約100分の1の像を結ぶ。焦点距離1000mmならば直径10mmの月の像を結ぶことになる。2010年頃までは、望遠鏡の焦点面に一眼レフやミラーレスカメラを接続して撮影するのが一般的だった。

　現在ではカメラやレンズの性能が向上したために、望遠レンズ＋ミラーレスカメラ＋三脚の組み合わせで簡単に月写真が撮影できるようになった（**写真1**）。しかしさらに高分解能の月面写真を撮影するためには、月・惑星撮影用CMOSカメラを接続して撮影するのが主流になった（**写真2**）。月・惑星撮影用CMOSカメラはモニターがなく、コントロールするダイヤルもないので、パソコンとケーブルで繋ぎ、撮影用ソフトを利用して撮影する。ここでは私の撮影システム（**写真2**）を例に、撮影法を紹介する。

■ 月撮影に適した望遠鏡

　本書の月齢別写真のような分解能の写真を撮るためには、口径10cm程度の望遠鏡が必要となる。さらに本書の地域別写真のような写真を目指すならば、口径20cm以上の望遠鏡が望ましい。

　反射望遠鏡は光路内に副鏡などの遮蔽物があるためにコントラストが低下し、また筒内気流が発生しやすく、像のシャープさでは屈折望遠鏡に劣る。しかし、口径15cm以上の屈折望遠鏡は鏡筒だけで重量15kg以上で、高価にもなるため、個人での購入は難しい。

　そのため2000年以降、世界中で発表された月面の高分解能写真は、20～40cmの反射望遠鏡かシュミットカセグレン望遠鏡で撮影されたものが多い。シュミットカセグレン望遠鏡ではセレストロン社製品の活躍が目立つ。

■ 月撮影に向いたCMOSカメラ

　月撮影に向いたCMOSカメラは、中国のZWO社、Player One社などから販売されている。月撮影によく使われているCMOSカメラを**表1**に掲げた。いずれもセンサーのサイズの一辺が10mm以下なので、焦点距離1m以上望遠鏡で月全体を撮影するには、2枚以上の画像をコンポジットすることになる。

　私が主に使用しているのは、ZWO社のASI183MMモノクロカメラ（**図1**）。ピクセルサイズ2.4μm、5496×3672画素、センサーサイズ14.9×8.8mmと小さい。同じセンサーのカラーバージョンASI183MCもあるが、カラーカメラは4画素で1つのカラー画像を作るので、分解能の点でモノクロカメラに劣る。本書では高分解能の写真を目指したので、ほとんどがモノクロのASI183MMでの撮影である。

　望遠鏡の分解能εDは、有効径をDとすると
$$\varepsilon D = 115''/D$$
となる。望遠鏡の分解能を有効に活用するには、望遠鏡のF値（焦点距離／有効径）とCMOSカメラの画像ピッチの関係が重要になる（**表1**）。画像ピッチが小さければ短いFでよく、画像ピッチが大きければ大きなFが必要となる。私が使用するASI183MMの画像ピッチは2.4μmなので、必要な最小F値はF10、余裕をみればF20程度が適正となる。

写真1　一般の機材で撮影した月（300mm＋OLYMPUS OM-1）

SONYセンサー	画素ピッチ	センサーサイズ	画素数（万）	最大フレームレイト	最小F値	最大F値	ZWO社の該当製品
IMX678	2μm	7.7×4.3	829	48fps	8	12～18	ASI 678MM
IMX183	2.4μm	14.9×8.8	2000	19fps	10	15～25	ASI 183MM
IMX462	4.6μm	5.6×3.2	212	136fps	20	30～50	ASI 462MM
IMX294	4.6μm	19.3×12.9	1170	19fps	20	30～50	ASI 294MM
IM174	5.9μm	11.3×7.1	235	164fps	25	37～62	ASI 174MM
IMX432	9μm	14.4×9.9	176	120fps	40	60～100	ASI 432MM

表1　月面撮影に適したCMOSセンサー（モノクロ）

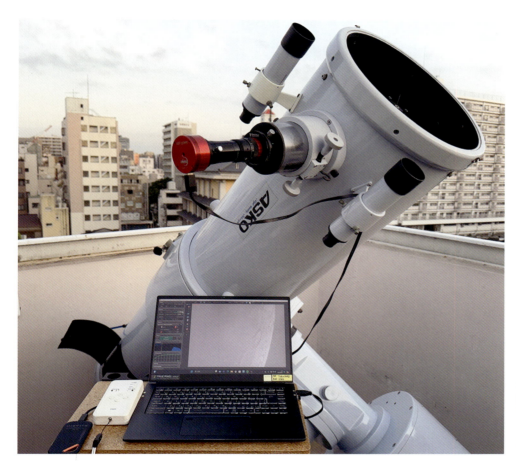

写真2　私の撮影システム。口径35cm反射赤道儀にCMOSカメラを接続、ケーブルを介してノートパソコンからカメラをコントロールする。左は望遠鏡のコントローラーと画像保存用の2TBのSSD。

■ フィルター

先ほどの式εD=115″/Dは眼視観測の緑色光（588nm）を基準とした場合で、さらに波長の短い青色光（400nm）と赤外光（800nm）を比較すると、青色光が2倍分解能が高い。しかし一方では、シーイングによる像の悪化は赤外光ほど受けにくい。この兼ね合いで、モノクロCMOSカメラを使用して口径20cm以上の望遠鏡で撮影する場合には、赤外フィルターを使用する場合が多い。

多くのCMOSモノクロカメラは図1のような感度曲線を持つが、800nmカットの赤外フィルターを使用すると受光量の低下が著しい。このため、685nmカットのBaader IR-Pass Filter（図3）が使用されることが多い。赤外フィルターでは青空の成分がカットされるので、日没前や日の出前にも撮影できるメリットもある。

カラーCMOSカメラは図2のように紫外や赤外部分にも感度があるので、正しい色調を得るためにUV・IRをカットするフィルター（図4）を使用する。

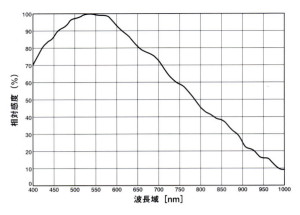

図1　ASI183MMの感度特性

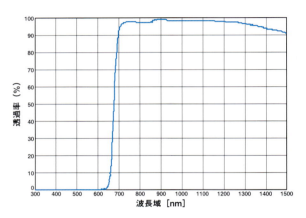

図3　バータープラネタリウム IRパスフィルターの透過特性

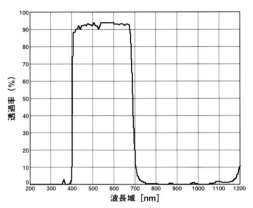

図2　ASI183MCの感度特性

図4　ZWO UV IR カットフィルターの透過特性

■ 補正光学系

　私はテレビュー社のパラコアタイプ2を使用している。これは放物面の主鏡のコマ収差を補正するコレクターだ。放物面鏡では、光軸から離れるにしたがって星像が伸びる。私の使用する口径35cm、F6の望遠鏡の直焦点では、視野中央に月を置くと月の両端では像の悪化が明瞭だ。像の悪化を補うため、月の撮影では常にパラコアタイプ2を使用している。

　パラコアタイプ2を使用すると焦点距離は1.15倍に伸び、合成F6.9、合成焦点距離は2,420mmとなる。これによってできる月の直径は約24mm、これをセンサーサイズ13.2×8.8mmのASI183の撮影範囲を示すと**写真3**のようになる。したがって、月齢によって3〜6画面を移動することによって月全体を撮影することになる。F値の大きな望遠鏡、あるいはセンサーサイズが小さなカメラを使う場合には、コマコレクターは不要となる。

■ 拡大光学系

　前述したように、F6.9では十分な分解能を得るためのF値には達していない。このために加えるのが拡大光学系だ。2000年頃までは接眼レンズや接眼レンズを改良した撮影レンズが多く使われたが、現在は凹レンズを使用したバローレンズが拡大光学系の主流となっている。私が使っているのはテレビュー社の2群4枚構成の2.5×パワーメイトだ（**写真4**）。コンパクトで、31.7mmスリーブを介して上記のシステムに加えると合成F17.3となり、**表1**の最大F値15〜25の範囲に入ることになる。

　しかし、年に数回しかない良シーイングの場合には、さらに拡大率を高くした方が良い結果が得られる場合が

写真4　望遠鏡の接眼部にセットするCMOSカメラ。2inchサイズのスリーブを介して、パラコアタイプ2＋直進ヘリコイド微動装置＋ IR-Passフィルター＋ ASI183MM（またはMC）カメラを接続する。拡大率を上げる場合には、微動装置とカメラの間に左のパワーメイト2.5Xを挿入する。

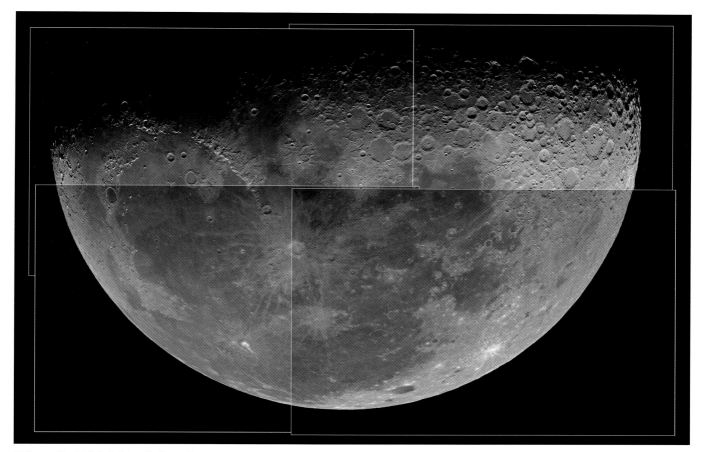

写真3 4枚の画像を合成して作成した月

ある。その場合には拡大光学系はそのままで、ZWO社のASI678MMを使用する。画素ピッチはASI183MMの2.4μmに対して2μmなので、実質的な拡大率は1.2倍高くしたことになる。画素数は半分しかないが、フレームレイト（1秒当たりの撮影枚数）が2倍以上あるので、1,000枚撮影するのに要する時間はASI183MMの53秒に対し、ASI678MMは25秒となる。良シーイング時に特定地域をクローズアップ撮影するのに役立つ。

■ 注意すべきゴースト

主鏡からCMOSセンサーの間にはさまざまな光学系が入るために、ゴーストが目立って使えないことがある。私は次のような組み合わせの時に著しいゴーストが発生した。①低倍率の拡大光学系としてオリンパスのマイクロフォーサーズカメラ用の1.4倍テレコンを使用した時、②赤外領域に高い感度のあるASI678MMの直前にIR 850nm Pass Filterを組み込んだ時。月は面積のある明るい天体で、ゴーストが目立ちやすいので注意が必要だ。

撮影用PCとキャプチャーソフト

高分解能の月写真を撮影するために2000年以降に使われ始めたのが、月・惑星撮影用CMOSカメラである。CMOSカメラで数分以内に撮影した多数の画像を画像処理することによって、高分解能な画像を得る。短時間に多数の画像を撮影するのは以下のメリットがある。①多数の画像を撮影することにより、その中で良い画像を選ぶことができる。②多数の画像をコンポジットすることによって、滑らかな画

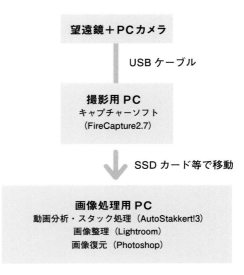

図5 望遠鏡とパソコンの接続

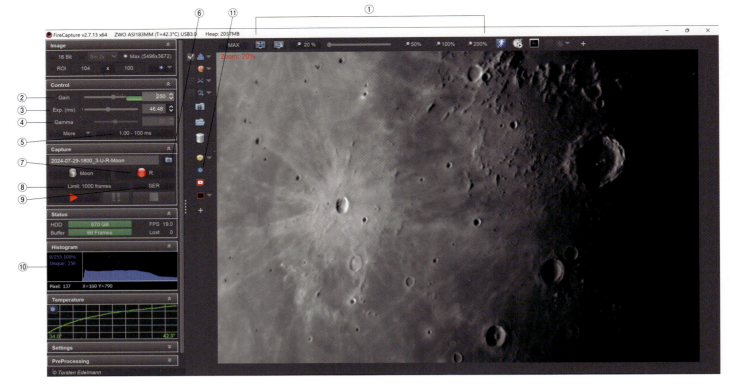

図6　FireCapture2.7の画面

像を得ることができる。③大気の擾乱で歪んでいる画像を複数のアラインメントポイントを設定することによって、その歪みを補正して正しい位置の月面を再現することができる。

月・惑星撮影用CMOSカメラは単独では撮影できず、望遠鏡＋CMOSカメラを組み合わせ、USBケーブルを介してWindowsパソコンのキャプチャーソフトを利用してコントロールする（図5）。キャプチャーソフトにはFireCapture2.7（図6）やSharpCapなどがあり、私はFireCapture2.7を使っている。ここではFireCapture2.7を使った私の例を述べる。

■ 拡大率の選定①

モニター上でのピント合わせは、望遠鏡側の微動リングで最初は画面全体（20%程度）で大まかに合わせ、次に50%に拡大して精密に合わせる。あまり拡大率を高くすると、シーイングのあまり良くない時にはピントの山がわかりにくいので注意する。

■ Control

・Gain②　私はF6.9の時にはGain:200、F17の時にはGain:250にしている。
・Exp.③　シャッター速度は⑩のヒストグラムを見ながら調整する。露出時間が長いとシーイングよる像の悪化があるため、1/20秒よりも高速にしたい。
・Gamma④　50の時がカメラのダイナミックレンジが最大なので50に固定している。
・シャッター速度の範囲⑤　月・木星などのマークによってシャッター速度の範囲が変わる。月マークは1.00-10ms、木星マークは1.00-100ms。

■ Capture

・動画像を記録するフォルダー⑥　私は2TBの外部SSDに記録するようにしている。50構図×1,000枚で1TB程度の大データになるので、画像処理ソフトで処理後は得られた静止画だけを残し、動画は破棄する。
・使用フィルター⑦　モノクロのASI183MM＋685nmカットのBaader IR-Pass Filter使用時はR、カラーのASI183MC＋UV・IRカットフィルター使用時はRGBに設定する。
・Limit⑧　撮影枚数と撮影時間のどちらかで設定する。私は撮影枚数1,000〜1,200枚と設定することが多い。ASI183MMでの撮影時間は1分弱。私の望遠鏡には月追尾はあるが、赤緯方向のみなので、1分以上の場合には赤緯方向を微修正しなければならないからでもある。
・SER⑨　記録する保存フォーマットの指定。動画はAVI（8bit）、SER（16bit）が選択できる。月・惑星用のCMOSカメラの多くは12bitなので、SERを選択する。

■ Histigram⑩

月全体を撮る時には、ヒストグラムが100%に達しないように注意する。しかし月の一部を撮影する場合には、撮影対象によって変わる。例えば欠け際ぎりぎりのドームのような地形を撮影する場合には、ドームを適正露出にし、欠け際から離れた地域が露出オーバーになっても無視する。

■ General⑪

撮影開始時と終了時にBeep音を鳴らす機能を設定すると便利だ。

■ キャプチャーソフトで月を見る

　私が接眼レンズを通して月を見ている時間はそれほど多くはない。まず格納庫のスリットを開け、月に望遠鏡を向け、接眼レンズを通して欠け際の様子やシーイングの状態を確認する。これでいけると思えば接眼レンズを撮影用PCカメラに交換して、16インチのノートパソコンに接続して撮影を始める。構図を決め撮影を始めると、ZWO社のASI183の場合は約1分、同じモニター画面を見ることになる。モニター画面は、接眼レンズを通しての生の光を眼視で見る感動はないが、楽な姿勢で長時間眺められる。そのため、シーイングによる像の揺らめきの合間には、眼視に劣らず細部を観察できることがある。

　モニター画面を通して月を見せる方法は、特に初心者に月面を見せる場合には効果的だ。初心者は接眼レンズ後方の正しい位置にアイポイントを置くことが難しく、ピントさえ合っていない場合もある。また接眼部の高さや方向などでのぞくことさえ困難な場合さえある。モニター画面ならば観測ポイントを示しながら説明することができるし、拡大率もズーム機能で変更することができる。

　図7はFireCapture2.7の操作パネルを左側に移動してモニター画面を最大化した場合だ。画面の明るさはキーボードの矢印キーで調節することができる。最近では、撮影ではなく見ることを目的とした、望遠鏡接眼部の31.7mmスリーブに差し込むだけですむデジタル接眼レンズが、接眼レンズよりも安い価格で発売されている。スマート望遠鏡は月面を見るには不向きだが、従来の望遠鏡＋デジタル接眼レンズの組み合わせは月面を楽しむ良い手段になるかもしれない。

図7 FireCapture2.7のモニター画面を最大化した様子

画像処理ソフトと最終処理

■ 画像処理用ソフト

　キャプチャーソフトで撮影した大量の画像を重ね合わせ（スタッキング）、生成した画像から各種のシャープ化（先鋭化）することで、詳細な地形を浮かび上がらせるために画像処理を行う。画像処理ソフトにはAutoStakkert!3、RegiStax、ステライメージ9などがある。AutoStakkert!3とRegiStaxは海外のフリーソフトで、下記サイトから無料で入手することができる。

AutoStakkert!3
https://www.autostakkert.com/wp/download/
RegiStax
https://www.astronomie.be/registax

　私はAutoStakkert!3（以下、AS3）を使っているので、そのポイントを説明する。

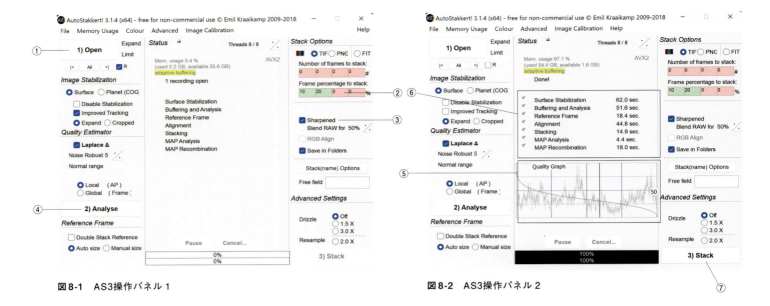

図8-1　AS3操作パネル1　　　　　　　　図8-2　AS3操作パネル2

AutoStakkert! 3（AS3）

　AS3を起動させると「操作パネル」(図8-1) と「動画表示パネル」(図9) の2つのウインドウが開く。まず「操作パネル」で「1) Open」(→①) をクリックして動画ファイルを読み込ませる。最初は図8-1のような設定を薦める。右上の「Stack Options」の下「Frame percentage to Stack」は、グラフに表示された上位何パーセントを重ね合わせに使うかの質問だ。数値が多いほど像は滑らかになるが、良像以外も含まれることになる。複数選択できるので、私は10%（100枚）と20%（200枚）を設定している（→②）。「Sharpened Blend RAW」（→③）にチェックマークを入れると、通常のtif画像とconv.tifと接尾語の付いた画像が生成される。conv.tifはある程度シャープネス化された画像だ。

　この状態で「2) Analyse」（→④）のボタンをクリックすると、数分後に「操作パネル」の中央にQuality Graphが表示される（図8-2の⑤）。これが撮影された画像の優劣を示すグラフで、薄いギザギザな線は優劣を時系列で並べた線、左上から右下に下がる曲線は品質順に並べた曲線だ。「Frame percentage to Stack」はこの曲線の左から何パーセントを選ぶかの数値となる。

　最後に、「動画表示パネル」でAP (Alignment Point) を設定する。私は図9のように設定している。APの設定が終わったら「操作パネル」の「Stack」ボタンを押すと、数分〜数十分後にスタック画像が生成され (図8-2の⑥)、元画像のあるフォルダー内のサブフォルダーに保存される。

　最初の読み込みの段階で複数のファイルを読み込ませると、自動的に連続して処置を進めてくれるので、構図を変えた数十枚の画像を処理する時は、寝る前に処理を始めると朝起きた時には全処理が終了しているので便利だ。

最終処理

■ ファイルへの保存

　AS3で撮影された一連の画像は「月2023.10.06.月齢21」のようなファイル名を付けて保存すると、後からアクセスした時にわかりやすい。撮影された動画は数百ギガ、時には1テラを超えるので保存するのは困難なので破棄し、tiff画像、cov.tif画像、撮影データのみを残す。tiff画像、cov.tif画像をLightroomに読み込んで処理を始める。私は以降、AS3でシャープネス化されたcov.tif画像を使用する。

■ 画像のパノラマ化

　まず複数の画像を結合して、カバーする範囲を拡げる。直焦点＋パラコアの画像は、主に月全体の画像を作るための材料だ。月齢が半月よりも細い場合には3枚、それ以上の場合には4〜6枚を合成して1枚の画像を作る。Lightroomでは「写真」-「写真を結合」-「パノラマ」を、LightroomからPhotoshopを使って合成したい場合には「写真」-「他のツールで編集」-「Photoshopでパノラマ

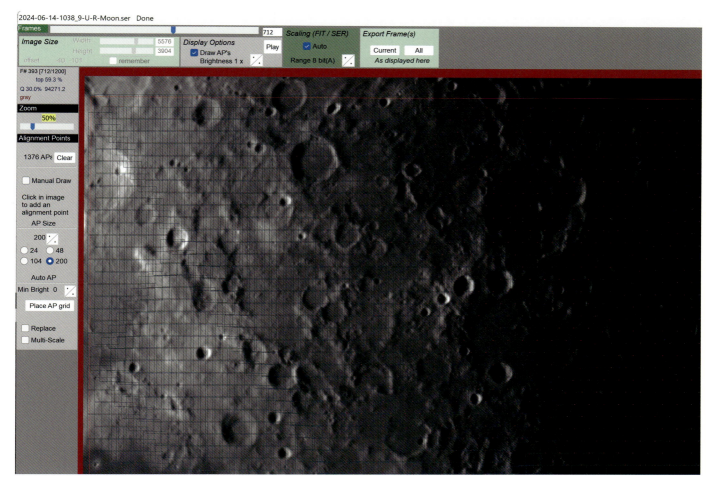

図9　AS3 動画表示パネル

に結合」を選ぶ。どちらで合成しても結果に大差はない。合成した画像は「レイヤーを結合」-「トリミング」して次の画像の調整に進む。クローズアップ画像も通常は2〜4枚の画像を結合してカバーする範囲を拡げている。

　最終的な仕上げには、私は長年使い慣れたPhotoshopを使用している。

■ 明るさの調整とシャープネス化
　　（Photoshopでの処理）

　ここまでの画像では、欠け際は暗く月の縁は明るすぎるので、明るさを調整する。明るさの調整には幾通りものやり方があるが、気軽にできるのは「イメージ」-「色調補正」-「シャドウ・ハイライト」で調整する方法だ。この時「シャドウ」「ハイライト」とも18%にすると見やすい画像が得られる。私の直焦点＋パラコアの合成画像では南北方向が9,000ピクセル程度で、その後は必要に応じてシャープネスをかける。月全体を見せる場合にはとりあえずは「フィルター」-「シャープ」-「アンシャープ」で量:80%、半径:3.0程度にしておく。クローズアップの場合には量:150%、半径5.0程度にする。

　この後の調整は人によってさまざまだ。「イメージ」-「調整」-「ヒストグラム」でカーブを調整する方法、さらには「なげなわ「選択範囲」-「選択範囲を変更」-「境界をぼかす」ツールで範囲を指定してから「ヒストグラム」でカーブを調整する方法、「覆い焼きツール」や「焼き込みツール」で調整する方法などがあるが、このあたりは各自の腕の見せどころだ。

　最終的に、場合によってはシャープネスをさらにかける。しかしシャープネスのかけ方は、どのくらいの大きさで、どのような方法での見せ方をするかによって異なる。A4サイズのプリントか、A0サイズのプリントかによっても違うし、HDモニターか5Kモニターかによっても異なる。見た時にほどほどにメリハリがあって、ギスギスしていないように心がけてほしい。月ではわかりにくいが、人物や風景などでさまざまにシャープネスをかけて試してみると、自然に見えるシャープネスのかけ方がわかりやすい。

LROで月を見る

　ルナー・リコネサンス・オービター（LRO）は2009年6月、NASAによって打ち上げられた本体重量約1,000kgの月探査衛星だ。15年以上経過した現在も高度50～200kmの極軌道で月を周回している。6つの観測機器が搭載されているが、ここでは地図製作に重要な望遠カメラ、広角カメラ、レーザー高度計を紹介する。

◎望遠カメラ（NAC）：リッチークレチアン光学系（F3.59, f700mm）の分解能0.5m・画角2.85°・走査幅5kmのモノクロカメラ（重量8.2kg）2台からなる。

◎広角カメラ（WAC）：分解能100m・画角92°・走査幅60kmのカラーカメラ（重量0.9kg）からなる。広角カメラはすでに月全周をカバーしているが、望遠カメラは1回の走査幅が狭いので、月全体はカバーしていない。

◎レーザー高度計（LOLA）：同時に5つのレーザーを高度50kmでは50m幅・28Hzで照射することによって標高データを取得する。

　次に紹介するLunar QuickMap（*https://quickmap.lroc.asu.edu/*）はこの3つのデータを利用して作られたウェブサイトだ。ここでは月面を詳しく知るために役立つポイントを説明する。

地図として使う

　Lunar QuickMap（*https://quickmap.lroc.asu.edu/*）を開くと、正射投影の表側月面図（**図1**）が現れる。左下にはマウス位置の緯度・経度、画面中央の分解能/画素などが標示される。

図1　Lunar QuickMapの開始画面　①地図の投影法　②レイヤーの on・off　③計測ツールの選択　④セッテング　⑤全画面表示　⑥緯度・経度　⑦1ピクセルの解像度　⑧緯線・罫線の on/off　⑨等高線の表示　⑩スケール　⑪拡大・縮小

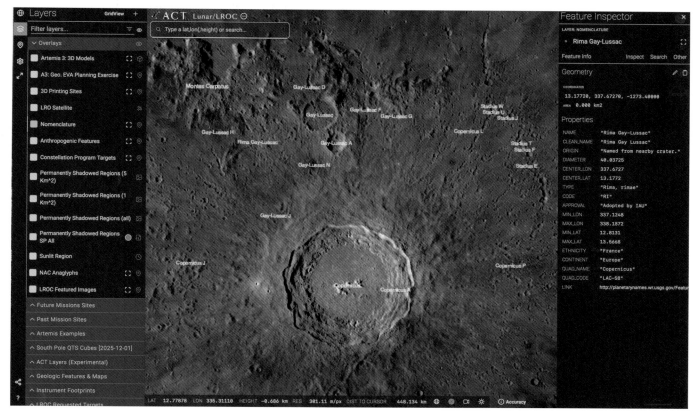

図2　地名表示

図3　湿りの海西部の3D動画。位置・高度・方向を指定して右上4番目のボタンをクリックすると、指定ポイントを中心にして回転する動画が見られる。

■ 投影法［Projection］の選択（図1の①）

図1の①をクリックすると投影法のメニューが表示される。正射投影は表側、裏側、北極中心、南極中心が選べる。最後の［Lunar Globe（3D）］を選択すると3D月面図が表示される。3D月面図はマウスやキーボードなどで移動、回転、拡大・縮小ができる。

■ レイヤー［layers］（図1の②）

Lunar QuickMapにはLROだけでなく多数の「かぐや」、「チャンドラヤーン」などの月探査機のデータ、USGSの地名データベースなどの情報も組み込まれている（図2）。［Layers］をクリックするとアクセスできる観測機器などが表示される。さらに［Overlays］→［Nomenclature］とク

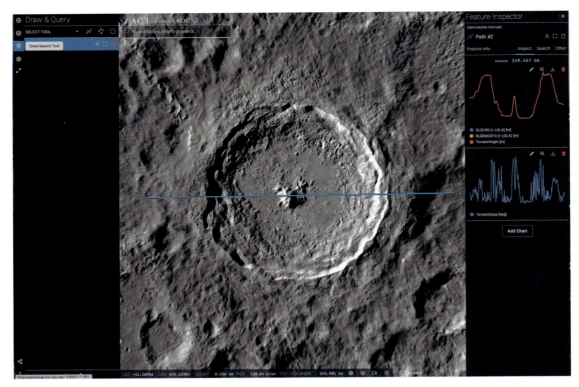

図4 ティコの断面図上の標高などが表示された画面

リックすると、地名が表示される（図2）。地図を拡大すると表示される地名は増加し、分解能500m以上では現在命名されているすべての地名が表示される。さらにその地名をクリックすると、地名の詳細が右側に表示される。最下部のアドレスをクリックすると、最も詳しいアメリカ地質調査所のサイトに移動する。クレーター、海、谷など該当する地形だけを表示することもできる。

■ 3D動画の動かし方（図3）

3D月面図の画面で右上2番目のマークをクリックし、地図上の目標地点をクリックすると俯瞰した地形（図3）が標示され、回転を始める。縮小・拡大や傾きは自由に変更できる。回転を止めるには最初のマークを再クリックする。

■ 汎用性に富む地図表示

［Filter layers］→［Overlays］→［LROC WAC Basemaps］→［WAC+NAC+NAC_ROI_MOSAIC］
解像力を100mより良く設定すると、広角カメラから望遠カメラの画像に切り替わる。ただし望遠カメラの画像は太陽高度・撮影角度が一定ではなく、未撮影の部分も多い。

■ 陰影に富む地図表示

表側：［LROC WAC Basemaps］→［WAC Nearside (big shadows)］
裏側：［LROC WAC Basemaps］→［WAC Farside (big shadows)］

それぞれの表示の最後のボックスをクリックすると［OPACITY］が表示される。表示の透明度は変更できる。最初の表示が地図で、その上に標高データや地質データを重ねる場合、［OPACITY］を70%程度にすると立体的に見やすくなる。Flickerではその表示が点滅し、表示データが見やすくなることもある。

■ 地形計測［Draw/ Search］（図1の③→図4）

クレーターの直径や深さ、谷の長さなどを知りたい場合にクリックすると、図4のような画面が表示される。左上の［SELCT TOOL］は左から点、線分、多角形、円内の情報の種類だ。私が使うのは主に線分上の情報で、2点あるいは多点をクリックすると右上の一番上に線分の全長が、その下にそれに沿った断面図が、さらに下に傾斜度図が表示される。中央地図の線上でマウスを動かすと、その地点の標高が右上の断面図にm単位で表示される。

標高データ地図の表示（図1の②→図5）

図1の②で［Filter layers］→［Overlays］→［LROC Global DTM（GLD100）］→［WAC Color Shaded Relief］。こうすると図5が表示される。表側では、危機の海のように深い海もあれば、静かの海のように平らでなければ高地のような海もある。裏側では、赤道付近の高地から南極-エイトケンベイスンのように15km以上の高低差のある地域もある。グルグル回転させながら見ると楽しい。

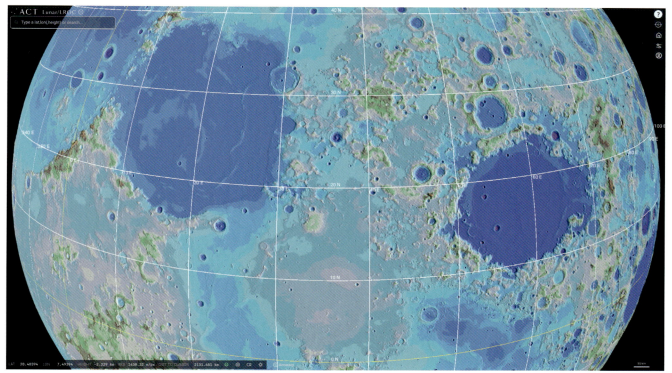

図5 陰影図の上に高度データを重ねた図。晴れの海、静かの海、危機の海の地形の違いがよくわかる。

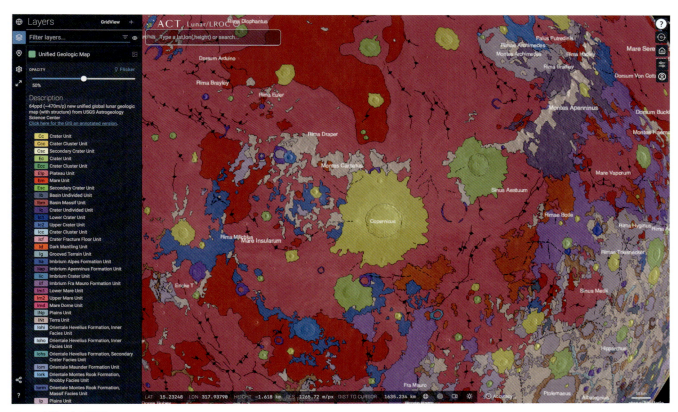

図6 地質の表示画面

地質の表示（図1の②→図6）

　図1の②で［Filter layers］→［Overlays］→［Geologic Features & Maps］→［Unified Geologic Map］。こうすると図6が表示される。図1の②の［Unified Geologic Map］の上の［Unified Geologic Map Labels］をクリックすると、それぞれの地域の地質単位が表示される。地質標示によってクレーターの年代や海の溶岩流の年代などを知ることができる。

　今までは一部の研究者しか調べることができなかった月のさまざまなデータを、Lunar QuickMapを通して私たちも手にできるようになった。ここではごく一部しか紹介できなかったが、それぞれの人にあったやり方で月を楽しんでいただきたい。

月探査機の一覧表

No.	探査機名	国	年月日	種類	結果	重量（打上げ時）
1	ルナ1号	ソ連	1959年1月4日	フライバイ	△	361kg
2	パイオニア4号	アメリカ	1959年3月4日	フライバイ	○	6kg
3	ルナ2号	ソ連	1959年9月13日	衝突機	○	390kg
4	ルナ3号	ソ連	1959年10月6日	フライバイ	○	279kg
5	----------	アメリカ／ソ連	1960年11月～1963年4月	*1	×	----------
6	レインジャー6号	アメリカ	1964年2月2日	衝突機	△	381kg
7	レインジャー7号	アメリカ	1964年7月31日	衝突機	○	366kg
8	レインジャー8号	アメリカ	1965年2月20日	衝突機	○	367kg
9	レインジャー9号	アメリカ	1965年3月24日	衝突機	○	367kg
10	ゾンド3号	ソ連	1965年7月20日	フライバイ	△	960kg
11	ルナ7号	ソ連	1965年10月7日	着陸機	×	1,504kg
12	ルナ8号	ソ連	1965年12月6日	着陸機	×	1,552kg
13	ルナ9号	ソ連	1966年2月3日～6日	着陸機	○	1,538kg
14	ルナ10号	ソ連	1966年4月3日	周回機	○	245kg
15	サーベイヤー1号	アメリカ	1966年6月2日	着陸機	○	295kg
16	ルナ・オービター1号	アメリカ	1966年8月14日～10月29日	周回機	○	386kg
17	ルナ11号	ソ連	1966年8月28日～10月1日	周回機	○	1,136kg
18	サーベイヤー2号	アメリカ	1966年6月2日	着陸機	×	292kg
19	ルナ12号	ソ連	1966年10月25日～1967年1月19日	周回機	○	1,620kg
20	ルナ・オービター2号	アメリカ	1966年11月10日～1967年10月11日	周回機	○	386kg
21	ルナ13号	ソ連	1966年12月24日	着陸機	○	1,620kg
22	ルナ・オービター3号	アメリカ	1967年2月8日～10月9日	周回機	○	386kg
23	サーベイヤー3号	アメリカ	1967年4月20日～5月4日	着陸機	○	296kg
24	ルナ・オービター4号	アメリカ	1967年5月11日～7月17日	周回機	○	386kg
25	サーベイヤー4号	アメリカ	1967年7月17日	着陸機	×	283kg
26	ルナ・オービター5号	アメリカ	1967年8月5日～1968年1月31日	周回機	○	386kg
27	サーベイヤー5号	アメリカ	1967年9月11日～12月17日	着陸機	○	300kg
28	サーベイヤー6号	アメリカ	1967年11月10日～12月14日	着陸機	○	300kg
29	サーベイヤー7号	アメリカ	1968年1月10日～2月21日	着陸機	○	306kg
30	ルナ14号	ソ連	1968年4月10日～6月	周回機	○	1,700kg
31	ゾンド5号	ソ連	1968年9月18日	フライバイ	○	5,375kg
32	ゾンド6号	ソ連	1968年11月14日	フライバイ	○	5,375kg
33	アポロ8号	アメリカ	1968年12月21日～27日	有人機	○	28,817kg
34	----------	ソ連	1969年1月20日～7月3日	*2	×	----------
35	アポロ10号	アメリカ	1969年5月18日～26日	有人機	○	42,771kg
36	ルナ15号	ソ連	1969月7月17日～21日	サンプルリターン	×	2,718kg
37	アポロ11号	アメリカ	1969年7月16日～24日	有人機	○	45,702kg
38	アポロ12号	アメリカ	1969年11月14日～24日	有人機	○	44,073kg
39	アポロ13号	アメリカ	1970年4月11日～17日	有人機	△	44,180kg
40	ルナ16号	ソ連	1970年9月20日（着陸）	サンプルリターン	○	5,600kg
41	ゾンド8号	ソ連	1970年10月24日	フライバイ	○	5,375kg
42	ルナ17号	ソ連	1970年11月17日～1971年10月4日	着陸機・ローバー	○	5,600kg
43	アポロ14号	アメリカ	1971年1月31日～2月5日	有人機	○	44,504kg
44	アポロ15号	アメリカ	1971年7月26日～8月7日	有人機	○	46,800kg
45	ルナ18号	ソ連	1971年9月11日	サンプルリターン	×	5,600kg

*1　この期間にアメリカが6機、ソ連が5機の探査機（フライバイ、オービター、着陸機）を打ち上げるが、いずれも失敗。
*2　この期間にソ連は6機の探査機（フライバイ1、周回機2、ローバー1、サンプルリターン2）の打上げを試みるが、いずれも打上げ段階で失敗。

No.	探査機名	国	年月日	種類	結果	重量（打上げ時）
46	ルナ19号	ソ連	1971年10月2日～1972年11月1日	周回機	○	5,600kg
47	ルナ20号	ソ連	1972年2月21日	サンプルリターン	○	5,600kg
48	アポロ16号	アメリカ	1972年4月16日～4月27日	有人機	○	52,759kg
49	アポロ17号	アメリカ	1972年12月7日～12月19日	有人機	○	46,980kg
50	ルナ21号	ソ連	1973年1月15日～6月4日	着陸機・ローバー	○	4,850kg
51	ルナ22号	ソ連	1974年6月2日～11月	周回機	○	4,000kg
52	ルナ23号	ソ連	1974年1月6日（着陸）	サンプルリターン	×	5,600kg
53	ルナ24号	ソ連	1976年8月9日～18日	サンプルリターン	○	4,800kg
54	クレメンタイン	アメリカ	1994年2月19日～5月7日	周回機	○	227kg
55	ルナ・プロスペクター	アメリカ	1998年1月15日～1999年7月31日	周回機	○	158kg
56	スマート1	欧州宇宙機関（ESA）	2004年11月13日～2006年9月3日	周回機	○	3,67kg
57	かぐや	日本（JAXA）	2007年9月14日～2009年6月10日	周回機	○	2,914kg
58	嫦娥1号	中国	2007年11月5日～2009年3月1日	周回機	○	2,350kg
59	チャンドラヤーン1号	インド	2008年10月22日～2009年8月29日	周回機	○	1,304kg
60	ルナー・リコネサンス・オービター（LRO）	アメリカ	2009年6月23日～	周回機	○	1,846kg
61	エルクロス	アメリカ	2009年6月23日～10月9日	衝突機	○	534kg
62	嫦娥2号	中国	2010年10月1日～	周回機	○	2,480kg
63	グレイル（GRAIL）	アメリカ	2011年12月31日～2012年12月18日	周回機	○	132kg
64	ラデー（LADEE）	アメリカ	2013年9月7日～2014年4月18日	周回機	○	383kg
65	嫦娥3号	中国	2013年12月14日（着陸）	着陸機・ローバー	○	3,800kg
66	嫦娥4号	中国	2019年1月3日（着陸）	着陸機・ローバー	○	1,200kg
67	チャンドラヤーン2号	インド	2019年8月20日	周回機＋着陸機	△	3,850kg
68	嫦娥5号	中国	2020年11月24日～12月16日	着陸機＋サンプルリターン	○	8,200kg
69	チャンドラヤーン3号	インド	2023年7月14日～9月4日	周回機＋着陸機	○	3,900kg
70	SLIM	日本	2024年1月20日～4月29日	着陸機	○	590kg
71	IM-1	アメリカ	2024年2月22日	着陸機	△	1,900kg
72	嫦娥6号	中国	2024年5月3日～6月25日	着陸機＋サンプルリターン	○	8,350kg

データは主にNASA Space Science Data Coordinated Archive（https://nssdc.gsfc.nasa.gov）による。
打上げ段階での失敗、地球軌道から離脱できなかった月探査機は省いた。
「年月日」は原則として月軌道に投入された年月日としたが、期間を示したものは打上げから活動停止まで、着陸から活動停止まで、打上げから帰還までの場合もある。

有人・無人を問わずサンプルを地球に持ち帰った探査機、ローバーで月面を走行した探査機の備考

37．人類初の月着陸。7月20日、静かの海南西部に着陸した。船外活動時間は2時間31分、21.6kgのサンプルを持ち帰った。／38．人類2回目の月着陸。嵐の大洋、サーベイヤー3号の着陸地点のすぐ近くに着陸した。2回の船外活動時間の合計は7時間45分、34.3kgのサンプルを持ち帰った。／40．豊かの海、ウェッブの100km西に着陸。ドリルによって35cmの深さまで掘り、101gのサンプルを地球に持ち帰った。無人探査機による最初のサンプルリターン。／42．雨の海北西部に着陸。搭載していたルナホート1号は太陽電池によって11ヵ月にわたって活動し、10kmを走破した。／43．嵐の大洋、アポロ13号の着陸予定地だったフラ・マウロ丘陵に着陸した。2回の船外活動時間は合計9時間20分、43kgのサンプルを持ち帰った。／44．雨の海を縁取るアペニン山脈の麓、ハドレー谷近くに着陸した。初めて月面車を使った探査で行動範囲が広がり、3回の合計18時間35分の船外活動で走行距離28km、77kgのサンプルを持ち帰った。／47．無人探査機による2度目のサンプルリターン。豊かの海の北、アポロニウス西北西100kmの高地に着陸。30gのサンプルを地球に持ち帰った。／48．月面車を使った2度目の探査で、中央高地に着陸した。3回の合計20時間14分の船外活動で走行距離27km、95kgのサンプルを持ち帰った。／49．アポロ計画による最後の月着陸で、晴れの海東部のタウルス・リトロー谷に着陸した。初めて科学者であるハリソン・シュミット（地質学者）が月に降りた。3回の合計22時間4分の船外活動で走行距離36km、110kgのサンプルを持ち帰った。／50．2機目の無人ローバー。晴れの海東部ル・モニエの内部に着陸。搭載していたルナホート2号は4ヵ月活動し、37kmを走破した。／53．危機の海南東部に着陸。アームとドリルによって170gのサンプルを地球に持ち帰った。／65．雨の海北西部に着陸した、中国初のローバー玉兎号を搭載した探査機。ローバーは重量120kg、6つの車輪で約50m走行した。／66．月の裏側、南極-エイトケンベイスン内のフォンカルマン内部に着陸。裏側への着陸は世界初。搭載された玉兎2号は400日以上も作動し、移動距離は405mに達した。／68．嵐の大洋の北西部のリュンカー山の東に着陸し、スコップとドリルで合計1731gのサンプルを地球に持ち帰った。その年代は20億年前で、現在までに知られる最も新しい溶岩だった。／69．2023年8月23日、南半球高緯度（69°S, 32°E）に着陸し、インドは月着陸に成功した4番目の国となった。ローバー（27kg）は月面を101m走行し、着陸から12日後に活動を終了した。／72．月裏側のアポロクレーターに着陸し、スコップとドリルで合計2kgのサンプルを地球に持ち帰った。裏側は地球と交信できないため、3月に中継衛星を月周回軌道に打ち上げ、地球間と交信した。裏側からのサンプルリターンは世界初。

写真データ

ページ	月齢順	年月日	時分	月面余計度 Y	月面緯度 b	月齢	視直径	秤動 E	秤動 F	光学系	Shutter Speed
p.13	扉	2021/8/6	03h57m	241	1.42	26.7	30.2	-3.5	-3.5	A	8.284ms
p.14	月齢 3	2018/8/14	18h50m	303	0.44	3.0	32.5	6.2	-5.7	A	3.503ms
p.16	月齢 4	2020/1/29	17h49m	320	-0.82	4.5	29.7	-0.6	6.7	A	4.095ms
p.18	月齢 5	2020/10/21	17h29m	326	1.23	4.5	32.3	7.2	1.1	A	3.616ms
p.20	月齢 6	2021/12/10	17h34m	343	-0.46	6.0	31.6	7.9	6.8	A	4.300ms
p.22	上弦	2019/9/6	18h06m	355	1.32	6.9	31.2	7.9	-3.2	A	2.161ms
p.24	上弦 (カラー)	2021/1/21	18h27m	5	-1.06	8.2	30.0	0.6	4.5	A	0.973ms
p.26	月齢 10	2022/3/12	17h35m	23	-1.43	9.6	30.1	-2.0	-4.9	A	2.901ms
p.28	月齢 11	2021/11/15	21h03m	41	0.24	10.3	30.5	6.0	5.3	A	1.978ms
p.30	月齢 12	2021/1/25	21h50m	55	-1.14	13.3	31.0	-5.0	-2.3	A	1.935ms
p.32	月齢 13	2023/4/4	22h18m	74	-0.61	13.8	30.5	-3.7	-4.3	A	1.701ms
p.34	満月	2021/9/21	00h06m	81	1.43	13.6	31.1	5.2	6.2	A	1.233ms
p.36	満月 (カラー)	2020/10/31	23h21m	90	1.11	15.8	29.9	-1.7	3.5	A	0.382ms
p.38	月齢 16	2021/8/23	23h45m	97	1.55	15.0	31.5	5.4	6.5	A	2.101ms
p.40	月齢 17	2021/9/21	02h00m	118	1.40	16.9	29.8	3.3	4.4	A	1.134ms
p.42	月齢 18	2022/11/13	00h17m	136	-0.24	18.2	30.0	1.2	-5.5	A	1.179ms
p.44	月齢 21	2020/8/10	03h45m	160	1.24	20.0	29.9	-0.8	5.9	A	2.193ms
p.46	月齢 22	2023/10/6	04h26m	165	0.31	20.7	30.8	6.4	-6.4	A	3.101ms
p.48	下弦 (カラー)	2021/8/1	03h22m	179	1.38	21.7	30.0	3.0	3.1	A	2.584ms
p.50	月齢 23	2020/8/13	02h50m	196	1.26	22.3	32.5	0.0	5.5	A	3.301ms
p.52	月齢 24	2020/8/14	04h00m	209	1.27	23.4	32.2	0.0	4.3	A	2.900ms
p.54	月齢 25 (カラー)	2021/8/4	03h44m	216	1.41	23.7	29.9	0.2	0.5	A	4.084ms
p.56	月齢 26	2021/8/5	04h00m	239	1.41	25.7	30.0	-2.4	-2.3	A	5.201ms
p.58	月齢 27 (左)	2020/8/17	04h20m	246	1.29	28.1	32.1	-5.4	-4.3	A	18.91ms
p.58	月齢 27 (右)	2023/9/13	04h57m	245	0.94	27.4	29.5	1.1	-5.8	A	24.70ms

ページ	地域別	年月日	時分	月面余計度 Y	月面緯度 b	月齢	視直径	秤動 E	秤動 F	光学系	Shutter Speed
p.61	扉	2022/3/12	19h29m	24	-1.42	9.7	30.1	-2.1	-5.0	A+B	26.80ms
p.62	1-1	2018/8/5	04h06m	188	0.19	22.7	31.8	-7.2	-6.8	A+B	----------
p.64	1-2	2021/7/31	04h05m	168	1.37	20.7	30.2	4.2	4.2	A+B	19.51ms
p.66	1-3	2021/8/1	04h13m	180	1.38	21.7	30.1	2.9	3.1	A+B	27.90ms
p.68	1-4	2023/8/11	04h12m	201	1.45	24.0	30.6	6.6	-4.9	A+B	49.20ms
p.70	1-5	2022/5/11	20h26m	35	-0.11	10.6	31.4	-7.0	-6.1	A+B	46.07ms
p.74	2-1	2018/8/3	03h04m	163	0.13	20.6	30.9	-6.9	6.5	A+B	28.40ms
p.76	2-2	2020/9/9	05h19m	167	1.11	20.7	30.2	-4.2	2.9	A+B	25.62ms
p.78	2-3	2021/8/2	03h41m	192	1.39	22.7	29.9	1.6	1.8	A+B	38.90ms
p.80	2-4	2018/8/3	03h36m	163	0.13	20.7	30.9	-6.9	6.5	A+C	57.40ms
p.82	2-5	2018/8/3	03h33m	163	0.13	20.7	30.9	-6.9	6.5	A+C	57.40ms
p.84	2-6	2018/8/6	04h00m	200	0.21	23.7	32.2	-6.8	6.4	A+B	----------
p.85	2-7	2024/5/18	19h34m	32	1.07	10.4	29.8	5.5	-2.3	A+B	43.94ms
p.88	3-1	2023/11/2	00h48m	132	-0.45	17.9	31.2	5.9	-6.0	A+B	14.68ms
p.90	3-2	2019/3/12	18h02m	346	-1.28	5.7	31.2	-6.8	5.7	A+B	47.20ms
p.92	3-3	2018/8/3	04h00m	163	0.13	20.7	30.7	-6.9	6.5	A+B	----------
p.94	3-4	2023/8/6	04h27m	138	1.47	19.0	32.9	6.3	2.1	A+B	50.20ms
p.98	4-1	2021/4/19	19h14m	357	-1.10	7.3	30.6	-7.0	-4.1	A+B	27.92ms
p.100	4-2	2022/9/16	02h05m	150	1.22	19.4	30.7	5.4	-1.6	A+B	32.00ms
p.102	4-3	2023/8/6	04h37m	357	1.47	19.0	32.9	6.3	2.1	A+B	22.20ms

光学系　A：テレビューパラコアタイプ2　　B：テレビュー2.5×パワーメイト
C：テレビュー4×パワーメイト　　D：タカハシ2×オルソバロー　---------：未記載

ページ	地域別	年月日	時分	月面余計度 Y	月面緯度 b	月齢	視直径	秤動 E	秤動 F	光学系	Shutter Speed
p.106	5-1	2021/8/26	02h06m	124	1.57	17.1	30.8	5.0	5.4	A+B	12.90ms
p.108	5-2	2020/6/13	19h48m	351	1.47	7.0	29.8	1.5	-3.1	A+B	26.77ms
p.110	5-3	2023/8/6	04h46m	357	1.47	19.1	32.9	6.3	2.1	A+B	17.70ms
p.112	5-4	2023/10/3	01h12m	126	0.39	17.6	32.3	6.8	-3.2	A+B	16.00ms
p.116	6-1	2019/5/15	20h17m	43	-1.28	10.5	32.7	2.0	-6.5	A	1.500ms
p.118	6-2	2021/9/29	04h31m	180	1.33	21.8	30.2	-3.3	-3.2	A+B	22.40ms
p.120	6-3	2023/11/4	04h13m	158	-0.50	20.1	30.5	4.7	-6.8	A+B	13.71ms
p.122	6-4	2020/4/8	23h51m	96	-1.47	16.1	33.5	3.8	-5.0	A+B	7.351ms
p.126	7-1	2019/9/6	18h06m	355	1.32	6.9	31.2	7.9	-3.2	A	2.161ms
p.128	7-2	2024/4/13	19h00m	325	0.23	4.7	31.6	7.0	-6.4	A+D	----------
p.130	7-3	2022/11/13	02h05m	136	-0.24	18.3	30.1	1.1	-5.6	A+B	12.98ms
p.132	7-4	2021/7/17	19h06m	364	1.08	7.4	32.5	-4.1	-4.7	A+B	26.55ms
p.136	8-1	2023/7/25	19h24m	1	1.55	7.7	30.6	-6.9	-0.3	A+B	40.70ms
p.138	8-2	2023/10/6	05h16m	165	0.31	20.8	30.8	6.4	-6.4	A+B	40.70ms
p.140	8-3	2022/3/12	19h29m	24	-1.42	9.7	30.1	-2.1	-5.0	A+B	26.80ms
p.142	8-4	2018/8/5	04h00m	188	0.19	22.7	31.8	-7.2	-6.8	A+B	----------
p.146	9-1	2023/9/10	04h31m	208	0.98	24.4	30.0	4.9	-6.7	A+B	31.30ms
p.148	9-2	2023/8/11	04h26m	199	1.45	24.0	30.6	6.6	-4.9	A+B	31.20ms
p.150	9-3	2021/4/24	22h37m	59	-1.10	12.5	33.1	-5.8	-6.4	A+B	19.43ms
p.152	9-4	2022/10/21	05h12m	218	0.45	24.9	30.4	-3.6	-6.5	A+B	36.30ms
p.156	10-1	2018/10/21	22h41m	55	1.57	12.4	29.9	-3.7	5.0	A+B	8.603ms
p.158	10-2	2023/8/11	04h34m	201	1.45	24.0	30.6	6.6	-4.9	A+B	27.70ms
p.160	10-3	2021/8/2	03h31m	192	1.39	22.7	29.9	1.6	1.8	A+B	29.40ms
p.162	10-4	2023/9/10	05h12m	208	0.98	24.4	30.0	4.8	-6.7	A+B	36.70ms
p.164	10-5	2023/4/4	22h53m	74	-0.60	13.8	30.0	3.7	-4.3	A+B	8.546m
p.164	10-6	2020/4/5	22h04m	57	-1.49	12.2	32.7	-4.6	-6.0	A+B	12.77ms
p.168	11-1	2019/7/26	03h46m	194	0.42	23.0	30.8	-6.0	6.3	A+B	----------
p.170	11-2	2019/8/21	00h31m	151	1.06	19.5	30.0	-4.8	6.7	A+B	19.40ms
p.172	11-3	2022/8/15	02h31m	130	1.53	17.0	32.7	6.7	5.0	A+B	13.00ms
p.172	11-4	2019/11/12	21h33m	93	1.25	15.4	30.7	-4.0	5.2	A+B	0.651ms
p.174	11-5	2019/3/12	18h15m	342	-1.28	5.7	31.2	-6.8	5.7	A+B	38.70ms
p.176	11-6	2020/8/5	00h50m	98	1.17	14.9	30.7	4.3	5.6	A+B	6.801ms
p.178	11-7	2023/8/4	03h47m	116	1.49	17.0	33.6	3.3	4.9	A+B	11.20ms
p.182	12-1	2021/9/22	01h05m	93	1.42	14.6	30.8	4.8	5.6	A+B	5.183ms
p.184	12-2	2023/9/2	01h15m	108	1.12	16.3	33.6	4.4	2.8	A+B	8.701ms
p.186	12-3	2019/5/17	21h59m	68	-1.25	12.6	32.3	4.1	-6.2	A	1.000ms
p.186	12-4	2018/5/1	00h00m	93	-1.57	14.5	30.8	4.4	-6.5	A	----------
p.188	12-5	2023/9/2	01h02m	108	1.12	16.3	33.6	4.4	2.8	A+B	7.701ms
p.192	13-1	2023/11/4	04h58m	158	10.5	20.1	30.5	4.7	-6.8	A+B	19.71ms
p.194	13-2	2021/7/31	03h25m	168	1.37	20.7	30.2	4.2	4.3	A+B	28.51ms
p.196	13-3	2022/7/7	19h57m	12	1.24	8.3	31.6	-7.4	-3.4	A+B	37.10ms
p.198	13-4	2022/8/7	19h25m	30	1.52	9.7	32.8	-5.0	2.5	A+B	23.00ms
p.200	13-5	2021/8/1	04h19m	180	1.38	14.0	33.2	-3.0	6.5	A+B	27.90ms
p.204	14-1	2020/1/10	23h42m	78	-0.27	15.4	32.6	-4.7	-1.0	A	1.345ms
p.206	14-2	2021/8/5	04h19m	228	1.41	25.8	30.1	-2.4	-2.3	A+B	50.20ms
p.206	14-3	2023/10/27	22h29m	69	-0.25	12.8	33.1	2.9	1.0	A+B	10.60ms
p.208	14-4	2019/11/12	22h02m	94	1.25	15.4	30.7	-4.0	5.2	A+B	4.977ms
p.208	14-5	2021/8/6	04h09m	241	1.42	26.7	30.2	-3.5	-3.5	A	13.70ms

参考文献／ウェブサイト

■ 書籍

宮本英昭 他（編）『惑星地質学』(2008)
東京大学出版会，272pp.

H・ジェイ・メロシュ『惑星地質学入門』(2024)
山路敦・成瀬元 訳，京都大学出版会，652pp.

現在では月のみでなく、水星、金星、火星、木星・土星・天王星の衛星までを含めた地質学の本が多く、上記の2冊もこれに該当する。したがってこれらの天体を形作った衝突や火山活動について解説しているが、月の地質学の解説が少ないのが残念。後者は「入門」となっているが、地質専攻の大学生レベルの読解力が必要。

マイケル・ライト（編著）『フル・ムーン』(1999)
檜垣嗣子 訳，新潮社，212pp.

NASAが撮影したアポロ計画のオリジナルネガ・ポジフィルムをデジタルスキャニングした30×30cmの大判写真集。アポロ宇宙飛行士が月着陸して撮影した写真は、月の表面はどういうものか実感させてくれる。観音開きのパノラマ写真は圧巻。

アンドール・チェイキン『人類、月に立つ』（上下2巻）(1999)
亀井よし子 訳，NHK出版，448pp（上），480pp（下）．

著者チェイキンは大学で地質学を学び、NASA/JPLでバイキング計画に参加し、科学ジャーナリストになった人。存命中の月に行ったすべての宇宙飛行士（23人）に長時間インタビューし、膨大な記録を解読して6年がかりで製作したのが本書である。それぞれの宇宙飛行士が成し遂げたことだけでなく、その人となり、何が彼等を月に行かせたのかの経緯が克明に描かれている。アポロ関連本の中では出色の出来で、前出のフル・ムーンと併せて読むと、アポロ宇宙飛行士になったような気分が味わえる。このような本が邦訳されていることに感謝したい。

William P. Sheehan and Thomas A. Dobbins
『Epic Moon: A history of lunar exploration in the age of the telescope』(2001)
Willmann-Bell, Inc., 363pp.

ガリレオに始まり、アポロの着陸直前までの地球からの望遠鏡による月観測者の物語が描かれている。さまざまな観測者のスケッチが多数掲載され、彼等の使用した望遠鏡も紹介されているので、例えば19世紀の観測者がどのような望遠鏡でどんな観測をしていたのかがわかる。リンネの消失事件やオニール橋の観測、さまざまなTLPの報告も取り上げられている。

Ewen A. Whitaker
『Mapping and Naming the Moon: A History of Lunar Cartography and Nomenclature』(1999)
Cambridge University Press, 242pp.

17世紀初頭の望遠鏡発明以来、多数の観測者が月面図を描き、地形や模様に名前を付けてきた。写実的なスケッチ、個性的なスケッチ、描いた本人しかわからないスケッチなど多数のスケッチが掲載されている。1つの地形に対する名称変更、現在の月の地名のIAUの命名規約なども掲載されていて、参考になる。

Don E. Wilhelms
『The Geologic History of the Moon』(1987)
US Geological Survey Professional Paper 1348, 326pp.

28cm×37cm×1.7cmの大著で、月の地質を理解するための第一級のテキスト。地球はプレート運動があり、海や雨風による浸食・堆積、火山噴火によって形作られている。一方、月は40数億年前の小惑星級の巨大衝突によって多くのベイスンが形成され、30数億年前の衝突によるクレーター形成と海を形作った火山活動、そして20億年前以降の静穏期・・・・・など地球とは大きく異なる。本書では多数の写真、図、表によって月の地質区分、時代区分の根拠になった模式地などの詳細が説明されている。現在では入手困難だが、次のサイトから見ることができる。https://ser.sese.asu.edu/GHM/

Don E. Wilhelms『To a Rocky Moon: A Geologist's History of Lunar Exploration』
(1993) The University of Arizona Press, 477pp.

筆者はアポロ計画の初期から月探査に関わったアメリカ地質調査所の研究者。本書は1960～1972年の限られた期間内に、人類が月の地質を理解するに至った道筋を描いた記録だ。月面図の製作、着陸地域の選定、宇宙飛行士の訓練、調査地点の綿密なスケジュールでどの地点を探査すればよいかを綿密に調べ、そして実行していった記録。話は19世紀末のギルバートの時代まで遡り、1950年代のボールドウィン、ユーレイ、シューメーカー、そしてアポロの時代へと進む。アポロ計画は米ソの月一番乗りを目指す競争だと捉えがちだが、多くの科学者が太陽系創成期を調べるために情熱を注ぎ、素晴らしい成果をもたらしたことがよくわかる。次のサイトから見ることができる。
https://www.lpi.usra.edu/publications/books/rockyMoon/

Charles A. Wood
『The Modern Moon: A Personal View』(2003)
Sky Pub Corp, 209pp.

著者はプロの研究者であるとともに望遠鏡で月を観察することを趣味とし、20年以上にわたってSky & Telescope誌に寄稿している月の地形解説の第一人者。本書は地上からの望遠鏡写真を使って解説しているので、実際に月を見る際に役立つ。多くの研究者の写真が掲載され、ところどころ皮肉っぽい書き方があるのも楽しめる。

■ 月面図・写真月面図

『月球儀KAGUYA』(2013)
解説：春山純一 他，地名監修：白尾元理，渡辺教具製作所，直径30.5cm．

日本の月探査機「かぐや」の地形カメラの凹凸変化によって陰影を付け、高度データによって彩色を施した美しい月球儀。海のリックルリッジやドームなどの微地形が見やすい。日本語とラテン語併記で、地名は約1,200個掲載。

『KAGUYA月面図』(2014)
地名監修：白尾元理，渡辺教具製作所，103×72.8cm．

月球儀と同じデータを使った月全球の平面図。緯度±70°以内を1枚、南極・北極をそれぞれ1枚にしている。日本語とラテン語併記で、地名は約600個掲載。

白尾元理『月の地形観察ガイド』(2018)
誠文堂新光社，176pp.

本書の姉妹図書というべき本。A5判でページ数も本書（月面フォトアトラス）の2/3とコンパクトで、望遠鏡のそばで使うのに便利。写真は右ページ、解説は左ページの構成。

『Field Map of the Moon』(2005)
illustrated by Antonín Rükl, Sky Publishing Co., 60×60cm.

月の表側を4分割し、赤道部と経度0°付近を少しずつ重複させ、30×30cmサイズで持ち運べるようにした月面図。秤動で見え隠れする周辺部が8°余分に描かれているので、周辺部を観察するときに役立つ。ラミネートされているので扱いやすい。

Gerald P. Kuiper, Ewen A. Whitaker他
『Consolidated Lunar Atlas（CLA）』(1967)
Lunar and Planetary Laboratory, The University of Arizona Press, 200pp.

緯度15°ごとに撮影された192枚の写真による写真月面図。大部分はアリゾナ大学カタリナ天文台の口径1.5m反射望遠鏡によって1966～1967年に集中的に撮影された写真で、同じ地域がさまざまな太陽高度で撮影されている。1966年以降は月周回機から撮影する時代となるため、この写真集が地上から撮影されたベストショットといえる。この写真集の写真を超えることが多くのアマチュア天文家の目標となった。次のサイトから見ることができる。
https://www.lpi.usra.edu/resources/cla/

『Lunar Chart（LAC）』
Aeronautical Chart Information Center, United States Air Force.

1962～1967年前後に発行された月面図のシリーズ。月の表側全域を100万分の1スケールで138に区分し、そのうちの44区画が発行された。リック、マクドナルド、ウイルソン、アリゾナ大学カタリナ、ピクディミディ天文台で撮影された写真をもとに、細部はローウェル天文台の口径24インチと20インチ屈折望遠鏡での眼視観測の結果を加えて製作された。月探査機による画像がほとんどなかった時代にアポロ計画の準備のために計画された地図で、それまでの月面図とは一線を画する。エアブラシ技法での美しい描写は、月面のスケッチをするときに良い手本となる。次のサイトから見ることができる。
https://www.lpi.usra.edu/resources/mapcatalog/LAC/

Motomaro Shirao, Charles A. Wood
『The Kaguya Lunar Atlas: The Moon in High Resolution』(2011)
Springer, 173pp.

「かぐや」に搭載されたNHKのハイビジョンカメラで撮影された100の地形を解説した本。撮影地点の選定と画像処理は筆者が、地形はウッド氏が解説した。画像解像力は100mで、宇宙船の窓から月面を俯瞰して眺めるような雰囲気が味わえる。

Charles A. Wood, Maurice J. S. Collins
『21th Century Atlas of the Moon』(2012)
Lunar Publishing, 111pp.

2012年以降、LROの広角カメラによる多数の月面図が出版されるようになった。本書はその最初の本。月の表側を28分割して見開きの右ページに掲載し、左ページに興味深い地形の拡大写真をウッド氏が解説している。右ページの写真は本書（月面フォトアトラス）の分解能と同程度だが、探査機の画像と地上からの望遠鏡の画像の見え方の違いがわかって興味深い。

■ ウェブサイト

LROCによる画像特集（LROC: Images）
https://www.lroc.asu.edu/images

LROでは科学的に重要な地形を望遠カメラで集中的に撮影している。その画像を研究者の解説で紹介しているのがこのサイト。現在までに約1,000個所が紹介されている。LROの望遠カメラは1m大の物体まで識別できるので、アポロのローバーとその走行跡、2024年1月に着陸したSLIM、最近できたクレーターの衝突前後の地形変化など興味深い画像も紹介している。このサイトの中には動画を特集したサイト（Lunar Videos https://www.lroc.asu.edu/images/videos）があり、LROで作成した動画とアポロで実写した写真・動画を組み合わせたビデオによって、月面とはどのような世界かを体感できる。また、ティコやリンネも動画で紹介している。

LPI（The Lunar and Planetary Institute：月惑星研究所）の月関連資料
https://www.lpi.usra.edu/resources/mapcatalog/
https://www.lpi.usra.edu/lunar/documents/

LPIはRegional Planetary Image Facility（RPIF: 地域惑星画像施設）としての機能を持ち、保有する月関連の資料、地図、画像を見ることができる。RPIF以外にも1960年代初頭から1974年頃までの月探査のアポロ（軌道船、着陸船、ローバー）やソ連のルナ（着陸船、ルナホート）などの詳細な記録、USGSの月の地形図、地質図も見られる。

アポロ計画の画像集（Apollo Image Archive）
https://apollo.sese.asu.edu/index.html

前出のLPIのサイトは盛り沢山なので迷うことがしばしばだが、アリゾナ州立大学が運営するアポロの画像集はシンプルで、目的の画像が探しやすい。アポロのパノラミックカメラ、マッピングカメラ、ニコン、ハッセルブラッドで撮影された全画像や撮影機材の詳細が見られる。

月の地名辞典
（Gazetteer of Planetary Nomenclature: Moon）
https://planetarynames.wr.usgs.gov/Page/MOON/target

月のクレーター、谷、山脈、海など地形名から、あるいは名前から検索できる地名辞典。検索結果は緯度・経度、面積、地形の種類、承認年、地名の由来などが標示され、次に紹介する「月の100万分の1地図」上に表示される。

月の100万分の1地図
https://planetarynames.wr.usgs.gov/Page/Moon1to1MAtlas?map=lo

LROの撮影した写真から製作された100万分の月面図（2度ごとに緯線・経線が表示され、全月面を144枚でカバー）。IAUで承認されたすべての地名、例えばCopernicus Hのようなアルファベット付きの地名も標示される。操作法も簡単で、詳しい月面図代わりに使える。書籍で紹介した、エアブラシで表現した『Lunar Chart（LAC）』も同じ100万分の1なので、比較するのも興味深い。

月面への招待
https://moonworld.jp/

大阪府在住のアマチュア天文家、東田守生さんのサイト。ミューロン250で撮影した切れ味の良い写真で「月面名所めぐり」や「Lunar100」を解説する。「撮影日記」は頻繁に更新されているので、自分が月面を見ているような気分になれる。掲載されている写真数も多い。

地名索引

地名	ページ
アーノルド	173, 174
アーベル	187
アームストロング	90, 94, 96
愛の入江	18, 20, 24, 26, 28, 36, 38, 40, 42, 88, 102, 184
アイヒシュタット	204, 206
アイムマルト	182, 184, 186
アウタールック山脈	205
アガタルキデス	142, 157, 159, 161
秋の湖	205
アグリコーラ山脈	149, 151, 152, 154
アグリッパ	24, 26, 29, 30, 32, 39, 40, 42, 45, 46, 94, 136, 138, 144
アサダ	183, 185, 188, 190
アシュブルック	122
アゾフィ	108, 126, 192
アダムス	127, 129, 187, 189
アトウッド	188, 190
アトラス	16, 18, 20, 24, 26, 28, 36, 38, 40, 42, 76, 81, 139, 173, 174, 176, 178, 180, 182
アナクサゴラス	28, 30, 32, 36, 38, 40, 42, 44, 48, 170, 171, 172, 173, 180
アナクシメネス	169, 170, 172
アピアヌス	25, 27, 29, 41, 43, 45, 47, 126, 133, 194
アブルフェダ	25, 27, 41, 43, 45, 47, 109, 126, 192
アペニン山脈	24, 26, 28, 30, 32, 36, 38, 40, 42, 44, 46, 48, 63, 67, 74, 80, 86, 87, 98, 100, 136
アペニンベンチ	74, 76, 80, 86, 139
アベンズラ	192
アポロ11号着陸地点	88, 90, 94, 96
アポロ12号着陸地点	68, 143, 145, 199
アポロ14号着陸地点	66, 141, 143, 145, 199, 201
アポロ15号着陸地点	75, 76, 80, 139
アポロ16号着陸地点	109, 115, 126, 193
アポロ17号着陸地点	91, 93, 99, 102, 104, 105, 125
アポロニウス	183, 185, 186, 188
雨雲の沼	144
アムンゼン	122, 124
雨の海	24, 26, 28, 30, 32, 36, 38, 40, 42, 44, 46, 48, 62, 65, 67, 69, 71, 74, 77, 79, 80, 82, 84, 85, 87, 98, 101, 135, 139, 168, 172
アラゴー	88, 90, 94, 96, 137
アラゴーα	91, 95
アラゴーβ	90, 94
嵐の大洋	29, 30, 32, 36, 42, 44, 46, 48, 50, 52, 54, 56, 62, 65, 69, 78, 87, 145, 146, 148, 151, 152, 156, 159, 161, 205, 207, 208
アリアセンシス	25, 27, 29, 31, 41, 43, 45, 47, 133, 194
アリアデヌス	94, 137
アリアデヌス谷	24, 42, 45, 75, 94, 136, 138, 144, 167
アリスタルコス	30, 32, 36, 42, 44, 46, 48, 50, 52, 54, 147, 149, 151, 152, 154, 167, 208
アリスタルコスπ	151, 152, 154
アリスタルコス台地	30, 32, 44, 50, 52, 54, 147, 149, 151, 152, 154, 155
アリスティルス	24, 26, 28, 30, 32, 38, 40, 42, 44, 46, 48, 75, 77, 80, 86, 103, 173
アリストテレス	20, 24, 26, 28, 30, 32, 36, 38, 40, 42, 44, 75, 101, 103, 104, 171, 173, 174, 176, 178
アルガエウス山	99, 100, 102
アルキタス	44, 75, 77, 171, 172
アルキメデス	24, 26, 28, 30, 32, 38, 40, 42, 44, 46, 48, 74, 78, 80, 86, 139
アルキメデス山脈	74, 76, 80, 139
アルキメデス谷	80, 139
アルゲランダー	192, 195
アルザッチェル	25, 27, 29, 31, 41, 43, 45, 47, 49, 140, 192, 194, 196, 198, 201, 202
アルタイ崖	21, 25, 27, 41, 43, 106, 108, 110, 114, 116, 131
アルバテグニウス	25, 27, 29, 41, 43, 45, 47, 192, 195
アルフォンスス	25, 27, 29, 31, 41, 43, 45, 47, 49, 87, 140, 192, 195, 197, 199, 201, 202
アルプス山脈	24, 26, 28, 30, 32, 36, 38, 40, 42, 44, 46, 48, 75, 77, 83, 86
アルプス谷	24, 26, 28, 44, 46, 75, 77, 83, 86, 171
アルフラガヌス	193
アルペトラギウス	27, 29, 31, 45, 47, 49, 140, 192, 195, 196, 199, 201
アルマノン	108, 126, 193
アレキサンダー	98, 101, 103
泡の海	14, 17, 19, 21, 24, 26, 183, 186, 188, 190
アンスガリウス	183, 186
アンデル	192
アンモニウス	66, 140, 192, 195, 197, 201
アンリ兄弟	204, 206
イシドルス	90, 106, 109, 111, 113, 126
イブンルシュド	106, 109, 111
インギラミ	33, 51, 53, 55, 57, 59, 160, 162, 165, 204
インナールック山脈	204
インブリウムベイスン	66, 75, 77, 79, 86, 87, 99, 115, 117, 124, 125, 141, 143, 144, 145, 169, 180, 193, 201, 202
ヴァイサラ	149, 151, 152
ヴィエタ	33, 165, 204
ヴィテロ	156, 158, 161, 165, 204
ウィルヘルム	45, 47, 49, 51, 116, 119, 160, 200
ウェルナー	25, 27, 29, 31, 41, 43, 45, 47, 133, 134, 194
ヴェンデリヌス	15, 17, 19, 21, 39, 127, 183, 186, 188
ウォーレス	63, 67, 74, 76, 139
ヴォルタ	209
ウォルフ	198, 200, 201
ウォルフT	201
ウケルト	136, 138, 141
ヴラック	19, 21, 25, 27, 41, 43, 122, 126, 128, 131, 187
ヴルツェルバウアー	116, 119, 160, 194, 198, 200, 201
エアリー	192, 194
エウドクソス	24, 26, 28, 30, 32, 38, 40, 42, 44, 75, 77, 101, 103, 104, 173, 178
エゲーデ	101, 103
エディントン	148, 208, 154, 210
エピゲネス	171, 172
エピメニデス	200
M3	123
M4	123
M5	123
エラトステネス	26, 28, 30, 44, 46, 48, 63, 65, 67, 72, 74, 76, 87, 139
エルガー	200
エルステッド	175, 179
エルミート	169, 170, 172
エンケ	29, 30, 50, 52, 68, 70, 146, 150, 154
エンディミオン	14, 16, 18, 20, 24, 28, 36, 38, 40, 173, 174, 176, 178, 180, 182, 183
オイラー	28, 30, 32, 44, 46, 48, 50, 52, 65, 69, 71, 74, 78, 84, 86, 91, 147, 149
オエノピデス	168, 209
オーケン	127, 129, 134, 187
オーズー	185
オーストラレベイスン	87, 134
オートリクス	24, 26, 28, 30, 32, 38, 40, 42, 44, 46, 48, 75, 76, 80, 86, 139
オベルト	140, 142, 199, 201
オポルツァー	136, 138, 141, 192, 195
オリーブ岬	185
オリエンタレベイスン	51, 53, 55, 57, 59, 87, 124, 125, 165, 166, 205, 207, 210, 211
オルドリン	90, 94, 96
オロンチウス	43, 45, 47, 49, 116, 121, 200
ガードナー	88, 91, 93, 99, 102
ガードナー・メガドーム	88, 91, 93
カーペンター	52, 54, 168, 170, 172, 180
カーマイケル	89, 184
ガーレ	174, 176, 178
カーレル	88, 91, 93, 95
カイパー	199, 201
ガウス	14, 16, 18, 20, 38, 177, 180, 182, 183
カサトス	116, 118, 121, 122, 123
カタリナ	21, 25, 27, 41, 43, 106, 108, 110, 114, 126
カッシーニ	24, 26, 28, 42, 44, 46, 75, 77, 83, 86, 98, 101
ガッセンディ	29, 31, 33, 37, 43, 45, 47, 49, 51, 53, 55, 104, 156, 159, 161, 166, 204
カハル	88, 91, 93
カバレリウス	32, 50, 52, 54, 56, 58, 205, 207, 208
カプアヌス	29, 31, 33, 117, 119, 157, 158, 161, 198, 200
カプタイン	188
カベウス	122, 123
カペラ	90, 106, 109, 111, 113, 114, 126
ガモフ	170
カリポス	98, 101, 103
ガリレイ	207
ガルヴァーニ	209
カルダヌス	32, 54, 56, 58, 207, 208, 210
カルパチア山脈	28, 30, 32, 44, 46, 48, 50, 62, 65, 69, 71, 74, 78, 86, 87
カルリニ	79
ガレン	76, 81, 139
カント	21, 25, 27, 41, 43, 106, 109, 111, 126, 193
ガンバール	63, 64, 66, 141, 143, 144, 199
カンパヌス	157, 158, 161, 198, 200
キース	119, 157, 158, 161, 166, 198, 200, 201
キースπ	158, 166
危機の海	14, 16, 18, 20, 24, 26, 36, 38, 40, 87, 177, 183, 185, 186
ギップス	186
キャベンディッシュ	33, 51, 53, 55, 57, 156, 165, 204, 206
キュビエ	116, 120, 130, 132
キリルス	21, 25, 27, 29, 41, 43, 106, 109, 111, 114, 126, 193
ギルデン	192, 195, 197
キルヒ	74, 77, 82
キルヒホッフ	102, 177, 179, 184
キルヒャー	117, 118, 121, 122, 160, 163, 164
グーテンベルク	17, 19, 21, 25, 39, 41, 42, 90, 106, 113, 114, 126, 186, 188
グーテンベルク谷	90, 113
グールド	140, 142, 198, 201
クセノファネス	170, 172, 209
クック	107, 112, 127, 186, 189
クノウスキー	62, 64, 68, 70, 146
雲の海	27, 29, 31, 33, 37, 39, 41, 43, 45, 47, 49, 51, 87, 119, 140, 142, 157, 161, 194, 196, 198, 201
クライン	192, 195, 197
クラウジウス	156, 158, 161, 165
クラスノフ	204
クラビウス	27, 29, 31, 33, 43, 45, 47, 49, 116, 118, 121, 122, 123, 124, 130, 160, 164, 166
クラフト	32, 54, 56, 58, 207, 208, 210
クラプロート	116, 118, 121, 164
クリッシウムベイスン	87, 104
グリマルディ	33, 37, 47, 49, 51, 53, 55, 57, 58, 59, 205, 206, 207, 208, 210, 211
グリマルディベイスン	207
クリューガー	33, 147, 149, 151, 152, 205, 206, 210
グルムベルガー	116, 118, 121
グルイトイゼン	74, 78, 84, 147, 149, 153, 168
グルイトイゼンγ	154
グルイトイゼンδ	154
グルイトイゼンドーム	79, 84, 147, 153, 154
グルシュコ	56, 154, 205, 207, 208, 210
クルゼンシュテルン	194
クルチウス	116, 120, 122, 130, 132
グレイシャー	185
クレオストラトス	209
クレオメデス	14, 16, 18, 20, 38, 40, 177, 179, 182, 184, 190
グローブ	99, 103, 174, 176, 178
クント	195, 199, 201
ケイリー	94, 115, 137, 193
ケイリー平原	115, 193
ゲイリュサック	62, 65, 67, 69, 71, 74, 78
ゲイリュサックA	62, 65, 67, 71, 72
ケイン	171, 173, 174
ケーニヒ	29, 31, 45, 47, 49, 51, 157, 158, 161, 198, 200
ゲーベル	108, 126, 192
ゲーリッケ	66, 140, 142, 161, 199, 201
ケストナー	183
月面X	134
月面中心	45, 46, 136, 138
ケフェウス	99, 175, 177, 179
ケプラー	28, 30, 32, 36, 42, 44, 46, 48, 50, 52, 54, 68, 146, 148, 150, 154

ゲミヌス	14, 16, 18, 20, 24, 38, 40, 175, 177, 179, 182, 184	シュックバラ	175, 177, 179	中央の入江	25, 26, 29, 30, 32, 37, 39, 40, 42, 45, 46, 49, 66, 136, 138, 141, 192
ケルディッシュ	173, 174, 176, 178, 182	シュテフラー	25, 27, 41, 43, 45, 47, 116, 120, 126, 130, 133	直線山脈	74, 77, 79, 85, 169, 170, 172
ゲルトナー	174, 178	シュバルツシルト	170	直線の壁	27, 45, 47, 49, 119, 140, 142, 194, 196, 198, 200
ケルビン崖	156, 158, 161, 166	シュペーラー	66, 141, 197, 201	ツァハ	116, 120, 122, 130, 132
ケルビン岬	156, 158, 161	シュミット	90, 94	ツェーリンガー	90
ゲンマ・フリシウス	108, 126, 131, 133	ジュラ山脈	50, 74, 79, 84, 86, 147, 153, 168, 170, 180	ツェルナー	193
荒涼の沼	106, 109, 111, 114	ジュリアス・シーザー	24, 40, 42, 44, 88, 95, 137	月の入江	80
コーカサス山脈	24, 26, 28, 30, 32, 38, 40, 42, 44, 46, 75, 77, 81, 86, 87, 98, 101, 103	シュリーター	59, 205, 206	霧の入江	32, 36, 40, 42, 44, 46, 48, 50, 52, 54, 56, 74, 79, 84, 147, 153, 168, 170, 172, 209
コーシー	89, 91, 93, 96, 185	シュレーター	66, 141	テアエテトス	75, 77, 81, 98, 101
コーシー τ	92, 96	シュレーター谷	30, 32, 50, 52, 54, 56, 147, 149, 151, 152, 154	ディオニシウス	88, 94, 96, 109, 137
コーシー ω	92, 96	シュレーディンガー	122	ディオファントス	48, 50, 52, 65, 74, 78, 84, 147, 149
コーシー崖	18, 89, 91, 92, 96, 185	シュレーディンガー谷	122	ティコ	29, 31, 33, 37, 41, 43, 45, 47, 49, 73, 105, 116, 119, 121, 124, 125, 200
コーシー谷	18, 89, 91, 93, 96	嫦娥3号着陸地点	74, 169	ティスラン	184
コーシー付近のドーム	96	嫦娥5号着陸地点	181	ティパット	185
ゴーティベール	106, 112	蒸気の海	24, 26, 28, 30, 32, 36, 38, 40, 42, 44, 46, 75, 76, 98, 100, 136, 139, 144	デイビー	66, 140, 142, 195, 197, 199, 201
ゴーリクス	119, 194, 198, 200	ショーティ	105	デイビークレーター鎖	66, 140, 195, 197, 199, 201, 202
ゴールドシュミット	170, 172	ショーンベルガー	122, 130, 132	ティマイオス	171, 172
ゴクレニウス	17, 19, 21, 25, 39, 41, 107, 112, 114, 127, 186, 188	ジョリオ	183	テイラー	88, 94, 109, 193
ゴクレニウス谷	113, 114	ジョルダーノ・ブルーノ	73, 181	デヴィコ	206
ゴダン	25, 26, 29, 30, 32, 39, 40, 42, 45, 46, 136, 138, 192, 144	シラー	29, 31, 33, 45, 47, 49, 51, 53, 55, 117, 118, 123, 160, 162, 164, 166	デーヘン	153
コノン	75, 76, 80, 136, 139	シラー・ズッキウスベイスン	160, 162, 164	テオフィルス	21, 25, 27, 29, 31, 37, 39, 41, 43, 106, 109, 111, 112, 114, 126
コノン谷	76, 80, 136, 139	知られた海	29, 31, 33, 37, 41, 43, 45, 47, 49, 51, 62, 140, 142, 144, 157, 159, 199, 201	テオン・シニア	94, 109, 193
コブフ	205	シルサリス	33, 51, 53, 55, 57, 205, 206	テオン・ジュニア	94, 109, 193
コブラヘッド	147, 149, 151, 152	シルサリス谷	33, 55, 165, 167, 206	デカルト	109, 126, 193
コペルニクス	26, 28, 30, 32, 36, 38, 40, 42, 44, 46, 48, 50, 52, 60, 64, 67, 68, 71, 72, 73, 74, 78, 87, 125, 141, 143, 155, 181	シルベスター	169	デカルト高地	115
コペルニクス H	64, 67	スキヤパレリ	32, 52, 54, 56, 147, 148, 151, 152	デセリニ	98, 100, 102
コリンズ	90, 94, 96	スコアズビー	170, 171, 172, 173	テネリフェ山脈	74, 77, 79, 82, 85, 170
コルディレラ山脈	87, 205, 206, 210	スコット	122	デベス	177, 179, 184
コロンブス	17, 19, 21, 39, 41, 107, 112, 114, 127, 186, 189	スタインハイル	126, 128, 187	デモクリトス	173, 174, 176, 178
コンドルセ	183, 185, 186	スタディウス	63, 64, 67, 72, 141, 143	デモナックス	122
コンプトン	170	スチボリウス	126, 131	デランドル	27, 29, 31, 43, 45, 47, 49, 116, 119, 194, 198, 200, 201
サービト	27, 29, 31, 41, 43, 45, 47, 49, 119, 140, 192, 194, 196, 198, 200	ズッキウス	117, 118, 121, 122, 123, 160, 162, 164	デンボウスキー	136, 138
サーベイヤー2号衝突地点	141, 143	ステヴィヌス	17, 19, 21, 39, 127, 129, 134, 187, 189	ド・ガスパリ	156, 158, 161, 165
サーベイヤー3号着陸地点	68, 143, 145, 199	ステヴィヌス A	187	ド・ジッター	173
サーベイヤー5号着陸地点	88, 90, 94, 96	ストールヴェ	148, 154	ド・ラ・リュー	173, 174, 176, 178
サーベイヤー7号着陸地点	124, 125, 200	ストラボ	173, 174, 176, 178, 182	ドーズ	91, 93, 95, 99, 100, 102, 104
サーペンティンリッジ	99, 100, 102, 104	スネリウス	17, 19, 21, 127, 129, 187, 189	ドッペルマイヤー	53, 156, 158, 161, 165, 166, 204
サウンダー	192	スネリウス谷	15, 19, 129, 134, 189	ドッペルマイヤー谷	55, 156, 158, 166
ザグート	21, 25, 108	スパー	80	ドナチ	192, 194
サクロボスコ	106, 108, 126	スピッツベルゲン山脈	74, 77, 80	トビアス・マイヤー	52, 62, 65, 69, 71, 74, 78, 146
サッセリデス	200	スミス海	14, 19, 21, 25, 87, 183, 186	ドライガルスキー	122, 123, 124, 163
サハー	183	スミスベイスン	87	トラレス	177, 179, 184
サビン	88, 90, 94, 96, 109, 137, 193	スミルノフ尾根	99	トランスキー	199, 201
寒さの海	20, 24, 26, 28, 30, 32, 36, 38, 40, 42, 44, 46, 48, 50, 74, 77, 79, 83, 85, 101, 103, 169, 171, 172, 174, 176, 178, 180	SLIM 着陸地点	106, 109, 111, 114, 115	ドランブル	42, 45, 88, 94, 109, 137, 193
サラブハイ	98, 100, 102	スルピキウス・ガルス	76, 98, 100, 104, 136, 139	トリスネッカー	25, 26, 45, 46, 136, 138, 144
サントベック	17, 19, 21, 25, 39, 41, 107, 112, 126, 129, 186, 189	スルピキウス・ガルス谷	98, 100, 104, 136, 139	トリスネッカー谷	45, 136, 138, 144
シープシャンクス谷	174, 180	ゼーマン	122	トリチェリ	21, 25, 88, 90, 94, 106, 109, 111, 113, 114
静かの海	18, 20, 26, 28, 30, 36, 38, 40, 42, 88, 90, 92, 95, 97, 99, 100, 102, 109, 113, 137, 155, 183, 188,	セグナー	160, 162, 164	ドリル	48, 50, 52, 74, 78, 84, 147, 149
		セッキ	89, 113, 188	ドレイパー	62, 65, 67, 69
シッカルト	31, 33, 37, 45, 47, 49, 51, 53, 55, 57, 160, 162, 164, 165, 166, 204, 210	セラニタティスベイスン	75, 87, 99, 104, 115	ドレッベル	158, 160, 162, 165
		セレウクス	32, 50, 52, 54, 56, 58, 147, 148, 152, 154, 207, 208	ドローネー	192, 194
シナス	88, 91, 92	ゼンメリング	66, 141	ナウマン	149, 152
死の湖	20, 24, 26, 36, 38, 40, 42, 101, 103, 104, 174, 176, 178	ソシゲネス	88, 91, 95, 96, 137	ナオノブ	188, 190
島々の海	68, 70, 144	ソシゲネス谷	96, 137	ナシルエッジン	116, 120
湿りの海	29, 31, 33, 37, 43, 45, 47, 49, 51, 53, 55, 156, 159, 161, 165, 204	ダーウィン	33, 57, 59, 165, 206	ナスミス	160, 162, 164, 165
シャープ	30, 32, 48, 50, 52, 54, 74, 79, 84, 147, 153, 168, 170, 172, 180	ターナー	63, 64, 66	夏の湖	205
		ダーネー	140, 142, 144, 157, 159, 201	波の海	14, 17, 18, 20, 24, 24, 26, 36, 183, 185, 186, 190
シャープ谷	153	ダーレス	174, 176, 178, 182	南極	122, 123
シャーラー	204	タウルス・リトロー谷	99, 105	南極 - エイトケンベイスン	87, 123
シャイナー	29, 31, 33, 43, 45, 47, 49, 51, 116, 118, 121, 160, 164	タウルス山脈	18, 20, 24, 40, 42, 99, 102, 104, 177, 179, 182, 184	ナンセン	170
シャクルトン	122, 124	タキトス	106, 108, 110, 126, 193	ニコルソン	204
シャコルナック	99, 102, 104, 179	ダゲール	106, 111, 112, 114	ニコレー	119, 140, 142, 194, 196, 198, 200
シャブレー	185	縦孔（MTH）	88, 91, 92, 97	虹の入江	28, 30, 32, 36, 40, 42, 44, 46, 48, 50, 52, 74, 79, 84, 85, 147, 168, 170, 172, 180
ジャンセン	17, 19, 21, 25, 39, 41, 43, 126, 128, 131, 134, 187	ダニエル	99, 101, 103, 174, 176, 178	ニューコム	175, 177, 179, 182, 184
シューマッハー	175	ダモアゾー	205, 206, 207	ニュートン	122, 123, 124
シューメーカー	122, 123, 124	タルンチウス	17, 18, 20, 24, 38, 40, 89, 113, 183, 185, 186, 188	ヌビウムベイスン	87, 144, 160, 199
		ダレスト	94	ネアンダー	107, 108, 126, 129, 187, 189
		ダントーン	156, 158	ネアンダー谷	129, 134
		チェッコ	119, 161, 198, 200	ネイソン	171, 173
		チモカリス	26, 28, 30, 32, 40, 42, 46, 48, 74, 76, 78, 86	ネーパー	183, 186, 190
				ネクタリスベイスン	87, 107, 110, 115, 127, 128, 131, 134
				熱の入江	26, 28, 30, 32, 44, 46, 48, 63, 64, 67, 74, 76, 72, 139

地名索引

地名	ページ
眠りの沼	89, 183, 185, 190
バークラ	188
ハーシェル	25, 27, 29, 31, 33, 39, 41, 42, 45, 46, 49, 66, 138, 141, 192, 195, 197, 201
C. ハーシェル	79, 84, 85
J. ハーシェル	30, 44, 50, 52, 54, 168, 170, 180
パース	183, 184, 186
バーデ	204
ハーディング	153, 209
バート	119, 140, 142, 194, 196, 198, 200
バード	171, 172
バート谷	194, 196, 198, 200
バーナード	187
バーナム	192, 194
ハービンガー山脈	69, 147, 149, 151, 152, 154
ハーラン	187
バーロー	172
ハーン	177, 182
バイイ	33, 51, 55, 57, 118, 121, 122, 123, 163, 164
バイエル	160, 162, 164
ハイス	78, 84, 85, 147, 149
ハイディンガー	200
ハイン	170, 173, 176, 180, 182
ハインツェル	29, 31, 33, 45, 47, 49, 51, 53, 117, 119, 158, 160, 162, 164, 166, 200
ハインド	192, 195
ハウゼン	122, 123, 124, 162
パスカル	168, 170, 172
パスツール	183
ハッギンス	116, 121
バッベージ	168, 170
ハドレー谷	76, 80, 139, 167
ハドレー山	76, 81, 139
ハミルトン	187
パラス	67, 136, 138
パリザ	66, 140, 195, 197, 199, 201
春の湖	204
ハルパルス	30, 32, 44, 48, 50, 52, 54, 74, 79, 84, 147, 168, 170, 172, 180
バルボア	208
パルマー	186, 189
パルミエリ	156, 158, 161, 165
ハレー	192, 195
晴れの海	20, 24, 26, 28, 30, 32, 36, 38, 40, 42, 44, 46, 75, 76, 81, 87, 91, 93, 95, 98, 100, 102, 104, 137, 174, 179
バレンタインドーム	76, 81, 98, 101, 104
バロキウス	120, 126, 131, 133
パングレ	162
バンクロフト	74, 76, 80, 139
ハンスティーン	205, 206, 210
バンティング	98, 100, 102
ピアッジ	59, 165
ピアッジ・スミス	74, 77, 83
ピアリー	170, 171, 172, 180
ビアンキニ	30, 32, 48, 50, 52, 74, 79, 84, 147, 168, 170, 172, 180
ビオ	107
ピカール	183, 185, 186
東の海	37, 87, 205, 211
ピカリング	192
ヒギヌス	75, 136, 138, 144, 202
ヒギヌス谷	24, 26, 40, 42, 44, 46, 75, 136, 138, 144, 202
ピクテー	116, 119, 121
ピコ山	46, 48, 74, 77, 79, 82, 85, 170
ピタゴラス	32, 44, 48, 50, 52, 54, 56, 58, 168, 170, 172, 180, 209
ピタトス	27, 29, 31, 33, 37, 41, 43, 45, 47, 49, 119, 161, 194, 198, 200, 201
ピッコロミニ	21, 25, 27, 41, 43, 106, 108, 110, 114, 126, 131
ヒッパルコス	25, 45, 46, 138, 192, 195, 201
ヒッパルス	157, 158, 161, 166
ヒッパルス谷	157, 159, 161, 166
ピテアス	28, 30, 32, 40, 42, 44, 46, 48, 50, 62, 65, 67, 74, 78, 86
ピティスクス	21, 25, 27, 41, 43, 126, 131, 132
ビトルビウス	91, 93, 99, 102
ピトン山	46, 48, 74, 77, 83, 86
ビュイゾー	156, 158, 161
ヒュパティア	106, 109, 111
ヒュパティア谷	90, 94
ヒュモラムベイスン	87, 157, 166
ビュルグ	101, 103, 104, 173, 174, 176, 178
ビリー	30, 33, 37, 45, 47, 49, 51, 53, 55, 57, 156, 159, 205, 206, 210
ヒル	89
ビルギウス	33, 45, 47, 49, 51, 53, 55, 57, 204, 206
ビルギウス A	204, 210
ビルハルツ	188, 190
ピレネー山脈	19, 21, 25, 41, 43, 87, 107, 112, 114, 126
ファウト	62, 64, 66, 70, 72, 141, 143
ファウト A	72
ファブリー	183
ファブリシウス	41, 126, 128, 131, 187
フィルミクス	183, 185, 186
フィロラウス	44, 48, 50, 52, 169, 170, 172, 180
ブーゲ	79
フーコー	79
ブーフ	126, 131, 133
フーリエ	156, 158, 161, 165
プールバッハ	25, 27, 29, 31, 41, 43, 45, 47, 49, 119, 140, 194, 196, 200, 201
フェイ	192, 194
フェクンディタティスベイスン	87
フェルマー	106, 108, 110, 126
フォーゲル	192, 195
フォキリデス	31, 33, 45, 47, 49, 51, 53, 55, 57, 160, 162, 164
フォン・ブラウン	209
フォンタナ	205, 206
フォントネル	169, 170, 172
ブサンゴー	19, 122, 126, 132, 134
縁の海	14, 16, 18, 20, 24, 36, 183, 186, 190
フック	175, 177, 179, 182
プティ	204
プトレマイオス	25, 27, 29, 31, 33, 37, 39, 41, 43, 45, 47, 49, 66, 87, 140, 192, 195, 197, 199, 201, 202
プトレマイオス A	201
プトレマイオス B	201
腐敗の沼	75, 76, 80, 86, 139
プラスケット	170
フラ・マウロ	66, 141, 142, 144, 199, 201
フラ・マウロ丘陵	26, 29, 46, 49, 141, 143, 144, 145
フラカストリウス	21, 25, 39, 41, 43, 106, 108, 110, 114, 126, 189
ブラッドリー谷	80, 139
プラトー	26, 28, 30, 32, 36, 38, 40, 42, 44, 46, 48, 74, 77, 79, 82, 85, 86, 170, 172
プラトー谷	77, 83
プラナ	98, 101, 103, 174, 176, 178
フラマリオン	46, 49, 66, 138, 141, 195, 197, 201
フラムスチード	146, 154, 205
フラムスチード P	154
ブランキヌス	29, 31, 33, 43, 45, 47, 49, 51, 116, 118, 121, 160, 164, 194
フランクリン	175, 177, 179
フランツ	184
ブリアルドス	27, 29, 31, 33, 43, 45, 47, 49, 51, 119, 140, 142, 157, 159, 161, 198, 200, 201
ブリアルドス A	201
ブリアルドス B	201
ブリアンション	168, 170, 172
ブリス	77, 79, 82
ブリッグス	58, 147, 148, 154, 208, 209
プリニウス	20, 24, 26, 38, 40, 42, 91, 93, 95, 99, 100, 102, 104, 137
プリニウス谷	91, 95, 100, 102, 137
プリンツ	30, 50, 52, 54, 69, 147, 149, 151, 152, 154
プリンツ谷	149, 151, 152
ブルクハルト	177, 179, 182, 184
プルタルコス	182, 183
フルネリウス	15, 17, 19, 21, 39, 41, 127, 129, 134, 187, 189
フルネリウス A	187
フルネリウス谷	76, 80, 139, 187
プレイフェア	192, 194
ブレイリー	69, 147, 149, 151, 152
プロクルス	18, 20, 24, 26, 28, 38, 183, 185, 190
プロセラルムベイスン	87, 146, 167, 169, 209
プロタゴラス	75, 77, 171, 172
フンボルト	15, 19, 21, 127, 129, 186, 187, 190
フンボルト海	16, 18, 20, 24, 28, 36, 38, 87, 170, 173, 174, 176, 180, 182, 183
フンボルトベイスン	87, 177, 180
ペアリー	66, 140, 142, 199, 201
ベイリー	174, 178
ベイロー	173
ヘームス山脈	20, 24, 26, 32, 38, 40, 42, 44, 46, 75, 76, 81, 87, 95, 98, 100, 102, 104, 139
ヘカテオス	186
ヘシオドス	161, 198, 200, 201
ヘシオドス A	198, 200, 201
ヘシオドス谷	158, 161, 198, 200, 201
ペタヴィウス	15, 17, 19, 21, 25, 39, 41, 127, 129, 183, 186, 187, 189, 190
ペタヴィウス B	127, 183, 186, 189
ベッサリオン	69, 146, 148, 151
ベッセル	30, 44, 75, 91, 98, 100, 102, 104, 137
ベッチヌス	117, 118, 121, 122, 160, 163, 164
ヘディン	208
ペテルマン	173
蛇の海	184
ヘベリウス	32, 51, 53, 54, 56, 58, 205, 207, 208, 210
ヘラクリデス岬	74, 79, 84, 85, 147, 168, 180
ヘラクリトス	116, 120, 130, 132, 134
ヘリゴニウス	156, 159, 161
ヘリコン	44, 46, 48, 50, 74, 79, 84, 85, 86, 168
ヘル	116, 119, 194, 198, 200, 201
ヘル Q	116, 125
ヘルクレス	18, 20, 24, 26, 28, 36, 38, 40, 42, 103, 173, 174, 176, 178, 180, 182
ベルコビッチ	170
ベルツェリウス	175, 177, 179
ベルヌーイ	177, 179, 184
ヘルマン	207
ヘルムホルツ	15, 122
ヘルメット	157, 159, 161, 166
ベロー	107
ベロッソス	177, 184
ヘロドトス	30, 32, 50, 52, 54, 56, 147, 148, 151, 152, 208
ヘロドトスω	167
ヘンリー	204, 206
ポーター	116, 118, 120
ボーデ	67, 138
ボーデ谷	139, 144
ボーネンベルガー	106, 108, 112, 126, 186, 189
ボーモン	106, 108, 110, 112, 126
ホール	99, 102, 175, 177, 179
ボール	194, 198, 200
ボグスラフスキー	132
ポシドニウス	20, 24, 26, 28, 30, 36, 38, 40, 42, 99, 100, 102, 104, 174, 177, 179
ポシドニウス谷	99, 102, 104
ボスコヴィッチ	95, 136, 138
ポチオプット	170
北極	171, 172, 173
ポリビウス	106, 108, 110, 112, 126
ボルダ	107, 112, 127, 129, 187, 189
ホルテンシウス	62, 64, 68, 70, 72, 146
ホロックス	192, 195, 201
ポンス	106, 108, 110, 126
ポンタヌス	108, 126
ポンテクーラン	15, 122
G. ボンド	99, 102, 175, 177, 179
G. ボンド谷	99, 102
W. ボンド	24, 26, 44, 46, 171, 172, 180
ボンプラン	140, 142, 199, 201
ホンメル	126, 130, 132
マージニスベイスン	190
マーチソン	136, 138
C. マイヤー	171, 173
マウロリクス	25, 27, 41, 43, 47, 120, 126, 131, 133
マギヌス	25, 27, 29, 31, 43, 45, 47, 49, 116, 118, 121, 124, 130
マクリヤ	88, 91, 95, 137
マクリヤ谷	95

マクロビウス	16, 18, 20, 24, 26, 38, 40, 89, 177, 179, 182, 184
マスケリン	21, 88, 90, 92, 94, 109
マゼラン	17, 19, 21, 25, 39, 41, 107, 112, 127, 186, 188
マックリューア	107
マナース	90, 94
マニリウス	24, 26, 28, 30, 32, 38, 40, 42, 44, 46, 75, 76, 98, 100, 136, 139
マラベール山	122, 123
マラルディ	88, 91, 93, 102
マリウス	30, 32, 50, 52, 54, 56, 146, 148, 150, 154, 207
マリウス丘	30, 32, 50, 52, 54, 56, 97, 146, 148, 150, 155
マリウス谷	148, 150, 154, 167
マリリン山	89, 90, 96, 113
マルコ・ポーロ	139
マルコフ	50, 52, 54, 56, 168, 172, 209
マルト	157, 158, 161, 200, 201
マンチヌス	25, 27, 41, 43, 122, 126, 130, 132
ミー	162, 164
神酒の海	19, 21, 25, 27, 29, 37, 39, 41, 43, 87, 106, 109, 111, 112, 126, 135, 186, 189
ミッチェル	101, 103, 104, 171
南の海	19, 21, 25, 27, 37, 87, 127, 128, 134, 183, 187
ミューラー	192, 195
ミラー	116, 120
ミランコビッチ	170
ミリキウス	62, 64, 68, 70, 72, 146
ムートス	122, 126, 130, 132
メイソン	99, 103, 174, 178
メースティング	66, 138, 141, 195, 201
メードラー	106, 109, 111, 112, 126
メーラン	30, 32, 48, 50, 52, 54, 74, 79, 84, 147, 153, 168, 172, 180
メーラン谷	153
メーランT	153, 154
メシエ	17, 19, 21, 39, 41, 113, 183, 186, 188, 190
メシエA	89, 113, 183, 186, 188, 190
メストリン	68
メチウス	126, 128, 187
メッサラ	14, 16, 18, 20, 38, 40, 175, 177, 179, 182, 183
メトン	24, 28, 40, 170, 171, 173, 180
メネラウス	26, 28, 30, 32, 38, 40, 42, 44, 95, 98, 100, 102, 137
メネラウス谷	95, 100, 137
メルカトール	119, 157, 158, 161, 198, 200
メルクリウス	175, 177, 182
メルセニウス	31, 33, 45, 47, 49, 51, 53, 55, 57, 156, 159, 161, 166, 204, 206
メルセニウス谷	156, 159, 161, 166, 167
モーベルチュイ	79, 84, 85, 168, 170
モーリ	175, 177
モルトケ	88, 90, 92, 94, 96, 137
モレトス	25, 27, 29, 31, 33, 41, 43, 45, 47, 49, 116, 118, 120, 122, 123, 124, 130, 164
モンジュ	107, 112, 127, 129, 186, 189
ヤーキス	185
ヤコビ	116, 120, 130, 132, 185
病いの沼	29, 31, 33, 37, 41, 43, 45, 47, 49, 51, 117, 119, 157, 158, 161, 166, 198, 200
ヤンセン	91, 93, 95, 96
ヤンセン谷	88, 91, 93
ユークテモン	171
ユークリッド	142, 199
優秀の湖	156, 158, 161, 165, 166
豊かの海	17, 21, 24, 25, 27, 37, 39, 40, 87, 89, 107, 113, 127, 129, 183, 185, 186, 188
夢の湖	18, 20, 24, 26, 28, 30, 36, 38, 99, 101, 103, 173, 174, 176, 178, 182
ラ・カーユ	192, 194
ラ・コンダミン	74, 79, 84, 85, 168, 170, 172, 180
ラ・ペルース	183, 186
ラーデ	136, 138, 192
ライエル	89, 91, 93, 185
ライト	204
ライナー	32, 44, 46, 50, 52, 54, 56, 150, 205, 207, 208
ライナーγ	44, 46, 48, 50, 52, 54, 56, 146, 150, 205, 207, 208
ライプニッツ山脈	122, 123
ラインバッハ	129, 189
ラインホルト	29, 30, 45, 46, 49, 50, 62, 64, 66, 68, 70, 72, 141, 143, 146
ラクロア	165
ラザフォード	116, 118, 120, 130
ラッセル	140, 142, 148, 154, 195, 196, 199, 201, 208, 210
ラッビ・レビ	108, 126, 131
ラビニウム岬	185
ラプラス岬	52, 74, 79, 84, 85, 147, 168, 170, 180
ラボアジュ	209
ラムスデン	156, 158, 161, 166, 200
ラムスデン谷	158, 166
ラメ	127, 183, 186, 188
ラモント	20, 88, 90, 92, 94
ラランド	66, 138, 141, 143, 195, 197, 201
ラングレヌス	15, 17, 19, 21, 25, 27, 37, 39, 41, 127, 183, 186, 188, 190
ランスベルク	29, 30, 32, 45, 46, 49, 51, 62, 64, 68, 70, 72, 143, 199
ランベルト	28, 30, 44, 46, 48, 50, 65, 74, 78, 84, 85, 86
リー	156, 158, 165
リーキー	90, 113
リービッヒ	156, 159, 161
リービッヒ崖	156, 159, 161, 166
リケトス	25, 27, 41, 43, 45, 47, 116, 120, 130, 133
リック	185
リッター	88, 90, 94, 96, 109, 137, 193
リッチー	192, 195
リッチウス	126, 131
リッチオリ	37, 57, 59, 205, 206, 208, 210
リトロー	99, 102
リトロー谷	102, 104
リヒテンベルク	50, 52, 54, 56, 58, 147, 149, 152, 209, 210
リフェウス山脈	29, 31, 33, 47, 49, 51, 142, 144, 157, 159, 199
リュンカー山	54, 56, 153, 154, 168
リヨー	127, 128, 134, 187
リリウス	116, 120, 130, 132
リンデナウ	108, 126, 131
リンネ	73, 75, 76, 98, 100, 102, 104
ル・モニエ	99, 100, 102, 104
ルシアン	93
ルジャンドル	127, 187, 189
ルター	98, 101, 174
ルトロンヌ	31, 43, 45, 47, 49, 51, 53, 55, 156, 159
ルナ5号衝突地点	143
ルナ17号着陸地点	168
ルナ20号着陸地点	185, 186, 188
ルナ21号着陸地点	99, 102
ルナ24号着陸地点	185, 186
ルビニーツキー	140, 142, 157, 159, 161, 198, 201
ルベリエ	44, 46, 48, 50, 74, 79, 84, 85, 86, 169
ルポート	156, 158, 161
レイタ	107, 126, 129, 134, 187
レイタE	126, 129, 134, 187, 189
レイタ谷	17, 19, 21, 25, 126, 129, 134, 187
レインジャー7号衝突地点	140, 142, 199, 201
レインジャー5号衝突地点	88
レーマー	99, 102, 177, 179, 182, 184
レオミュール	66, 141, 192, 195
レギオモンタヌス	133, 194, 200, 201
レキセル	119, 194, 198, 200
レチクス	136, 138
レプソルト	209
レントゲン	209
ロウイー	156, 159, 161
ローゼンベルガー	122, 126, 128
ロートマン	106, 108, 110, 126, 131, 207, 208
ロジェストヴェンスキー	170, 171
ロス	88, 91, 95, 96, 106, 108, 111, 112, 137
ロスト	160, 163, 164,
ロッカ	205, 206
ロッテスリイ	127, 129, 186, 189
ロンゴモンタヌス	27, 29, 31, 33, 43, 45, 47, 49, 51, 116, 118, 121, 124, 160, 164
ワイス	161, 198, 200
ワイネック	107, 108, 110
ワルゲンチン	160, 162, 165, 166
ワルター	25, 27, 43, 45, 47, 116, 133, 194, 201

白尾元理　しらお もとまろ

写真家・サイエンスライター。1953年、東京生まれ。東北大学理学部卒業、東京大学理学系大学院修士課程終了。高校時代にアポロ11号の月着陸に感動し、大学・大学院で地質学・火山学を専攻。1986年の伊豆大島噴火をきっかけに写真家を志す。以来、世界40ヵ国の火山、地形、地質などの写真を撮影・出版。1995年～2010年のかぐや（SELENE）プロジェクトでは地形カメラ・HDテレビカメラの撮影計画に協力した。

著書：『図説 月面ガイド－観察と撮影－』(佐藤昌三氏との共著, 1987年, 立風書房)、『火山とクレーターを旅する』(2002年, 地人書館)、『新版 日本列島の20億年 景観50選』(2009年, 岩波書店)、『The Kaguya Lunar Atlas』(C.A.Wood氏との共著, 2011年, Springer)、『地球全史 写真が語る45億年の奇跡』(2012年, 岩波書店)、『地球全史の歩き方』(2013年, 岩波書店)、『火山全景 写真でめぐる世界の火山地形と噴出物』(2017年, 誠文堂新光社)、『ゆかいなイラストですっきりわかる 月のきほん』(2017年, 誠文堂新光社)、『月の地形観察ガイド』(2018年, 誠文堂新光社) 他多数。

デザイン　斉藤いづみ [rhyme inc.]
DTP＋図版　中家篤志 [プラスアルファ]
編集補助　中野博子

精細画像で読み解く月の地形と地質
月面フォトアトラス

2025年2月15日　発行　　　　　　　　　　　NDC440

著　者　　白尾元理
発行者　　小川雄一
発行所　　株式会社 誠文堂新光社
　　　　　〒113-0033 東京都文京区本郷3-3-11
　　　　　https://www.seibundo-shinkosha.net/
印刷・製本　株式会社 大熊整美堂

© Motomaro Shirao. 2025　　　　　　　　Printed in Japan

本書掲載記事の無断転用を禁じます。
落丁本・乱丁本の場合はお取り替えいたします。
本書の内容に関するお問い合わせは、小社ホームページのお問い合わせフォームをご利用ください。

JCOPY 〈(一社) 出版者著作権管理機構 委託出版物〉
本書を無断で複製複写(コピー)することは、著作権法上での例外を除き、禁じられています。本書をコピーされる場合は、そのつど事前に、(一社) 出版者著作権管理機構（電話 03-5244-5088／FAX 03-5244-5089／e-mail:info@jcopy.or.jp）の許諾を得てください。

ISBN978-4-416-52409-1

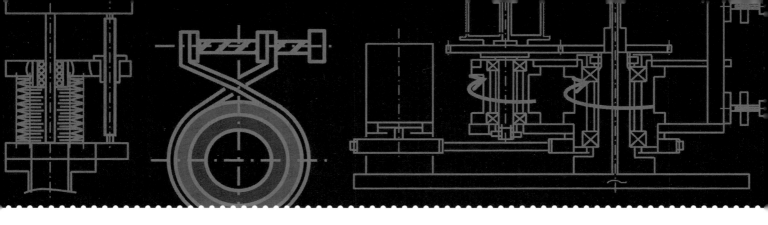

機械のトラブルシューティング
解説55事例

◆経の巻◆

技術士
金友正文

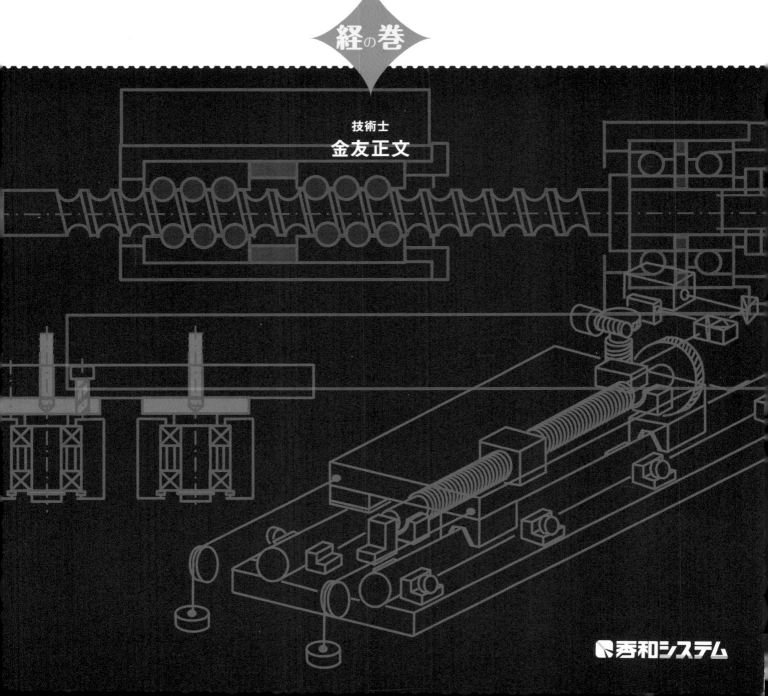

秀和システム